》》数据分析与模拟丛书

Nicholas J. Gotelli　著

储诚进　王酉石　译

A Primer of Ecology (Fourth Edition)

生态学导论
——揭秘生态学模型
（第四版）

SHENGTAIXUE DAOLUN—— JIEMI SHENGTAIXUE MOXING

高等教育出版社·北京

内容提要

　　从最初"定性的"博物学发展成为今天"定量的"生态学，数学模型扮演了至关重要的作用。如同译者当年一样，很多学生对生态学模型不能说是敬而远之，但确确实实是心存畏惧。Nicholas J. Gotelli 的这本著作正是基于大家对生态模型的这种"惶恐"的心理，对种群指数增长模型、逻辑斯谛增长模型、两物种的洛特卡–沃尔泰勒竞争和捕食模型、集合种群模型、岛屿生物地理学、群落演替和生物多样性模型等均做了非常详细的介绍，一步一步揭开罩在这些模型上面的神秘面纱。

　　本书适合任何对生态学感兴趣并想窥探生态学真谛的人们，尤其是生态学和环境科学专业的本科生、研究生和科研人员。

关键词

　　生态学模型；种群；竞争；群落；演替；岛屿生物地理学；生物多样性

献给我的父母——Mary 和 Jim

中译本序

非常高兴能为《生态学导论》一书的中译本写一点东西。本书的第一版于 20 多年前问世，那时我刚开始在佛蒙特大学讲授基本的生态学与进化知识。本书的组织结构和内容与我上课时所用的讲义几乎一样。现在，每年的秋季学期我依然在按照本书的构架教授生态学课程。

自那之后，生态学已经发生了翻天覆地的变化，尤其是在预测气候变化条件下物种地理范围的变化以及生物多样性和生态系统功能关系方面。然而，生态学的核心法则没有变。本导论中所包含的内容与目前人们关心的各类环境问题依然密切相关。

本书试图从数学的角度去解释生态学中的基础法则。尽管数学是一门通用的语言，但是我们需要仔细认真地去解释和描述数学方程的基本假设和预测。母语在这个过程中扮演着至关重要的作用。

我非常感谢中山大学的储诚进。他的主要研究兴趣为植物间相互作用、物种共存、生物多样性维持和气候变化生态学。诚进于 2012 年与我联系，商议本书中文译本的问题。在翻译的过程中，他与我保持着密切的联系，就所遇到的各类问题进行有效的沟通和探讨，甚至于某些英语单词在本书中的特定意义。为了符合汉语的习惯，在不改变原文意思的前提下，诚进改变了书中一些地方词语和段落的顺序。

过去 20 多年我们见证了科学研究的国际化水平的提高，科学合作的触角延伸到地球的几乎所有角落。我期望我们能在某天相遇于地球的一角，交流各自的研究——抑或我们能在一起玩玩音乐。

尼古拉斯·戈泰利
于美国佛蒙特州伯灵顿
2015 年 8 月 21 日

Preface to the Chinese Edition

It is a great honor to write this new introduction to the Chinese translation of *A Primer of Ecology*. I wrote this book over 20 years ago, when I started teaching basic Ecology and Evolution to undergraduate biology majors at the University of Vermont. The organization and content of the book closely follow my lecture notes that were developed for that class, which I still teach every year in the fall semester.

Since that time, there have been many changes in the field of ecology, particularly in the area of forecasting shifting geographic ranges of species in response to climate change, and understanding the relationship between biodiversity and ecosystem function. However, the core principles of the discipline have not changed, and the material presented in this primer is still very relevant to all of the pressing concerns over the environment.

The intent of this book is to explain the mathematical principles that form the foundation of ecological science. Although mathematics is a universal language, the assumptions and predictions underlying mathematical equations must be carefully explained and described. This is best done in one's own native language.

I am extremely grateful to Chengjin Chu, a scholar at Sun Yat-sen University whose research interests include plant–plant interactions, species coexistence and biodiversity maintenance, and climate change ecology. Chengjin contacted me in 2012 with his proposal for a Chinese translation of the Primer. Since then, he has corresponded extensively with me on the text. He has taken careful note of many idiosyncrasies and subtle wordings of the English language in the Primer. He has been careful to modify the wording in some places so that the Chinese translation is correct and proper and fully conveys all of the meaning of the original text.

In the past 20 years, science has become much more international, and our network of scientific collaborators now cover the globe. I hope that our paths will cross one day so that we can discuss your ecological research—and perhaps even play some music together.

Nicholas J. Gotelli
Burlington, Vermont, USA
21 August 2015

第四版序言

在第四版里，我决定增加一章，即第9章，主要内容是关于物种多样性估测的。虽然这章涉及的统计方面的知识较多，但公式都比较简单，而且介绍的方法也是当前生物多样性研究中常用的。然而，这一章与前面8章在组织结构上差别很大，主要是通过结合模型和数据来构建统计方程。感谢合作者赵莲菊（台湾"清华大学"）、罗伯特·科尔韦尔（Rob Colwell，康涅狄格大学）和亚伦·埃利森（Aaron Ellison，哈佛森林，Harvard Forest）在本章撰写过程中给予的帮助。同时还要感谢伊丽莎白·法恩斯沃思（Elizabeth Farnsworth，新英格兰野生花卉协会）的美妙音乐。

2008年3月

佛蒙特州伯灵顿

第三版序言

在第三版里，我增加了一章新的内容（第8章），向学生介绍生态演替的马尔科夫模型。这个模型为理解群落如何随着时间发生变化提供了一个非常好的框架，而且能与用语言描述的促进、抑制和忍耐模型有机地结合在一起。学生们已经在第3章里学习了矩阵乘法方面的知识，因此很容易理解本章演替的马尔科夫模型。第8章主要侧重于群落生态学，同时应读者的要求，增加了植物方面的内容。

同样，学生所面临的挑战依然是学习如何定量地思考种群和群落。本书介绍的基本概念和方程是现代生态学中很多理论的基础。然而这只是第一步。言语和数学方程本质上是不太容易理解和掌握的。如果要真正地弄清楚这些方程的意思，唯一的途径就是自己去编写计算机程序。计算机编程需要你明白模型的每一个细节，容不得半点含糊。Hilborn 和 Mangel（1997）的著作非常清楚地向我们展示了这种方法对试图将理论模型和实验数据结合在一起的生态学家而言是多么得有用。

然而，学习编程就如同学习一门外语，仅仅通过生态学基础课程的学习是远远不够的。但总还是有一些捷径可走的。特莱斯·多诺万（Therese Donovan）和查尔斯·沃尔登（Charles Welden）的新书《生态学、进化生物学和行为学训练：利用电子表格实现种群模型编程和模拟》，教授学生如何利用 Excel™ 表格来构建本书中所有的模型，以及其他多种群遗传学和进化生物学里的模型。这本书为生态学专业的学生提供了便利，使得学生们能深入到模型的内部去理解方程的本质，而无需去学习一门新的计算机语言。如果学生们能将这两本书结合在一起学习，那么效果会更好（实际上，对数量生态学家来说，他们的著作本身就是一本非常优秀的工具书）。

史蒂夫·詹金斯（Steve Jenkins）和克雷格·罗森伯格（Craig Osenberg）分别为第3章和第6章提供了非常好的建议。安迪·塞诺尔（Andy Sinauer）和他的职员确保了新添加的内容与之前的内容有机地结合在一起。加里·安特斯明格（Gary Entsminger）与我有关生态学模型本质的谈论以及其有关计算机编程方面的建议，使我受益匪浅。这些年里，我还从加里那里偷学了很多吉他片段的曲子。感谢我的妻子玛丽安娜·坎普曼（Maryanne

Kampmann）给予我的爱和支持，当我在屋内伏案疾书的时候，她在窗外整理着我们的院落。

2000 年 10 月
佛蒙特州伯灵顿

第二版序言

如果有机会出版第二版，作者们总是试图添加一些新的内容进去。然而，增加新的模型和方程与本书的初衷是背道而驰的：简要介绍种群和群落生态学中的基本模型。在第二版中，虽然我没有添加任何新的模型方面的内容，但是在书的末尾部分加上了一个检索表和一个有关微分方程的简短的附录。

更为重要的是，我对第一版的文字进行了修改提高，并校正了其中的错误，从而使得解释更为清楚。感谢很多学生和老师以"吃螃蟹"的大无畏精神采用了这本书，并将他们的意见反馈给我。尤其要感谢彼得·贝利（Peter Bayley），斯图尔特·博洛克（Stewart Berlocher），卡罗尔·伯格斯（Carol Boggs）和莎伦·斯特劳斯（Sharon Strauss）与我分享了学生们对本书的反响。托尼·佩克斯（Tony Pakes）将随机增长方程的精髓传授了给我，史蒂夫·詹金斯（Steve Jenkins）和胡安·马斯丁-戈麦斯（Juan Martinez-Gómez）指出了生殖价方程中一个很难被发现的错误。

很多同事对书中的各章节提出了宝贵的意见，包括哈尔·卡斯韦尔（Hal Caswell），罗伯特·科尔韦尔（Rob Colwell），安迪·多波逊（Andy Dobson），列夫·金兹伯格（Lev Ginzburg），鲍勃·霍尔特（Bob Holt），马克·罗莫尼奥（Mark Lomolino），鲍勃·梅（Bob May），珍妮丝·穆尔（Janice Moore），玛丽·普莱斯（Mary Price），鲍勃·里克莱夫斯（Bob Ricklefs），乔·沙尔（Joe Schall），彼得·斯特林（Peter Stiling），尼克·韦泽尔（Nick Waser），颜归燕（音译，Guiyan Yan）。尤其是第5章，我要特别感谢罗伯特·科尔韦尔。这章的组织结构、竞争排除法则的讲解以及"喝奶昔"的比喻都是从科尔韦尔在加州大学伯克利分校所授的本科生课程群落生态学的讲义中直接拿过来的（1980年冬天），我有幸是众多学生中的一员。沙希德·纳伊姆（Shahid Naeem）绘制了本书的封面插画和每章前面的插画，尼尔·巴克里斯（Neil Buckley）更正了书中的语法和印刷错误。安迪·塞诺尔（Andy Sinauer）和他的员工将手稿和插画变成了精美的作品。一如既往，感谢玛丽安娜给予我的爱和支持。

最后一点。很多学院和大学都将本书作为基础和高级生态学课程的教材。然而，一些老师私下里告诉我，虽然他们自己非常喜欢这本书，但是书里的内容对他们的学生来说显得太高深了。当然，我可能会向着自己说话，但是我认为这种想法会影响学生们学习的态度，同时也是低估了学生们的能力。如果本书中的模型得到合适地解释和讲授的话，那么绝大多数本科生都是能够理解和掌握的，即便没有生态学和数学的基础知识。随着人们环境意识逐渐提高，选上生态学课程的学生会越来越多。理解本书所介绍的生态学法则是解决我们所面临的环境问题的非常重要的第一步。

1998 年 2 月
佛蒙特州伯灵顿

第一版序言

我自己非常喜欢阅读生态学书籍。最近出版的很多著作的文字都非常优美，读起来本身就是一种享受。这些教材覆盖面很广，从种群增长到生态系统生态学和保护生物学，内容从理论的、实验的到应用方面的。书的后面还附有上百篇的参考文献，从我们熟知的经典工作到当今最前沿的研究。彩色的照片，精致的图形，柔美的字体，包装非常精美。唯一不足的是它们都有着百科全书般的厚度和对学生而言不菲的价格。

尽管如此，这些新出版的教材却没能帮助学生解决生态学学习中最大的一个难题：理解数学模型。很多教材压根就没有包括与数学和定量分析方面的内容，有些也只是蜻蜓点水般地进行了简要的介绍。更保守一些的教材（授课老师）确实涵盖了数学模型，但是却错误地假设数学模型本身是不证自明的，忽略模型具体的推导过程，也未能明确简要地向学生介绍模型的前提假设和预测。

我最不能忍受的是这些教材对种群指数增长模型的处理方式。指数模型是绝大部分种群和群落模型的基础，通过它可以向学生介绍很多的生态学概念，比如连续/离散的种群增长、种群大小（N）、增长率（dN/dt）、每员增长率（$(1/N)(dN/dt)$）。如果不将这些概念理解透彻，那么学生是无法掌握更复杂的模型的。然而，绝大部分的教科书对种群指数增长模型都只有几页、甚至是几段的篇幅。

本书的组织结构

对当前生态学教材的不满意促使我下决心"另起炉灶"。在本书中，我尽可能简要但同时又非常详尽地呈现出种群和群落生态学中最为常见的数学模型。每章的组织结构如下：

模型介绍和预测

模型都是从最最基本的数学方程式一步一步推导出来的，因此学生们非常清楚方程是如何得到的。一方面，强调基本方程的重要性，另外一方面以

"表达式"的形式给出了推导过程中的中间步骤，这样学生们就清楚了我们是如何从 A 点到 B 点的。在介绍完了模型之后，进而对模型的预测进行了解释。我尽可能地利用图形的方法，因为图形比方程的数值解更直观更具启发性。虽然本书中绝大部分的模型都是连续微分方程，但是学生们无需对方程进行积分或求导。相反，我强调的是模型中变量的生物学意义，以及当这些变量发生改变时会如何影响模型的预测。每章的这部分内容在几乎所有入门级的生态学课程中都会有不同程度的介绍。

模型假设

列出了方程背后的数学和生物学假设。虽然绝大部分的教科书里面通常都有这部分内容，但是经常都是散落或隐藏在文字里。

模型变体

通过放松模型关键假设中的一个或几个，可以得到一些与基本模型相关的、通常更为复杂的模型。在这部分内容里，我包含了一些适合高年级本科生或研究生的主题，包括环境和种群统计随机性模型，阶段结构化种群增长，非线性捕食者-猎物等值线，同功能群捕食和被动取样模型。

实例

针对模型介绍两到三个野外实例研究。这些例子都是在野外实际测量了与模型相关的参数，虽然很多时候不太容易找到这样的例子。通常，当模型未能成功预测出自然界中的模式的时候，就有可能会发现一些更为有趣的东西。

问题

让学生有机会去使用方程。虽然这些练习都是高度简化的"故事问题"，但是这些练习能教会学生如何将模型的抽象概念应用到实际的实验数据上，增强对方程的直观理解。同时提供了这些问题的答案。针对模型变体的拓展题以星号标示。

符号和变量的名字通常是让学生感到困惑的地方之一。我尽可能采用绝大部分教科书所采用的符号，但是出于连贯性的考虑偶尔会做一些改变。本书的参考文献非常少，主要是用来给出模型和实例的出处。首次出现的术语以黑体的形式表示，同时在"术语汇编"里对其有更为详细的解释。附录部分介绍了微分方程在生态学中的作用以及如何使用它们。

本书的内容

第 1 章到第 4 章介绍的是单物种模型，第 5 章到第 7 章为两物种或多物种模型。在第 1 章里，从最最基本的数学方程式开始详细地介绍了指数增长模型。较高级的内容包括环境和种群统计随机性。第 2 章，通过引入密度依赖的出生率和死亡率，在指数模型的基础上构建了逻辑斯谛增长模型。同时还介绍了包含混沌的离散增长模型，以及容纳量发生随机性和周期性变化的增长模型。第 3 章介绍的是包含年龄结构的种群指数增长模型。较高级的内容包含了欧拉方程的推导、生殖价和阶段结构化的矩阵模型。

第 4 章反映了我自己在集合种群模型方面的兴趣。这些模型放松了"无个体迁移"的不合理假设，是开放种群最简单的模型。集合种群中种群的拓殖和灭绝，非常类似于局域种群中个体的出生和死亡。同时，单物种的集合种群模型与第 7 章介绍的麦克阿瑟-威尔逊岛屿生物地理学模型在概念上有着非常紧密的重要的联系。尽管有关集合种群的内容才开始在教科书中出现，但它们是研究破碎化景观中种群动态的非常重要的工具，因此可能对保护生物学有着重要的应用价值。

第 5 章和第 6 章是标准的两物种竞争和捕食模型，同时也介绍了一些更为复杂的具有非线性等值线的模型。第 5 章构建了一个功能团内捕食模型，其中物种同时扮演着捕食者和竞争者的角色。第 6 章讨论了宿主-寄生物模型，并简要介绍了有关种群周期循环方面的问题。这两章均强调了状态-空间示意图在生态学建模中的重要作用。第 7 章，作为物种-面积关系的一种可能的解释机制，我们先介绍了麦克阿瑟-威尔逊平衡模型。同时，我们还介绍了另外两种可能的解释机制：生境多样性和被动取样模型。

经典著作的影响

早期的两本生态学教材对本书影响甚巨。第一本是爱德华·威尔逊（E. O. Wilson）和沃尔特·博塞特（W. H. Bossert）的《种群生物学导论》。自 1971 年第一次出版以来，已有成千上万的学生使用过这本著作。这本书曾引导和帮助一整代学生去学习生态学和种群遗传学中的数学方法。第二本是罗伯特·梅（R. M. May）编著的《理论生态学》。梅的著作为我这本书中的第 1、

2、5 和 6 章提供了很好的框架，而这些章节的内容在梅的书里有更为详细的介绍。

但显而易见，本书并未涵盖生态学的所有方面。由于比较简洁而且篇幅较短，生态学里很多不易通过简单数学模型来介绍的重要主题没有出现在本书中。我期望本书简洁的版式和不贵的价格能使其成为一本好的辅助教材。如果这本书有助于学生理解生态学中数学模型的构建过程和应用以及模型本身的不足，那么我就达到了写这本书的初衷。

写给授课教师

首先，本书可以作为本科生导论课程的辅助教材。"模型介绍和预测"和"模型假设"部分假定学生只学习过一个学期的微积分课程，甚至已经将所学的微积分知识忘记得差不多了。我在佛蒙特大学开设的生态学导论课上（多于 100 个学生），讲授了第 1、2、3、5、6 和 7 章中所有基本的内容。尽管我没有讲第 4 章的方程，但我确实向学生介绍了集合种群的基本法则和一些实例研究。所有章节中未被星号标记的题目适合于这类介绍性的课程。

其次，我在群落生态学课上也使用这本书（少于 25 个学生），授课的对象是高年级的本科生和研究生新生。在这门课上，我把每章介绍性的材料当作简略的综述，而把更多的时间安排在模型变体上。这部分高级的内容假定学生对微积分有基本的理解，了解基本的统计学概念，比如概率、平均值和方差。对于第 3 章的内容来说，如果具有矩阵代数的知识，那么将是非常有帮助的，但这不是必需的。每章末尾的所有问题（星号标记或未标记）都适合于该课程。

我希望这本书能对两类教师有所帮助。第一类为那些倾向于采用定量方法的老师，比如我自己，可能会将本书作为一个模板：如何从最最基本的地方开始构建生态学模型。对于这类课程，多做一些相关的练习题是非常重要的，每章后面的绝大多数问题都可以直接作为考试题目。

另外一类老师可能并不希望在模型上花费太多的时间。对于这些课程，本书可以作为辅导材料，让学生自己去了解模型的一些细节方面的内容。在这种情况下，老师可能希望将重点放在模型假设和实例研究上，而忽视每章后面的问题。

生态学教科书体积越来越大，价格越来越贵，使得很难去判断一本辅助性质教材的价值。然而，本书和市面上标准的教科书旗鼓相当，但是那些教科书没有给予数学模型应有的重视。我希望《生态学导论——揭秘生态学模型》这本书能使你的教学更容易一些，能帮助你的学生们更好地去理解生态学模型。对我来说，这一直是我在讲授生态学课程时所面临的最大的挑战，但同时也是我受益最多的地方。

1994 年 2 月 28 日

5°33′20″N，87°02′35″W

哥斯达黎加可可岛

写给学生的话

　　那些开始涉足生态学的学生总是问我同一个问题："学习生态学为什么需要使用这么多的数学？"很多选修我的生态学课程的学生期望在课堂上听到的是有关鲸鱼、全球变暖和热带雨林遭到破坏的故事。而实际上，他们面对的将是指数增长、倍增时间和每员增长率。这两个方面不是毫不相关的。但是在我们解决复杂的环境问题之前，我们需要理解和掌握基础知识。就如同工程师建大坝之前必须先了解物理学的基本法则一样，保护生物学家要想拯救物种也必须先了解生态学的基本法则。

　　生态学就是研究分布和多度的科学。换句话说，我们感兴趣的是预测有机体在哪里出现（分布）和它们种群的大小（多度）。生态学研究依赖于自然界中分布和多度的测量，因此需要数学和统计的工具去综合和解释这些测量的结果。

　　但是为什么我们需要数学模型？一种答案是因为自然界如此复杂，所以我们需要模型。即便我们穷尽毕生的精力去测量分布和多度的不同组成部分，我们可能依然对生态学没有一个清晰的理解。数学模型扮演着简化的路线图的作用，能够给我们指引方向并告诉我们应该去测量自然界中的哪些东西。

　　同时，模型能够产生可供检测的预测。通过修正或拒绝这些预测，我们可以更快地去了解自然界，这比没有计划地去试图测量自然界中所有的东西更有效率。模型是严格区分模式和机制这两个概念的，前者是我们在自然界中看到的，而后者是导致这些模式的内在机理。

　　在生态学中，使用数学模型存在着两个风险。第一，我们所构建的模型太过复杂。这可能意味着模型包含了很多我们无法测量的变量，同时模型的数学解可能非常复杂。因此，绝大部分有用的生态学模型通常都是最简单的模型，这一点贯穿本书的始终。

　　第二，我们忘记了模型是自然的抽象的代表。从逻辑上来说，尽管某个模型的行为有可能在自然界中出现，但是这并不意味着自然界就必须得遵从模型的规则。通过检查模型的假设，我们或许能够知道什么时候模型可能与现实不相符合。你将会在本书中的例子里看到这一点，当模型的预测与我们的野外观测不一致时，模型反而能告诉我们更多有关自然界的故事。

　　本书的目的就是使生态学中的数学模型不再像我们看起来的那么神秘。实际上，可以在你的课本里找到本书介绍的很多方程。然而，你的课本可能没有告诉你这些方程是从哪里来的，而这正是我们这本书想要做的：一步一步地弄清楚模型和公式的来龙去脉。我希望这本书能够帮助你们理解数学模型，知晓模型的优点和不足。

目录

第 1 章　种群的指数增长

1.1　基本模型和预测

1.1.1　种群增长的元素构成

种群（population）是指生活在一起并能够繁殖的同种生物（植物、动物或其他有机体）的所有个体的集合。如同个体是通过增加自身的重量来实现生长的一样，种群的增长则是通过获得更多的个体而达到的。那么，是哪些因素控制着种群的增长呢？在本章中，我们将建立一个非常简单的数学模型来预测种群的大小。而在随后的章节中，基于该模型我们将分别考虑其他的一些因素，从而构建更为合理的种群增长模型，包括资源限制（第 2 章）、年龄结构（第 3 章）和迁移过程（第 4 章）。同时，通过引入种群的竞争者（第 5 章）和捕食者（第 6 章），我们还将探讨种群之间的相互作用和调节。但是在本章中，我们只讨论在简单环境下的单一种群的增长情况。

在本书中，我们用变量 N 表示种群的大小。因为**种群大小**（size of the population）随着时间发生变化，所以我们用 N_t 来表示种群在 t 时刻的大小。为方便起见，我们用 $t = 0$ 来表示种群的起始点。比如，在某项研究中我们的研究对象为狼蛛（tarantulas）种群，调查发现在某研究区域内该种群由 500 只蜘蛛组成。一年之后我们再次调查了该种群，调查记录到了 800 只蜘蛛。那么这里的 $N_0 = 500$，$N_1 = 800$。

时间 t 的单位取决于我们所研究的有机体对象。对于生长迅速的细菌或原生动物种群来说，t 的单位可能是分钟。而对于长寿命的海龟或者狐尾松种群而言，t 的单位以一年或十年计或许更为合适。但无论采用什么单位，我们最终的目标都是一样的，那就是基于当前的种群大小（N_t）来预测将来的种群大小（N_{t+1}）。

不同物种间种群增长的生物学细节差别很大，甚至同一物种的不同种群间也存在着很大的差异。比如，使狼蛛种群从 500 只提高到 800 只的因素与使秃鹰种群从 10 只降低到 8 只的因素肯定是不同的。幸运的是，所有有关种群大小变化的过程都可以归纳为 4 个方面。种群大小因出生而增加，因死亡而降低；种群大小因**迁入**（immigration）而增加，因**迁出**（emigration）而下降。

这 4 个方面在不同的空间尺度上起作用。出生和死亡依赖于种群的当前大小，我们马上就会谈到这一点。所以理解出生和死亡，我们只需要研究一个目标种群即可。相反，迁入和迁出依赖于个体在不同种群间的迁移。因此，如果要描述迁入和迁出的话，我们就得跟踪几个相互联系的种群，而不仅仅是一个种群。

上述 4 个过程的任意组合都会影响到种群的大小。以前面提到的狼蛛种群为例，一种可能的情况是：500 只成年的蜘蛛在一年时间内繁殖出了 400 只幼蛛，同时有 100 只成年蛛死亡；而未发生个体的迁移。或者情况也有可能是这样的：50 只幼蛛出生，50 只成蛛死亡，迁出了 300 只，迁入了 600 只。无论是哪种情况，最终的结果就是该狼蛛种群增加了 300 个个体。

将这 4 个过程放在一起组成一个数学表达式，用其描述种群大小的变化。在这个表达式中，B 表示出生的个体数，D 表示死亡的个体数，I 表示迁入的个体数，E 表示迁出的个体数。那么，种群 t 时刻与 $t+1$ 时刻的关系如下：

$$N_{t+1} = N_t + B - D + I - E \qquad \text{表达式 1.1}$$

种群在 $t+1$ 时刻的大小等于当前种群的大小加上新出生的个体数（B）和迁入的个体数（I），减去死亡的个体数（D）和迁出的个体数（E）。我们感兴趣的是种群大小的变化（ΔN），而从表达式 1.1 中很容易得到它（从表达式 1.1 两边同时减去 N_t）：

$$N_{t+1} - N_t = N_t - N_t + B - D + I - E \qquad \text{表达式 1.2}$$

$$\Delta N = B - D + I - E \qquad \text{表达式 1.3}$$

为方便起见，我们先假定种群是封闭（closed）的，也就是说种群之间没有个体的迁移。在自然界中，这个假定通常是不成立的，但是忽略迁移能够让我们更为方便地探讨局域种群增长的细节。在第 4 章中，我们将介绍一些考虑个体迁移的种群模型。如果种群是封闭的，那么意味着 I 和 E 均等于 0。表达式 1.3 则变为：

$$\Delta N = B - D \qquad \text{表达式 1.4}$$

同时，我们还假定种群增长是连续（continuous）的。这意味着在表达式 1.1 中，变量时间 t 可以是无穷小的。也就是说，在这种情况下种群增长可以由一条平滑曲线来表示。这个假定使我们可以用一个**连续微分方程**（continuous differential equation）（见附录）来描述**种群增长率**（population growth rate）（dN/dt）。因此，种群增长可以表示为在一段很小的时间区间内（dt）种群大小的变化（dN）：

$$\frac{dN}{dt} = B - D \qquad\qquad 表达式\ 1.5$$

现在，我们只考虑 B 和 D。因为这是个连续微分方程，所以这里的 B 和 D 分别表示**出生率**（birth rate）和**死亡率**（death rate），即单位时间内的出生和死亡的个体数。那么是什么因素控制着出生率和死亡率呢？很显然，出生率依赖于种群大小。譬如，在相同的时间内，由 1000 只鸟组成的种群通常要比由 25 只鸟组成的种群产出更多的鸟蛋。在某时间段内，如果每个个体产生相同数目的后代，那么出生率（B）将与种群的大小呈正比。我们用 b（注意为小写的字母）表示**瞬时出生率**（instantaneous birth rate）。b 的单位为单位时间内每个个体产生的后代数 [出生数/（个体·时间）]。注意 b 是针对个体而言的。在一个较短的时间内，种群中出生的个体数为瞬时出生率与种群大小的乘积：

$$B = bN \qquad\qquad 表达式\ 1.6$$

类似地，我们也可以定义**瞬时死亡率**（instantaneous death rate）d，其单位为单位时间内每个个体的死亡数 [死亡数/（个体·时间）]。虽然一个个体要么死亡，要么存活，但是瞬时死亡率是针对较短时间区间内连续增长的种群的。同样，种群中死亡的个体数为瞬时死亡率与种群大小的乘积*：

$$D = dN \qquad\qquad 表达式\ 1.7$$

然而，对于自然界中的种群，这些函数往往显得过于简单。在一些情况下，出生率可能并不依赖于当前的种群大小。比如，对于一些植物种群而言，种子可以在土壤中休眠很多年 [**种子库**（seed bank）]。致使幼苗的数目（出生的个体数）反映的可能是多年以前的植物种群的结构。不过可以构建一个包含**时滞**（time lag）的种群模型来描述这类问题，使当前的种群增长率依赖于更早时候的种群大小。

同时，表达式 1.6 和 1.7 中的 b 和 d 是常数。无论种群有多大，个体的平均出生率和平均死亡率都保持不变！但是在现实世界中，出生率和死亡率可能受种群拥挤程度的影响，即种群越大，平均出生率越低，平均死亡率越高。在第 2 章中，我们将考虑这类**密度依赖模型**（density-dependent model）。但是现在呢，我们还是假定 b 和 d 为常数。将表达式 1.6 和 1.7 代入表达式 1.5 中，得到如下的表达式：

$$\frac{dN}{dt} = (b - d)N \qquad\qquad 表达式\ 1.8$$

将 $b - d$ 设为 r，即**瞬时增长率**（instantaneous rate of increase）。有些时候，r 也

---

* 此处的 dN 不同于连续种群增长率（dN/dt；表达式 1.5）中的分子 dN。在表达式 1.7 中，dN 是瞬时死亡率（d）与种群当前大小（N）的乘积。

被称为**内禀增长率** (intrinsic rate of increase), 或者**马尔萨斯参数** (Malthusian parameter), 这是为了纪念托马斯·罗伯特·马尔萨斯 (Thomas Robert Malthus) 牧师 (1766—1834)。在其著名的《人口论》(1798) 中, 马尔萨斯提出食物的供应将永远跟不上人口增长的步伐, 痛苦和悲惨的命运将是人类所无法逃脱的。

r 的值决定了一个种群是指数增长的 ($r > 0$)、种群大小保持不变的 ($r = 0$) 还是下降的 ($r < 0$)。r 的单位为单位时间内每个个体产生的新的个体数 [出生数/(个体·时间)]。因此, r 表示在一个较短的时间区间内种群的平均个体增长率, 为瞬时出生率 b 与瞬时死亡率 d 的差值。因为 r 是一个瞬时率, 所以我们可以较为自由地改变它的单位。比如, 因为一天有 24 个小时, 所以 24 个个体/(个体·天) 等同于 1 个个体/(个体·小时)。将 r 代回表达式 1.8 中, 就得到了我们的第一个种群增长模型:

$$\frac{dN}{dt} = rN \qquad\qquad 方程 1.1$$

方程 1.1 是一个简单的**种群指数增长模型** (exponential population growth)。种群增长率 (dN/dt) 与 r 是呈比例的, 只有当 $r > 0$ 即瞬时出生率 (b) 大于瞬时死亡率 (d) 时, 种群大小才会增加。如果 r 是正值, 那么种群增长将不受限制且与 N 呈比例: 种群越大, 增长越快。

那么什么时候种群停止增长呢? 种群增长率等于 0 的时候 ($dN/dt = 0$), 种群大小既不增加也不降低。在方程 1.1 中, 在两种情况下 $dN/dt = 0$。第一种情况就是 $N = 0$。在自然界中, 因为存在着个体的迁移, 所以在某个时刻种群大小为 0 并不意味着该种群就停止了增长。但是在我们这个简单的模型中, 因为我们没有考虑迁入的影响, 所以种群大小一旦触底到 0 个个体时, 该种群也就局域灭绝了。第二种情况就是 $r = 0$。换言之, 如果平均个体出生率与平均个体死亡率相等, 那么种群将既不增加也不降低。除这两种情况外, 种群大小要么增加 ($r > 0$), 要么下降 ($r < 0$)。

1.1.2 预测种群大小

方程 1.1 是一个微分方程。它描述了种群的增长率, 但是并没有告诉我们种群的大小。通过对方程 1.1 积分 (参考附录中给出的微积分规则), 得到的结果就可以用来预测种群的大小:

$$N_t = N_0 e^{rt} \qquad\qquad 方程 1.2$$

N_0 为种群的初始大小，N_t 为种群在 t 时刻的大小，e 是一个常数，即自然对数的底数（$e \approx 2.718$）。知道了种群的初始规模（N_0）和内禀增长率（r），基于方程 1.2 我们就可以预测出种群在未来某个时刻的大小。方程 1.2 类似于银行用来计算储户复息的公式。

基于方程 1.2，图 1.1a 给出了 5 个不同 r 值下的种群变化轨迹。在图 1.1b 中，我们将 y 轴（即种群大小）进行了自然对数转换。这种转换使得原先的指数增长曲线变成了一条直线，其斜率就是 r。

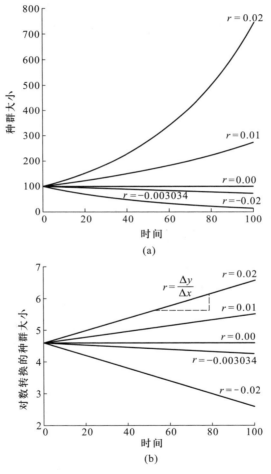

(a)

(b)

图 1.1　（a）种群指数增长轨迹，初始种群大小为 100 个个体。r 的估计值为 -0.003034 只灰熊/（灰熊·年），对应于黄石国家公园灰熊（*Ursus arctos horribilis*）的预测值（参考图 1.6）。（b）指数增长曲线（半对数图）。所用数据与（a）中的相同，但是 y 坐标轴表示的是经过了自然对数转换的种群大小。在此类图中，指数曲线变成了一条直线，直线的斜率为 r，即内禀增长率。

这两个图形传达给我们的信息是相同的，即当 $r>0$ 时，种群大小指数增长，并且 r 值越大，增长越快；当 $r<0$ 时，种群大小指数下降。在数学上，这类种群永远都不会真正地达到 0，因为按照定义一旦预测的种群少于 1 个个体时，种群就灭绝了。

1.1.3　计算倍增时间

呈指数增长的种群的一个非常重要的特征就是该种群具有一个常数**倍增时间**（doubling time）。换言之，无论是很大的种群还是较小的种群，种群大小达到原来的两倍所需的时间都是固定的，设为 t_{double}。通过将下面的公式：

$$N_{t_{\text{double}}} = 2N_0 \qquad \text{表达式 1.9}$$

代入方程 1.2 中，得到如下的公式：

$$2N_0 = N_0 e^{rt_{\text{double}}} \qquad \text{表达式 1.10}$$

公式两边同时约掉 N_0，得到：

$$2 = e^{rt_{\text{double}}} \qquad \text{表达式 1.11}$$

两边同时取自然对数：

$$\ln(2) = rt_{\text{double}} \qquad \text{表达式 1.12}$$

从而得到：

$$t_{\text{double}} = \frac{\ln(2)}{r} \qquad \text{方程 1.3}$$

从这里可以看出，r 越大，倍增时间就越短。表 1.1 给出了几个例子：不同植物和动物种群的 r 值以及相应的倍增时间。从表中可以发现，不同物种的 r 值差别很大，与其个体的大小密切相关。相比于个体体型较大的种群，个体体型较小的种群增长更快且增长率更大。比如，细菌和原生动物可以在几分钟内通过无性分裂的方式实现繁殖，而且它们的种群增长率很高。体型较大的有机体，比如灵长目动物，繁殖延后且世代时间长，从而使 r 值偏小。r 值在物种间的巨大差异，使得倍增时间对于病毒来说可能只是几分钟，而对于山毛榉而言可能就是几十年。

需要注意的是，即便是"慢增长"的种群，如果按照指数方式增长，那么其种群大小最终也会达到一个天文数字。表 1.2 预测了佛蒙特奶牛将来的种群大小 ［$r=0.365$ 奶牛数/（奶牛·年）］。经过 150 年的指数增长后，模型预测的种群大小为 3.0×10^{25}，届时整个种群的总重量将超过地球！

表 1.1　不同有机体的 r 值和倍增时间

物种名	常用名	r［个体/（个体·d）］	倍增时间
T 系噬菌体（T phage）	病毒	300.0	3.3 min
大肠杆菌（*Escherichia coli*）	细菌	58.7	17 min
大草履虫（*Paramecium caudatum*）	原生动物	1.59	10.5 h
水螅（*Hydra*）	水螅	0.34	2 d
赤拟谷盗（*Tribolium castaneum*）	面象虫	0.101	6.9 d
褐家鼠（*Rattus norvegicus*）	棕鼠	0.0148	46.8 d
黄牛（*Bos taurus*）	黄牛	0.001	1.9 年
海榄雌（*Avicennia marina*）	红树	0.00055	3.5 年
山毛榉（*Nothofagus fusca*）	山毛榉	0.000075	25.3 年

（资料来源：From Fenchel 1974）

表 1.2　50 头奶牛的指数增长，其中 $r=0.365$ 奶牛数/（奶牛·年）

年	种群大小
0	50.0
1	72.0
2	103.8
3	149.5
4	215.3
5	310.1
10	1923.7
50	4.2×10^9
100	3.6×10^{17}
150	3.0×10^{25}
200	2.5×10^{33}

注：种群大小依据方程 1.2 计算得到。

1.2　模型假设

方程 1.1 成立的前提假设是什么？换句话说，种群指数增长的生物学意义是什么? 对于任何数学模型来说, 这都是一个极其关键的问题。数学模型的预测是与其假设密切相关的。同时, 假设的重要性可能也是不一样的。一些假设可能非常关键, 它们的改变会直接导致模型预测的变化; 另外一些假设可能相对不那么重要, 即模型的预测不太受这些假设的影响, 非常**稳健** (robust)。对于方程 1.1, 我们做了如下几个假设:

(1) 无迁入 (I) 或迁出 (E)。种群是 "封闭" 的, 即种群大小的变化只受局域出生和死亡的影响。在表达式 1.4 中, 我们做了这样一个假设, 以便描述单个种群的增长, 而不考虑个体在不同种群之间的迁移。在第 4 章中, 我们将该假设放松, 从而在模型中考虑个体在种群间的迁移。

(2) 不变的出生率 (b) 和死亡率 (d)。如果一个种群以不变的出生率和死亡率增长, 那么就要求无限制的空间、食物和其他资源的供应。否则, 随着资源的枯竭, 出生率将下降, 而死亡率将上升。不变的出生率和死亡率还意味着 b 和 d 不随时间发生随机改变。在本章的稍后部分, 我们将在模型中考虑变化的出生率和死亡率, 并观察模型的预测会发生怎样的变化。

(3) 无遗传结构。方程 1.1 暗示种群中所有的个体具有相同的出生率和死亡率, 不考虑个体之间的遗传变异。另一方面, 如果该种群真的具有遗传变异的话, 那么种群的遗传结构随时间也是不变的。在这种情况下, r 代表的是种群内不同基因型的平均瞬时增长率。

(4) 无年龄或大小结构。类似的, b 和 d 不受个体年龄或个体大小的影响。因此, 我们的模型适用于单性生殖的种群, 即种群内每个个体出生后马上开始繁殖下一代, 比如细菌或原生动物种群的增长。在第 3 章中, 我们将放松该假设: 随着个体年龄的增长, 个体的出生率和死亡率将发生变化。如果种群个体在不同年龄级间存在差异的话, 那么种群必须具有一个稳定的年龄结构 (参考第 3 章); 在这种情况下, r 为不同年龄级的瞬时增长率的平均值。

(5) 无时滞的连续增长。我们的模型是一个简单的微分方程, 假定个体的出生和死亡是连续的, 种群的变化率是当前种群大小的函数。在本章的后面部分, 我们将放松该假设, 从而研究具离散世代的种群。在第 2 章中, 我们将探讨具时滞的种群模型, 即种群的增长不仅仅依赖于当前的种群大小, 还受过去某个时间点上种群大小的影响。

在上述假设中, 最为重要的是第 (2) 点, 即不变的出生率和死亡率, 意味着无限制的资源供应。只有在资源没有限制的情况下, 种群才能加速持续增长。对于其他假设, 即便不成立, 种群可能仍然可以实现指数增长, 但需要指出的是若考虑迁移和时滞会使得问题变得非常复杂。

但是无限制的资源供应在自然界中是不可能发生的, 同时我们也知道种群是不可能无限增长的。那么问题就随之产生了: 为什么如此不合理的种群指数增长模型却构成了种群生物学的基础？尽管没有哪个种群可以实现无限增长，但是所有的种群都具有指数增长的潜能。实际上，种群指数增长的这种潜能是区别生物与非生物的非常关键的一个指示因子。指数模型考虑了种群增长的正反馈效应——种群的加速增长。

种群指数增长也是查尔斯·达尔文（Charles Darwin）（1809—1882）自然选择理论的关键组成部分。在读了马尔萨斯的论文之后，达尔文意识到种群的指数增长所带来的大量后代为进化和自然选择提供了基础。此外，如上所述尽管没有种群可以实现永久性的无限增长，但是资源在某个阶段可能是足够丰富的，从而使种群在这个阶段能够实现指数增长。比如害虫的大爆发，野草的入侵，世界人口的困境等都是种群指数增长的强有力的证据。

1.3 模型变体

1.3.1 连续与离散的种群增长

现在来看看种群指数增长的其他形式。对于很多有机体而言，时间并非是以一个连续变量的形式在起作用。例如，在季节性变化的环境中，许多昆虫和一年生沙漠植物一生只繁殖一次，繁殖结束后全部死去；繁殖的后代组成了下一年的种群。如果出生率和死亡率为常数保持不变的话（类似于指数模型），那么种群每年将以相同的速率增长或下降。这类种群**世代不重叠**（non-over-lapping generations），因此以**离散差分方程**（discrete difference equation）而非连续微分方程来表示。假定种群每年以常数比率增长（或下降），设该比率为 r_d，称为**离散增长因子**（discrete growth factor）。如果种群每年以 36% 的比率增加，那么 $r_d = 0.36$。下一年的种群大小为：

$$N_{t+1} = N_t + r_d N_t \qquad \text{表达式 1.13}$$

即：

$$N_{t+1} = N_t(1 + r_d) \qquad \text{表达式 1.14}$$

设 $1 + r_d = \lambda$，即**有限增长率**（finite rate of increase），可以得到：

$$N_{t+1} = \lambda N_t \qquad \text{表达式 1.15}$$

λ 是一个正值，描述了种群大小在邻近时间段上的变化情况，是下一个时间段的种群大小与当前时间段种群大小的比例（N_{t+1}/N_t）。那么，两年之后，种群大小将变为：

$$N_2 = \lambda N_1 = \lambda(\lambda N_0) = \lambda^2 N_0 \qquad \text{表达式 1.16}$$

注意，表达式 1.15 的输出（N_{t+1}）是计算下一个时间段种群大小的输入（N_t）。该**递归方程**（recursion equation）的通解为：

$$N_t = \lambda^t N_0 \qquad \text{方程 1.4}$$

方程 1.4 与方程 1.2 类似，但后者是用来预测连续的种群增长的。那么，离散模型所描述的种群增长看起来是什么样子的呢？这要取决于出生和死亡何时发生。想象一个种群，只在春季产生新个体，而死亡可以发生在一年当中的任何时候。种群增长曲线将类似于锯齿，种群大小因春季新个体的产生而快速增加，然后因个体的死亡而逐渐下降。尽管有这个年内的种群下降阶段，但是曲线的总体趋势仍然是呈指数形式增长的，因为每年出生的个体数超过了每年死亡的个体数（图 1.2）。增长曲线上的"齿"会逐年增大，因为在相同的增长比例的情况下，大种群每年会比小种群产生更多的新个体。比如，$\lambda = 1.2$，意味着种群每年增加 20%。若种群大小是 100，则是每年增加 20 个个体；但如果种群大小是 1000，那每年将会增加 200 个个体。

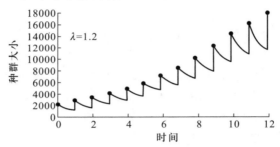

图 1.2　离散种群增长。在这个例子里，出生是脉冲式的，即个体出生只发生在每年的年初，但是死亡是连续发生的。

现在假定种群每年繁殖两次，这在一些昆虫种群中是很常见的。那么在上图中每 6 个月就会有一个"锯齿"。如果繁殖的间隔时间越来越短，那么图中的"锯齿"将会越来越靠近彼此。最终，当繁殖间隔时间无穷小的时候，曲线就不再呈锯齿状，而是变得非常平滑，而这正是种群指数增长的连续模型（方程 1.2）。连续模型本质上是将离散模型中的点连接在一起。换言之，当时间间隔无穷小的时候，连续模型就等同于离散模型。因此，通过微积分我们可以得到：

$$e^r = \lambda \qquad \text{方程 1.5}$$

对方程 1.5 两边同时取对数，得到：

$$r = \ln(\lambda) \qquad \text{方程 1.6}$$

这里的 ln 为以 e 为底数的自然对数。基于 r 和 λ 之间的这种关系，可以进一步得到以下三种关系：

$$r>0 \leftrightarrow \lambda>1 \qquad \text{表达式 1.17}$$
$$r=0 \leftrightarrow \lambda=1 \qquad \text{表达式 1.18}$$
$$r<0 \leftrightarrow 0<\lambda<1 \qquad \text{表达式 1.19}$$

因为 λ 是种群大小的比例，所以是一个没有单位的**无量纲量**（dimensionless number）。但是由于 λ 与方程中的时间尺度密切相关，因此在不同时间尺度上的转换需要特别注意。比如，以年为单位测量得到的 λ = 1.2，并不等同于以月为单位测量得到的 λ = 0.1。λ = 1.2 意味着每年 20% 的增长，但是 λ = 0.1 则意味着每月 90% 的下降。如果需要进行这种转换的话，则首先需要利用方程 1.6 将 λ 转换回 r，然后进行合适的变换，最后再利用方程 1.5 从 r 转换到 λ。在上面的例子中，λ = 1.2 等同于 r = 0.18232 个体/（个体·年）。除以 12 个月，得到 r = 0.01519 个体/（个体·月）。再通过方程 1.5，可以得到基于月份的 λ = 1.0153。为了检验这种算法是否正确，我们可以使用方程 1.4 计算经过 12 个月后的种群大小：

$$N_t=(1.0153)^{12}N_0 \qquad \text{表达式 1.20}$$
$$N_t=1.2N_0 \qquad \text{表达式 1.21}$$

证实了以月份为时间测量单位的 λ = 1.0153 等同于以年份为时间测量单位的 λ = 1.2。

总之，离散的和连续的种群指数增长模型都能够对种群进行相似的预测。在第 2 章中，当把资源限制考虑进离散模型中时，我们将会发现种群的行为发生了很大的变化。

1.3.2 环境随机性

方程 1.2 完全是确定性的。如果 N_0、r 和 t 的值都是已知的，那么我们就能够非常精确地预测出种群的大小。只要保持上述 3 个参数的值不变，我们就总是能够得到完全相同的结果。在这样的**确定性模型**（deterministic model）里面，模型的结果完全是由模型的输入所决定的，没有任何的随机性。

确定性模型描述的是简单而有序的世界。然而，现实世界通常是复杂的、不确定的。设想一下公共交通的情形。每个乘坐公共交通工具的人难道指望汽车或者火车都能够按时到达，如同时刻表上所写的那样吗？至少在美国的城市里面，公交车经常晚点，火车会出故障，地铁也不总是准点，所有这些都给人们的生活带来了不确定性（以及焦虑）。

我们能够在一个公共交通模型中考虑所有这些复杂性吗？很显然，没有那么容易。但是，我们可以测量记录公交车每天到达某个站点的时间。这样，经过多天以后，就可以得到两个有助于我们估计不确定性的数值。第一个数是公交车的**平均**（mean）到达时间。如果我们用变量 x 来表示公交车的到达时间，那么其平均值就表示为 $\bar{x}$。这样，大概一半的公交车会早于 $\bar{x}$ 到达。第二个数就是到达时间的**方差**（variance）（σ_x^2）。方差测量的是与平均值相关联的不确定性或者说是变异。如果方差较小，比如说 2 分钟，意味着大部分时候公交车的实际到达时间会紧挨着平均到达时间。如果方差较大，比如说 20 分钟，意味着大部分时候公交车的实际到达时间会严重偏离平均到达时间。很明显，我们的"乘车策略"同时受到 x 的平均值和方差的影响。

那么我们如何将这类不确定性考虑进指数增长模型中呢？假定瞬时增长率不再是一个常数，而是随着时间作无规律变化。r 的不确定性意味着对于种群而言既有好的时候（有利于种群增长的时候）也有不好的时候（不利于种群增长的时候）。前者，出生率会远远大于死亡率，从而实现种群快速增长；后者，出生率与死亡率之间的差异变小，甚至死亡率大于出生率，种群的增长会减慢甚至下降。尽管我们可能不清楚内在的生物学机制，但这不妨碍我们构建一个种群增长的**随机模型**（stochastic model）来描述波动环境下的种群动态。我们称这类环境波动为**环境随机性**（environmental stochasticity）。

想象一个种群以指数形式增长，其瞬时增长率 r 的平均值为 $\bar{r}$，方差为 σ_r^2。我们准备用这个模型来预测 t 时刻的**平均种群大小**（mean population size）（$\overline{N_t}$）和**种群大小方差**（variance in population size）（$\sigma_{N_t}^2$）。注意区别这两类平均值和方差：用瞬时增长率 r 的平均值和方差来预测种群大小 N 的平均值和方差。

虽然在本书中我们没有给出具体的推导过程，但是答案却是非常直观的。首先，受环境随机性影响的种群的平均大小为：

$$N_t = N_0 e^{\bar{r}t} \qquad\qquad \text{方程 1.7}$$

这里除了我们用平均 r 来预测平均 N_t 之外，其与从方程 1.2 确定性模型中得到的结果是相似的。然而，类似于"每个家庭有 2.1 个孩子"的说法一样，对于任一特定种群，$\overline{N_t}$ 可能都不是一个非常精确的描述。图 1.3 为我们展示的是通过计算机模拟得到的结果，其中包含了环境的随机性。从长远来看，该种群具指数增长的趋势，但是在相邻的两个时间点上种群大小的波动非常明显。t 时刻种群大小的方差为（May 1974a）：

$$\sigma_{N_t}^2 = N_0^2 e^{2\bar{r}t}(e^{\sigma_r^2 t} - 1) \qquad\qquad \text{方程 1.8}$$

该方差可能还有其他的数学表达方式，这取决于模型的具体形式*。从方程 1.8 中，我们可以得到如下几个有关种群方差的信息。① 种群方差随时间而增大。类似于股票市场预测或天气预报，预测的种群大小在时间上越靠后，不确定性越大。导致的结果就是种群的增长曲线呈现外放型的漏斗状（图 1.3）。② N_t 的方差与 r 的平均值和方差呈一定比例关系。快增长的种群比慢增长的种群波动更明显；具有变化的 r 的种群比具相对固定的 r 的种群波动更明显。③ 如果 r 的方差为 0，方程 1.8 也就变为了 0，即 N_t 无方差变异。这时我们实际上就又回到了确定性的模型上。

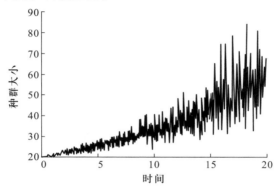

图 1.3 包含环境随机性的指数增长。在该模型中，瞬时增长率随时间是随机波动的。此处 $N_0 = 20$，$r = 0.05$，$\sigma_r^2 = 0.0001$。

在保证种群能够延续下去的前提下，种群大小的波动是有一定限制的。如果 N 波动太过剧烈，种群就有可能崩溃。即便 $\bar{r}$ 足够大，这种崩溃同样也有可能发生。当 r 的方差大于两倍的 r 的平均值的时候（May 1974a），由环境随机性所带来的种群消亡几乎是必然的：

$$\sigma_r^2 > 2\bar{r} \qquad\qquad 方程 1.9$$

在我们的确定性模型中，只要 r 大于 0，种群就会保持指数增长。在随机性环境中，平均种群大小与 $\bar{r}$ 具一定的函数关系，同样呈现指数增长模式。然而，如果 r 的方差过大，种群消亡的风险就会很高。

————————————

* 从严格意义上说，我们是用 $r+\sigma_r^2 W_t$ 代替了方程 1.2 中的 r，这里的 W_t 是一个"白噪音"分布。这是一个随机的微分方程，不幸的是该方程无唯一解。May（1974a）对该问题给出了 Ito 解。从生物学角度来说，Ito 解是合适的，通过扩散近似法得到一个几何随机增长的离散模型，类似于表达式 1.15，然后从该模型中进一步得到 Ito 解。感兴趣的读者可以参考 May（1973，1974a）以及 Roughgarden（1979）。

1.3.3 种群统计随机性

在随机变异方面，种群可能并不仅仅受到环境随机性的影响。即便 r 是个常数，由于**种群统计随机性**（demographic stochasticity）的存在，种群大小仍然可能会发生变化。种群统计随机性部分源自有机体本身，因为绝大部分有机体以离散的单位来繁殖后代：一只鸵鸟可以产 2 只蛋，或者 3 只蛋，但不是 2.6 只。此外，一些具克隆生长的植物和珊瑚可以通过分裂和无性芽来进行繁殖，在这种情况下，个体的某个部分就可以为整个种群的增长做出贡献。

如果我们对某个种群进行一个短期的跟踪调查的话，就会发现出生和死亡并非完美的连续发生的，而是有一定的先后次序的。假设在一个种群里，出生率是死亡率的两倍。这就意味着在一个序列里，出生事件发生的概率是死亡事件发生的概率的两倍。在一个完美的决定性的世界里，出生和死亡的序列可能是这样的：…BBDBBDBBDBBD…，但是由于种群统计随机性的影响，实际上我们可能会看到这样的序列：…BBBDBDBDBBBBD…。这种种群统计随机性可比照遗传漂变：小种群里等位基因的频度是随机变化的[*]。在考虑种群统计随机性的模型中，出生或死亡的概率依赖于 b 和 d 的相对强度：

$$P(\text{出生}) = \frac{b}{b+d} \qquad \text{方程 1.10}$$

$$P(\text{死亡}) = \frac{d}{b+d} \qquad \text{方程 1.11}$$

举个例子，一个黑猩猩种群，$b=0.55$ 出生个体数/（个体·年），$d=0.50$ 死亡个体数/（个体·年）。通过 $b-d$，得到 $r=0.05$ 个体/（个体·年）；种群倍增时间为 13.86 年（方程 1.3）。基于方程 1.10 和方程 1.11，出生事件发生的概率为 $[0.55/(0.55+0.50)]=0.524$，死亡事件发生的概率为 $[0.50/(0.55+0.50)]=0.476$。注意这两个概率的和应为 1，因为在这个种群里，只有出生

---

[*] 类似于环境随机性的分析，方程依赖于模型的特定生物学细节。针对种群统计随机性，其中一种表述方式是：种群里所有个体的出生和死亡是彼此独立的，互不影响。个体的寿命服从一个指数分布，其平均值为 $1/(b+d)$。在一个个体生命的晚期，要么以概率 $b/(b+d)$ 进行繁殖（方程 1.10），要么以概率 $d/(b+d)$ 死亡（方程 1.11）。个体间出生和死亡事件独立的假定使我们可以得到方程 1.15，其给出了种群灭绝的总体概率。

另外一种表述种群统计随机性的方式为：通过转移矩阵（马尔科夫）模型来描述种群大小的变化。在这种情况下，在某个时间段上，由 N 个个体组成的种群满足指数分布，其平均值为 $1/N(b+d)$。在这个时间段的尾端，该种群要么以 $b/(b+d)$（方程 1.10）的概率增加到 $N+1$，要么以 $d/(b+d)$（方程 1.11）的概率下降到 $N-1$。感兴趣的读者可以参考 Iosifescu 和 Tautu（1973）。

和死亡两类事件的发生。因为出生事件的发生概率高于死亡事件的发生概率，所以黑猩猩种群的规模是增加的。然而，我们却很难精确预测出种群的大小。图 1.4 显示的是计算机模拟的结果：4 个种群，每个种群的初始大小都为 20 个个体，同时种群增长过程中均伴随着随机的出生和死亡。从图中我们可以看到，虽然 4 个种群的 r 都大于 0，但是其中有 2 个种群的大小是小于 20 个个体的。

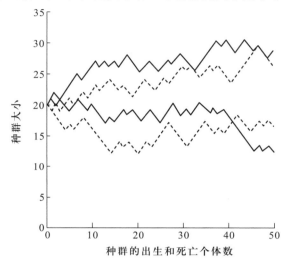

图 1.4　针对包含种群统计学随机性的种群增长的计算机模拟。每个种群初始种群大小为 20 个个体。$b = 0.55$ 出生个体数/（个体·年），$d = 0.50$ 死亡个体数/（个体·年）。尽管初始条件完全一样，但是两个种群在模拟结束的时候其种群大小是小于初始种群大小的。需要注意的是 x 坐标轴代表的不是绝对时间。

　　如同前面的环境随机性，我们所感兴趣的是种群的平均大小和种群的方差。t 时刻的种群平均大小为：

$$\overline{N_t} = N_0 e^{rt} \qquad\qquad \text{方程 1.12}$$

这个方程与前面的确定性模型（方程 1.2）是相同的。种群大小的方差取决于出生率和死亡率是否相等。如果 b 和 d 相等，平均意义上来说，种群大小将保持不变，此时在 t 时刻的种群大小的方差为（Pielou 1969）：

$$\sigma_{N_t}^2 = 2 N_0 b t \qquad\qquad \text{方程 1.13}$$

如果 b 和 d 不相等，方差的计算公式则为：

$$\sigma_{N_t}^2 = \frac{N_0 (b + d) e^{rt} (e^{rt} - 1)}{r} \qquad\qquad \text{方程 1.14}$$

与包含环境随机性的模型一样，种群大小的方差随时间而增加。同样，即便种群的 r 大于 0，种群也有消亡的风险。种群统计随机性对小种群尤其重要，通过不多的死亡事件的发生就可能驱使小种群消亡。这使得种群的灭绝概率不仅仅与 b 和 d 有关，而且还与种群的初始大小有关。灭绝概率为：

$$P(灭绝) = \left(\frac{d}{b}\right)^{N_0} \qquad\qquad 方程 1.15$$

针对前面黑猩猩的例子，如果初始时有 50 只黑猩猩，根据方程 1.15，那么该种群灭绝的风险为 $(0.50/0.55)^{50} = 0.009 = 0.9\%$。然而，如果初始种群大小只有 10 个个体，那么灭绝的风险为 $(0.50/0.55)^{10} = 0.386 = 38.6\%$。

从方程 1.13 和 1.14 中我们还可以看到，种群统计随机性不仅受 b 和 d 之间的差异的影响，还受 b 和 d 的绝对值的影响。高出生率和高死亡率的种群比低出生率和低死亡率的种群的变异大。因此，$b = 1.45$ 和 $d = 1.40$ 的种群比 $b = 0.55$ 和 $d = 0.50$ 的种群波动更大。尽管两个种群的 r 值都等于 0.05，但在第一个种群里，种群周转更快，使得发生连续出生或死亡事件的机会增大。

总之，从指数增长随机模型中得到的平均种群大小与我们在本章前面部分从确定性模型中得到的结果是一样的。在随机性的世界里，种群大小是波动的：一方面外界环境的变化会影响种群的内禀增长率（环境随机性），另外一方面出生和死亡事件发生的次序是随机的（种群统计随机性）。即便平均内禀增长率是正值，这两类变异也有可能导致种群的灭绝和消亡。种群统计随机性对小种群尤其重要，是小种群灭绝的一个非常重要的原因。

1.4 实例

1.4.1 保护岛上的雉鸡

人类有意或无意地将很多物种引入新的环境里，其中一些成为了非常有趣的生态学实验。例如，1937 年，8 只雉鸡（*Phasianus colchicus torquatus*）被人们引入保护岛（Protection Island）上，该岛屿与华盛顿州的海岸相对（Lack 1967）。岛上有着非常丰富的食物资源，同时没有狐狸或其他的捕食者。雉鸡是无法在岛屿和大陆间通过飞行来实现自由迁移的，因此可以忽略迁移的影响。从 1937 年到 1942 年，雉鸡种群增加到 2000 多只（图 1.5a 和 b）。雉鸡种群曲线呈锯齿状增长，类似于我们前面介绍的种群的离散增长模型。该增长曲线反映了雉鸡种群在春季孵卵、全年都有死亡发生的事实。

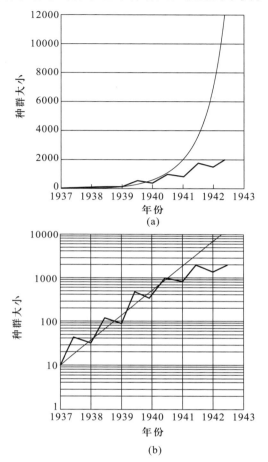

图 1.5 引入保护岛后雉鸡（*Phasianus colchicus torquatus*）种群的增长。细线表示的是
假想的指数增长曲线，$r = 1.3217$ 只雉鸡/（雉鸡·年）；粗线表示的是观察到的种群
大小。为了便于比较，（a）图中种群大小是线性尺度的，而（b）图中的为对数尺度。
注意，对数尺度的底数为 10，而非 e。（资料来源：Data from Lack 1967）

　　雉鸡种群从开始时的 8 只增加到 1938 年年初的 30 只。如果假定在这期间
资源供应是充足的，那么我们可以估计出 λ 为（30/8）= 3.75，进而得到相应
的 r 为 ln(3.75) = 1.3217 只雉鸡/（雉鸡·年）。根据种群指数增长模型，我们
可以利用这个估计值来预测种群的大小，从而比较估计值与实际观测值的拟合
程度。该模型的初始预测很合理，但是从 1940 年后，模型高估了种群的大小。
到 1942 年，实际观测到的种群大小为 1898 只，而模型预测值为 5933 只，是
实际观测值的 3 倍之多。这种差异可能源自岛上食物资源的减少。非常可惜的

是，这个有趣的生态学实验因美军于第二次世界大战期间在该岛开展相关训练而终止，雉鸡们很快都被吃掉了。

1.4.2 黄石国家公园的灰熊

北美洲灰熊（*Ursus arctos horribilis*）曾经广布于几乎整个北美。而今天，仅剩下美国本土 48 个州西北处的 6 个破碎的种群，其中一些种群甚至尚不到 10 个个体。黄石国家公园里的灰熊是最大的种群之一，其种群大小年际间的波动非常明显（图 1.6）。

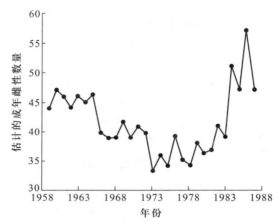

图 1.6 黄石国家公园灰熊（*Ursus arctos horribilis*）种群大小的变化。这些数据被用来构建包含环境随机性的指数增长模型。从该模型中得到 $r = -0.003034$ 个体/（个体·年）。（资料来源：From Dennis et al. 1991）

很显然，灰熊的种群数据很难用一个简单的指数增长模型来描述，但是却可以用包含环境随机性的复杂的指数模型来拟合（Dennis et al. 1991）。在该模型中，估计出的 r 值为 -0.003034 只熊/（熊·年），意味着从长远来看该种群将会缓慢下降。然而，这个估计值的方差较大，因此如果观察到种群大小增加也不足为奇。基于这个模型，黄石公园里的灰熊种群的命运并不乐观。模型预测该种群有可能会降低到 10 个个体以下，在这种情况下，种群基本上也就消亡了。然而，因为 r 接近于 0，而且方差又很大，所以估计出的灭绝时间大概是 200 年。尽管灰熊种群不会马上灭绝，但是种群降低为一个灭绝风险高的小种群的可能性还是很大的。

该预测假定 b 和 d 一直存在着背景变化。同时，模型并未考虑灾难性大事件的发生，比如 1988 年的黄石大火，也没有考虑到将来人类活动和管理措施的改变，比如 1970—1971 年间围封公园里的垃圾堆的行为，而垃圾堆是灰熊重要的食物来源地。因为这个模型是随机环境的种群指数增长模型，没有考虑资源限制的影响，而这也可能会影响到模型的预测（参考第 2 章）。最后，随着数据的积累，模型的预测也可能会随之发生变化。保护生物学家和公园管理者们正越来越多地采用数量种群模型来估计濒危物种的灭绝风险。许多这类模型都是以我们本章所讨论的指数增长模型为基础的。

1.5 思考题

1.5.1 在 1993 年，也是我开始写这本书的时候，世界人口规模在未来 50 年内将翻番。假设种群增长是连续的，计算人类种群的 r 值。如果 1993 年人口是 54 亿，那么预测到 2000 年时人口规模是多少？

我们已经走过了那个"将来"！2000 年 8 月 2 日，世界人口的最好估计值是 60.87 亿——比 1993 年模型预测的结果稍微高一些。从下面这个网页上（由美国人口普查局维持）可以了解到当前世界人口的大概情况：http//www.census.gov/main/www/popclock.html。

该网页上有一个"实时时钟"，实时显示世界和美国人口的估计值。对于正在阅读这本书的你，今天是什么日子？人口是多少？

1.5.2 你正在研究一个含有 3000 只甲壳虫的种群。在 1 个月的时间里，你记录到 400 只新个体的出生和 150 只个体的死亡。估计 r 值并预测该种群 6 个月后的种群大小。

1.5.3 你对一个扁形动物种群连续观察了 5 天，记录的个体数为：100，158，315，398 和 794。画出种群大小的对数图（以 e 为底），据此估计出 r 值。

1.5.4 一年生禾草种群的大小每年增加 12%。倍增时间大概是多少？

*1.5.5 你正在研究一个兰花的濒危种群，其 $b = 0.0021$ 出生个体/（个体·年），$d = 0.0020$ 死亡个体/（个体·年）。当前的种群大小为 50 株。一个计划中的新的购物中心将会破坏掉该兰花种群的部分生境，使得种群大小降为 30 株。那么，在这种情况下兰花种群的灭绝概率是多少？

---

* 拓展题

第 2 章　种群的逻辑斯谛增长

2.1　基本模型和预测

在第 1 章中，我们假定（不合理）支持种群增长的资源是无限的。该假定导致的一个直接结果就是个体的平均出生率 b 和死亡率 d 保持不变。虽然在一些模型中 b 和 d 也确实随时间波动（环境随机性），但是这种波动却是**非密度依赖的**（density-independent）；换言之，个体的平均出生率和死亡率不受种群大小的影响。而在本章中，我们假定支持种群生长和繁殖的资源是有限的。这也就意味着出生率和死亡率受种群大小的影响。为了得到这个更为复杂的**逻辑斯谛增长模型**（logistic growth model），我们首先从熟悉的增长方程入手：

$$\frac{dN}{dt} = (b' - d') N \qquad \text{表达式 2.1}$$

这里的 b' 和 d' 与密度相关，反映了种群的拥挤程度。

2.1.1　密度依赖

在种群拥挤程度逐渐增加的情况下，我们可以设想个体的平均出生率应该是降低的，因为可用于繁殖和生长的食物和资源在逐渐减少。最简单的描述个体出生率下降的方式就是一条直线（图 2.1）：

$$b' = b - aN \qquad \text{表达式 2.2}$$

在这个表达式里，N 为种群大小，b' 为个体平均出生率，b 和 a 是常数。从表达式 2.2 中可以看出，N 越大，出生率则越小。另一方面，如果 N 接近于 0，那么出生率 b' 将接近于常数 b。常数 b 是在种群无拥挤情况下的理想出生率，而 b' 是在考虑了种群拥挤情况下的实际出生率。因此，这里 b 的含义与第 1 章指数增长模型中的一样——在资源没有限制的情况下的瞬时个体平均出生率。常数 a 代表的是密度依赖的强度。a 越大，实际出生率下降得越快。换言之，a 表示的是种群中每增加一个个体对出生率的影响大小。如果没有密度依赖，那么 $a = 0$，出生率等于 b，且与种群大小无关。因此，我们可以看到，指数增长模型实际上是逻辑斯谛增长模型的一个特例，即出生率（$a=0$）或死亡率（$c=0$）上没有拥挤效应。

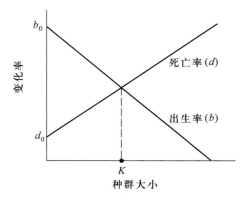

图 2.1 逻辑斯谛模型中密度依赖的出生率和死亡率。图中显示的是每员出生率和每员死亡率与拥挤程度的函数关系。两条线的相交处是稳定的平衡点（$N=K$），此时出生率和死亡率相等。

类似的，拥挤效应同样可以作用于死亡率。我们可以设想随着种群的增长，死亡率是增加的：

$$d' = d + cN \qquad \text{表达式 2.3}$$

这里的常数 d 为种群大小接近于 0 时的个体死亡率。常数 c 表示的是密度依赖所导致的死亡率增加的强度。

表达式 2.2 和 2.3 是描述密度依赖的出生率和死亡率的最简单的数学形式。在实际的种群中，函数则可能会更复杂。例如，b' 和 d' 的非线性变化；或在一些情况下，b' 和 d' 在种群达到某个密度阈值前不发生改变。一些动物种群聚集在一起更有利于繁殖、捕猎、照顾后代或逃避捕食者。对于这些种群而言，随着种群的增长，b' 增加而 d' 下降，这就是**阿利效应**（Allee et al. 1949）。阿利效应通常在种群大小较小的时候非常重要，其会产生一个最小种群大小的阈值；种群大小一旦小于这个阈值，种群就会灭绝（参考思考题 2.5.3）。不过随着种群的增长，资源被逐渐消耗，负的密度依赖效应将会显现。

需要注意的是，在上述模型中，出生率和死亡率同时具有密度依赖效应，也有可能仅出生率或者死亡率受种群大小的影响。但无论是哪种情况，通过一些代数运算，我们最终都能够得到相似的结果（参考思考题 2.5.5）。只要有一个率是密度依赖的，我们就能够得到逻辑斯谛模型。

现在我们把表达式 2.2 和 2.3 代回 2.1 中：

$$\frac{dN}{dt} = \left[(b - aN) - (d + cN) \right] N \qquad \text{表达式 2.4}$$

合并同类项：

$$\frac{dN}{dt} = [(b-d) - (a+c)N]N \qquad 表达式\ 2.5$$

然后，我们将表达式 2.5 的右边乘以 $[(b-d)/(b-d)]$。因为该项等于 1，所以不影响结果，但是却能够使问题简化：

$$\frac{dN}{dt} = \left[\frac{(b-d)}{(b-d)}\right][(b-d) - (a+c)N]N \qquad 表达式\ 2.6$$

$$\frac{dN}{dt} = [(b-d)]\left[\frac{(b-d)}{(b-d)} - \frac{(a+c)}{(b-d)}N\right]N \qquad 表达式\ 2.7$$

设 $r=b-d$，我们就会得到下面的表达式：

$$\frac{dN}{dt} = rN\left[1 - \frac{(a+c)}{(b-d)}N\right] \qquad 表达式\ 2.8$$

2.1.2　环境容纳量

因为表达式 2.8 中的 a、c、b 和 d 均为常数，所以我们可以定义一个新的常数 K：

$$K = \frac{(b-d)}{a+c} \qquad 表达式\ 2.9$$

定义常数 K 仅仅是为了表述方便，其生物学解释为**环境容纳量**（carrying capacity），即环境所能支持的最大的种群大小。K 考虑了多个潜在的限制性资源的影响，包括空间、食物以及庇护场所。在我们的模型中，这些资源都会随着种群拥挤程度的增加而逐渐被消耗掉。因为 K 代表的是最大的种群大小，所以它的单位为个体数目。将 K 代回表达式 2.8 中：

$$\frac{dN}{dt} = rN\left(1 - \frac{N}{K}\right) \qquad 方程\ 2.1$$

方程 2.1 即为逻辑斯谛增长方程，由皮埃尔·费尔哈斯（P. F. Verhulst）（1804—1849）于 1838 年引入生态学中。它是描述资源有限的环境下种群增长的最简单的方程，也是很多生态学模型的基础。

从方程的形式上看，逻辑斯谛方程与指数增长方程非常相似，只是多乘了一个（$1-N/K$）项。这一项表示的是**环境容纳量的剩余部分**（unused portion of the carrying capacity）。我们来做一个比喻，将环境容纳量想象成一个装瓷砖的方框。方框所能容纳的瓷砖数目是有限的，这里的瓷砖就如同个体。如果种群的规模超过了环境容纳量，也就意味着瓷砖的数目超过了方框所能承载的能力。环境容纳量剩余的比例就类似于方框中空余的面积（Krebs 1985）。

譬如，假定 $K=100$，$N=7$，那么剩余部分的环境容纳量为 $[1-(7/100)]=$ 0.93。此时，种群相对比较稀疏，种群的增长率为指数增长时的 93% $[rN(0.93)]$。相反，如果种群大小接近于 K（$N=98$），那么剩余部分的环境容纳量就很小：$[1-(98/100)]=0.02$。此时，种群增长非常缓慢，其增长率仅为指数增长时的 2% $[rN(0.02)]$。最后，如果种群大小超过了环境容纳量（$N>K$），那么括号中的项为负值，意味着增长率小于 0，种群向 K 的方向下降。因此，密度依赖的出生率和死亡率为种群的指数增长提供了一个有效的"刹车"。

那么种群什么时候停止逻辑斯谛增长呢？首先，和指数模型一样，当 r 或 N 等于 0 时，种群增长率（dN/dt）为 0。同时在逻辑斯谛模型中，另一种情况是当 $N=K$ 时，种群也会停止增长。在图 2.1 中，我们可以看到出生率和死亡率与种群大小之间的关系。图中两条直线相交的点（$N=K$）被称为**稳定平衡点**（stable equilibrium）。该平衡点之所以是稳定的，是因为无论种群的初始大小如何，最终种群都会朝着 K 的方向运动。如果 N 比 K 小，种群在图中相交点左侧的某个点处，那么出生率大于死亡率，种群增加；反之，如果在相交点的右侧，死亡率则大于出生率，种群下降（参考附录）。

和指数增长模型一样，利用微积分的知识我们可以得到计算种群大小的方程：

$$N_t = \frac{K}{1+[(K-N_0)/N_0]e^{-rt}} \qquad \text{方程 2.2}$$

从方程 2.2 中我们可以看到，逻辑斯谛增长模型中种群大小 N 与时间的关系曲线为 S 形（图 2.2）。当种群较小时，种群以略低于指数模型预测的增长率快速增加。当 $N=K/2$（曲线上最陡峭的那一点）时，种群增长最快，然后种

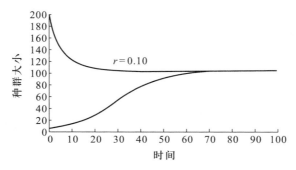

图 2.2 逻辑斯谛增长曲线。当种群的初始规模低于容纳量时，N 与时间遵从 S 形曲线。当种群的初始规模高于容纳量时，种群大小快速下降至平衡点处。在本例中，$K=100$，初始种群大小为 5（低于容纳量）和 200（高于容纳量）。

群增长逐渐变慢（图 2.3a）。这与指数增长不同，在指数增长模型中，种群的增长率随种群大小是线性增加的（图 2.3b）。而在逻辑斯谛模型中，如果种群的初始大小比 K 大，那么方程 2.1 将是一个负值，从而使 N 向环境容纳量的方向下降。

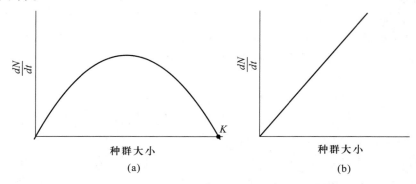

图 2.3　种群增长率（dN/dt）与种群大小的函数关系。（a）逻辑斯谛增长，（b）指数增长。

　　无论种群的初始大小（N_0）如何，按照逻辑斯谛模型，种群都会很快达到固定的环境容纳量（K）。不过，到达该平衡点所需的时间与 r 呈比例关系，即增长越快的种群到达 K 所需的时间越短。

2.2　模型假设

　　因为逻辑斯谛模型是从指数模型中推导出来的，所以在第 1 章中针对指数模型的所有假设均适用于逻辑斯谛模型，包括无时滞、无迁移、无遗传变异以及无年龄结构。同时，由于在逻辑斯谛模型中资源是有限的，因此它还有另外两个假设：

　　（1）不变的环境容纳量。为了得到 S 形的逻辑斯谛增长曲线，我们必须假定 K 是一个常数，即资源的有效性不随时间而变化。在本章的后面部分，我们将放松该假设。

　　（2）线性的密度依赖。逻辑斯谛模型假定种群中新增的每个个体均会降低种群的每员增长率。图 2.4a 表示的是种群的每员增长率（$1/N$）（dN/dt）（per capita population growth rate，也译为平均每个个体增长率）与种群大小的关系。当 N 近于 0 时，该每员增长率的值最大，为（$b-d$）$= r$，此后其线性下降；当 N 达到 K 时，该每员增长率为 0。如果 N 超过了 K，那么每员增长率为负值。尽管 b 和 d 均为常数，但实际的出生率和死亡率（b' 和 d'）都是随种群大小而变化的（表达式 2.2 和 2.3）。相反地，在指数增长模型中，因为每员增长率与种群大小无关，所以种群的每员增长率与种群大小之间的关系是一条水平的直线（图 2.4b）。

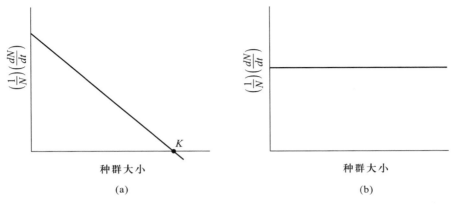

图 2.4 每员增长率（$(1/N)(dN/dt)$）与种群大小的函数关系。（a）逻辑斯谛增长，（b）指数增长。

2.3 模型变体

2.3.1 时滞

在逻辑斯谛模型中，当一个个体进入种群中时，该种群的每员增长率会立即下降。但是在许多种群中，种群对密度的反应可能是具有**时滞**（time lags）的。比如，尽管海鸥种群的规模在秋天增加，但直到来年春天其密度依赖效应才可能会显现出来，这是因为雌鸥到春季才产卵。在热带雨林地区，桃花心木（*Swietenia mahogani*）可能在幼苗阶段存在密度依赖的死亡，但直到 50 年以后才会发生密度依赖的繁殖（第一次开花时）。当资源发生变化时，个体不会立即改变它们的生长或繁殖，这种延迟的反应会影响种群的动态。资源的季节有效性、猎物种群的生长反应以及消费者种群的大小和年龄结构都会给种群增长带来时滞。

那么如何将时滞考虑进我们的模型呢？设想时滞的长度为 τ，即种群大小变化时与这种变化对种群增长率产生影响时的时差。因此，在时间 t 处的种群增长率（dN/dt）受种群在 $t-\tau$ 处的种群大小的影响（$N_{t-\tau}$）。由此，包含时滞的逻辑斯谛增长模型如下：

$$\frac{dN}{dt} = rN\left(1 - \frac{N_{t-\tau}}{K}\right)$$

方程 2.3

该**时滞微分方程**（delay differential equation）的行为取决于两个方面的因素：① 时滞的长度 τ；② 种群的反应时间（response time），即与 r 的倒数呈比例（May 1976）。种群增长越快，反应时间越短（$1/r$）。

时滞的长度 τ 与反应时间（$1/r$）的比例，即 $r\tau$，控制着种群的增长。如果 $r\tau$ "小"（$0 < r\tau < 0.368$），那么种群大小会平滑地增加至环境容纳量（图 2.5a）。如果 $r\tau$ "不大不小"（$0.368 < r\tau < 1.570$），那么种群大小先是超过容纳量，然后是低于容纳量；这些**阻尼振动**（damped oscillation）随着时间逐渐减弱，直到种群大小为 K 时，振荡消失（图 2.5b）。针对这些轨迹的具体

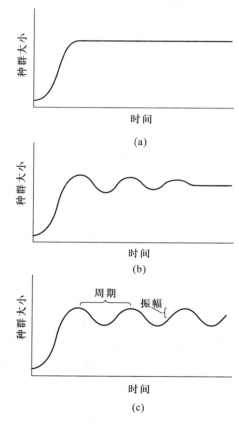

图 2.5 包含时滞的逻辑斯谛增长曲线。模型的行为依赖于 $r\tau$，即内禀增长率与时滞的乘积。（a）$r\tau$ 较小时，模型的行为类似于无时滞的模型；（b）$r\tau$ 中等强度时，开始时模型产生阻尼振动最后收敛于容纳量；（c）$r\tau$ 强度很大时，模型产生稳定的极限循环，且不收敛于容纳量。

数值并不重要，重要的是要理解随着 $r\tau$ 的增加，模型的行为如何发生变化。

如果 $r\tau$ "大"（$r\tau > 1.570$），那么种群将进入一个**稳定极限环**（stable limit cycle），在 K 周围周期性地上升和下降，但永远都不会停在单一的一个平衡点上（图 2.5c）。容纳量为极限环中高点与低点的中间值。该极限环之所以是稳定的，是因为即使种群受到了干扰，也会回到这些特征振动上来（characteristic oscillations）。当 $r\tau$ 较大时，时滞的长度将远远大于种群的反应时间。这就如同安装着一个坏了的温度调节器的加热系统，不停地过度加热和过度制冷，但却从来不会稳定在所需的平衡温度上。

周期性波动的种群有两个重要的特征：波动**振幅**（amplitude）和波动**周期**（period）（图 2.5c）。振幅为种群最大值与平均值之间的差异。可从图 2.5c 中的 y 轴上测量得到，其单位为个体的数目。振幅越大，种群波动越大。如果振幅太大，则有可能使种群触底消亡。周期是指种群完成一个完整的循环所需的时间。可从图 2.5c 中的 x 轴上测量得到。周期越长，种群峰值间的时间间隔越大。

在具时滞的逻辑斯谛模型中，振幅随 $r\tau$ 的增大而增大。这是显而易见的，因为如果种群增长很快，或者时滞很长，那么种群在开始下降前其规模会远远超过容纳量 K。

不管内禀增长率的大小是多少，波动周期都通常大约是 4τ。因此，如果某个种群的时滞长度为 1 年，那么平均每 4 年我们就可以观察到一次种群的峰值。那么为什么波动周期是时滞长度的 4 倍呢？这是因为当种群大小到达 K 时，种群会继续增加 τ 时间到达峰值，然后才开始下降。从 K 到种群峰值之间大概为周期的 1/4，因此一个完整的循环所需的时间约为 4τ。这个结果可能解释了为什么许多在高纬度具季节性环境中的哺乳动物种群每三年或四年会达到一个峰值的现象（May 1976；参考第 6 章）。

2.3.2 离散种群增长

那么如果种群增长是离散的呢？离散的逻辑斯谛增长方程如下：

$$N_{t+1} = N_t + r_d N_t \left(1 - \frac{N_t}{K}\right) \qquad \text{方程 2.4}$$

对于该离散的逻辑斯谛增长模型与连续的逻辑斯谛增长模型（方程 2.1）之间的异同，大家可以参考方程 1.4 与原始的指数增长模型（方程 1.2）之间的比较。离散增长因子 r_d 的定义请参考第 1 章。

离散种群增长模型实际上已经嵌入了一个长度为 1.0 的时滞。种群在 $t+1$

时刻的大小（N_{t+1}）依赖于种群的当前大小（N_t）。在本章的最后一部分，我们将会看到当存在时滞时，$r\tau$ 控制着种群的动态。而对于离散模型来说，因为其时滞为 1.0，所以种群动态仅受 r_d 的影响。

如果 r_d 不是很大，该离散模型的行为就类似于对应的连续模型。当 r_d "小"（$r_d < 2.000$）时，种群经过阻尼振动最终到达 K（图 2.6a）。当 r_d 再"稍微大些"（$2.000 < r_d < 2.449$）时，种群会进入一个稳定的两点极限循环。这与连续模型类似，不同之处在于种群的上升和下降并非如连续模型那样平滑。离散模型中的点对应于连续模型中循环的峰值和谷值（图 2.6b）。当 r_d 在 2.449 和 2.570 之间时，种群增长会呈现一个更为复杂的极限循环模式。比如，一个四点极限循环在出现两个明显的峰值和两个明显的谷值后，循环往复。极限环中的点的数目呈几何增长（2、4、8、16、32、64 等）（图 2.6c）。

如果 r_d 值大于 2.570，那么极限环将会崩溃，种群增长呈现复杂的非重复的模式，即为**混沌**（chaos）（图 2.6d）。混沌的数学模型在很多科学领域里都起着非常重要的作用，从描述湍流到预报天气情况。种群生物学家是较早意识到简单的离散方程能够产生复杂模式的（May 1974b）。关于混沌非常有意思的一点是：种群大小的随机波动却是从完全确定性的模型中产生的。事实上，混沌种群的变化轨迹是如此的复杂以至于我们很难将其与随机种群的轨迹区别开来。

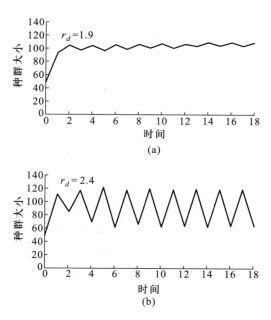

(a)

(b)

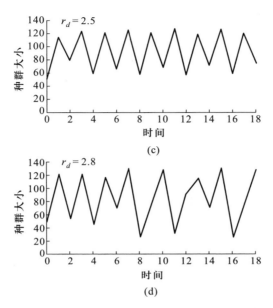

图 2.6 离散逻辑斯谛增长曲线的行为受 r_d 的大小影响。（a）r_d 较小时，产生的是阻尼振动（$r_d = 1.9$）；（b）当 $r_d = 2.4$ 时，产生的是稳定的两点极限环；（c）中等大小的 r_d 得到的是一个更为复杂的四点极限环（$r_d = 2.5$）；（d）当 r_d 很大时，产生的是一个看起来随机的混沌模式（$r_d = 2.8$）。

　　然而，混沌却并不意味着随机的变化。实际上，混沌种群的波动与随机性没有任何关联。一旦赋予了模型特定的参数值（K、r_d 和 N_0），无论我们运行模型多少次，每次我们都能得到完全相同的种群轨迹。而种群轨迹中的波动主要是源自逻辑斯谛模型中的密度依赖效应，以及离散模型自身的时滞。如果我们改变模型的初始条件，比如改变种群的初始大小（N_0），那么随着时间的推移，这两个种群的轨迹将会越来越不相同（图 2.7）。

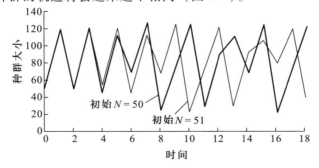

图 2.7 混沌对种群轨迹的影响。图中两个种群均服从相同的逻辑斯谛增长模型，不同的是一个种群的 N 为 50，而另一个种群的 N 为 51。随着时间的推移，这两个种群的轨迹会越来越不一样。

相反，随机种群的波动则是源自模型本身的参数（K 或 r_d）随时间的改变。在一个随机模型里，如果我们稍微改变下初始种群的大小，但保持 K 或 r_d 的变异不动，那么随着时间的推移，两个种群的轨迹将会稍许不同，但不会如图 2.7 中那样差异明显。在下一节，我们将讨论随机模型，其中环境容纳量随时间而变化。

2.3.3 容纳量的随机性变化

在第 1 章分析环境随机性的时候，我们假定资源是无限的，r 随时间随机变化。而在逻辑斯谛模型中，我们将假定 r 是固定的，但环境容纳量随时间变化。K 的随机变化意味着环境所能支持的最大种群的大小随时间变化，不可预测。这种变化对逻辑斯谛模型的行为会产生怎样的影响？虽然有多种数学方法可以解决这个问题，但是没有哪一个能给我们提供一个简单的答案。

在指数模型中，当 r 随机变化时，我们发现种群平均大小与从确定性模型中得到的结果是一样的（$\overline{N}_t = N_0 e^{\bar{r}t}$）。据此类推，我们可能会认为逻辑斯谛模型中的平均种群大小应该近似于平均容纳量（$\overline{K}$）。实际上却不是这么回事。相反，$\overline{N}$ 总是比 $\overline{K}$ 小。为什么呢？当种群大于 K 时，其下降的速度比当种群小于等量的相应水平的 K 时上升的速度快（思考题 2.5.4）。图 2.2 展现了这种不对称性。如果环境容纳量的平均值为 $\overline{K}$、方差为 σ_K^2，那么平均种群大小就近似为（May 1974a）：

$$\overline{N} \approx \overline{K} - \frac{\sigma_K^2}{2} \qquad \text{方程 2.5}$$

因此，环境波动越大，平均种群大小越小。同时，种群波动的模式也依赖于 r（Levins 1969）。具较大 r 的种群对 K 的变化非常敏感，种群能够对这类变化做出快速响应。在这种情况下，平均种群大小只比平均容纳量稍小一些。但如果种群的 r 比较小的话，那么种群对 K 的变化的反应将比较缓慢，从而使种群大小上升或下降的幅度不明显（图 2.8）；其 $\overline{N}$ 将小于具较大 r 的种群的。

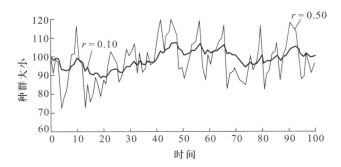

图 2.8 容纳量包含随机变化的逻辑斯谛种群增长。具有较大增长率（$r = 0.50$）的种群对容纳量的波动很敏感，而具较小增长率（$r = 0.10$）的种群对容纳量的波动相比较而言不太敏感。

2.3.4 容纳量的周期性变化

现在假定容纳量 K 是周期性变化的，而不是前面刚讲的随机性变化。容纳量的周期性波动适用于很多处在季节性温带纬度地区的种群，可以用余弦函数来描述（May 1976）：

$$K_t = k_0 + k_1 \left[\cos(2\pi t/c) \right] \qquad \text{方程 2.6}$$

这里的 K_t 是 t 时刻的容纳量，k_0 是平均容纳量，k_1 是周期的振幅，c 是周期的长度。随着时间 t 的发展，括号中的余弦一项周期性地从 -1 变化到 1。因此，在长度为 c 的单个周期里，环境容纳量的最小值为 $k_0 - k_1$，最大值为 $k_0 + k_1$。

这种容纳量上的周期性波动对种群增长会产生什么样的影响？在一定程度上，容纳量周期的长度（c）与时滞（τ）扮演着类似的角色，因此，该模型的行为依赖于 rc。当 rc 较小时（$\ll 1.0$），种群对环境波动的响应不明显，此时平均种群大小为：

$$\overline{N} \approx \sqrt{k_0^2 - k_1^2} \qquad \text{方程 2.7}$$

因此，如果 rc 较小，则 $\overline{N}$ 小于 $\overline{K}$；同时，当周期的振幅增加时，$\overline{N}$ 与 $\overline{K}$ 间的差异变大。这两点结论与 K 随机性变化时是类似的。而如果 rc 较大（$\gg 1.0$），那么种群对环境波动的响应明显，此时平均种群大小为：

$$\overline{N} \approx k_0 + k_1 \cos(2\pi t/c) \qquad \text{方程 2.8}$$

该值略低于实际容纳量（图 2.9）。

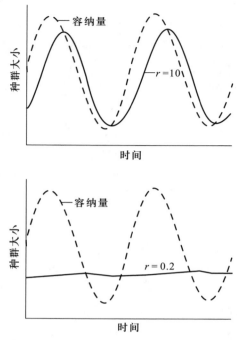

图 2.9 容纳量包含周期性变化的逻辑斯谛增长，其中容纳量服从一个余弦函数。与随机变化的情况类似，具有较大增长率（$r=10$）的种群对容纳量的波动很敏感，而具较小增长率（$r=0.2$）的种群对容纳量的波动相比较而言不太敏感。图中虚线表示容纳量 K。（资料来源：From May 1976）

　　总之，容纳量的随机和周期性变化均减小了种群大小，并且波动越大，平均种群大小越小。在一个变化的环境里，具较大 r 的种群，比如绝大部分的昆虫，能够对容纳量的变化做出快速的响应，而具较小 r 的种群，比如大型哺乳动物，对环境变异的响应较弱，故种群大小相对来说变化不大。

2.4 实例

2.4.1 曼塔特岛上的歌雀

　　曼塔特岛是一个面积为 6 公顷的布满岩石的岛屿，与英属哥伦比亚海岸相对。人们对岛上歌雀（*Melospiza melodia*）种群的研究已有数年（Smith et al. 1991）。平均每年只有一只雌性歌雀迁移到此种群，因此该种群大小的变化

主要源于局域的出生和死亡。在过去的 30 年里，雌性歌雀的数目在 4 到 72 只
之间变化，而雄性歌雀的数目在 9 到 100 只之间变化。曼塔特岛歌雀种群的变
化与简单的逻辑斯谛增长模型并不吻合；种群大小波动很大，且种群的每次增
加都伴随着一个快速的下降（图 2.10）。其中的一些下降，比如 1988 年，主
要是由于非正常的冷冬所致。然而，其他年份的种群下降却与环境的改变并无
明显关联。

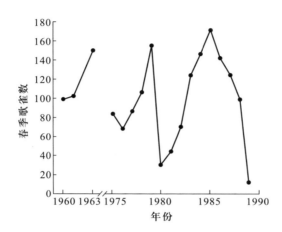

图 2.10　曼塔特岛歌雀（*Melospiza melodia*）种群大小的变化。（资料来源：After Smith
et al. 1991）

　　尽管该种群受各种非密度依赖过程的影响，但是密度依赖过程的作用仍非
常明显。对雄性歌雀来说，一块属于自己的领地对成功繁殖至关重要。虽然雄
性歌雀通常都会有自己的领地，但由于食物和空间资源的限制，也并不是所有
的雄性都能够建立属于自己的领地。实际上，那些没有领地的"流浪汉们"
就成为了领地占有者的小跟班。随着种群越来越拥挤，"流浪汉们"的比例以
密度依赖的方式提高（即增长越来越慢）（图 2.11a）。当把领地占有者从种群
中移开后，"流浪汉"中的某只歌雀会接管该领地，从而使总的繁殖种群的规
模保持相对稳定。

　　从每只雌性所生产的成活幼体的数目和雏鸟的存活率上也可以发现密度依
赖的影子（图 2.11b 和 c），两者均随着种群大小的增加而降低。实验研究证
实了食物限制是歌雀种群增长的主要控制因子：当人为地增加食物供应后，雌
性歌雀的繁殖输出提高了 4 倍（Arcese and Smith 1988）。所以，领地和食物限
制共同导致了歌雀密度依赖的出生率和死亡率。

　　然而，尽管密度依赖能够控制歌雀种群的大小，但是曼塔特岛上歌雀的灭
绝风险却可能来自不可预测的环境灾难和其他一些非密度依赖的过程。稍显矛

盾的是，正是这些非密度依赖的波动促使我们发现了密度依赖的过程，因为前者使得种群大小在平衡点处上下变化。

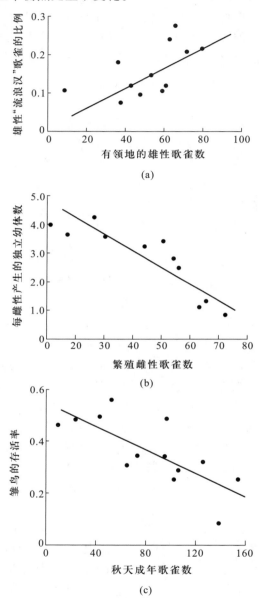

图 2.11 曼塔特岛歌雀（*Melospiza melodia*）种群的密度依赖效应。随着种群的拥挤程度增加，（a）没有领地的"流浪汉"歌雀的比例增加；（b）每雌性产生的后代幼体的存活数下降；（c）雏鸟的存活率下降。（资料来源：After Arcese and Smith 1988, Smith et al. 1991）

2.4.2 潮下带海鞘的种群动态

海鞘是一种滤食性的无脊椎动物,附着在防波堤和岩石上。这些动物是全世界潮下带污损群落的重要组成部分。海鞘实际上是脊索动物,通过有性繁殖产生蝌蚪形幼体。在瑞典西海岸岩壁上开展的一项有关种群动态的长期研究即以多年生的海鞘(*Ascidia mentula*)为观察对象(Svane 1984)。

通过对永久固定样方照相的方式,对 6 个种群进行了连续 12 年的观测。在峡湾区,浅滩样方中的种群密度最高;而在非峡湾区,深水区样方的种群密度最高。所有观测点的种群波动都非常大(图 2.12),其与基本逻辑斯谛模型

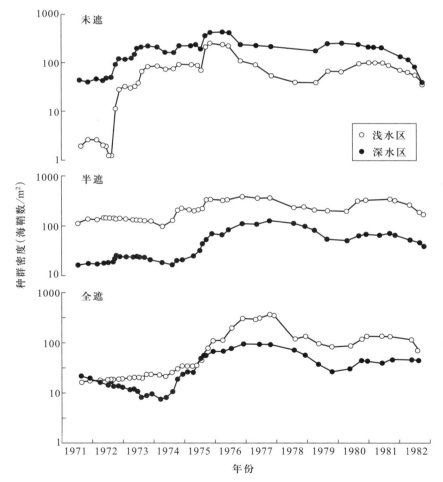

图 2.12 瑞典西海岸 6 个潮下带海鞘(*Ascidia mentula*)种群的密度。浅水区的种群密度高于深水区的,除了非峡湾区的点。注意,y 坐标轴是经对数转换的。(资料来源:After Svane 1984)

的预测不符。海胆的"推土机"行为和温度波动是造成海鞘死亡的最主要原因。因为死亡率和种群大小之间无明显关系（图 2.13a），所以上述两个因素以非密度依赖的方式影响着种群。相反，繁殖（幼体的更新）过程是密度依赖的：在高密度时，繁殖下降。而在低密度时，种群存在阿利效应：更新率随密度提高而增加，直到种群密度达到每平方米 100 个个体（图 2.13b）。该阿利效应可能的原因包括成体对幼体的吸引，以及水流对幼体的诱导。

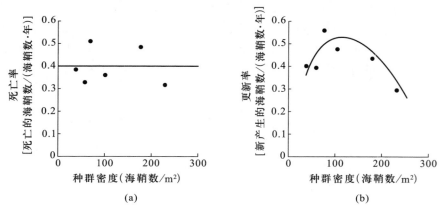

图 2.13 （a）非密度依赖的死亡率。6 个海鞘（*Ascidia mentula*）种群的死亡率不随种群密度发生变化。（b）密度依赖的更新率。海鞘种群的更新率是随种群密度而变化的，在密度高的种群里更新率低。注意这里可能存在着阿利效应，因为在密度很低的时候更新率随种群密度的增大而提高。（资料来源：After Svane 1984）

尽管海鞘种群的规模从来没有达到过稳定的容纳量水平，但类似于曼塔特岛上的歌雀，这些海鞘种群同样受密度依赖的调节。虽然海鞘和歌雀种群都受温度波动的影响，但是看起来温度对海鞘的影响更微妙、更长久。不同于隔离的歌雀种群的是，不同地点的海鞘种群通过幼体的扩散能够连接在一起，因此能够很好地描述该种群的模型可能非常复杂（第 4 章）。

2.4.3 逻辑斯谛增长和渔业种群的崩溃

从长远来看，每年捕捞多少才能使鱼类的产量最大化？这类**最优产量**（optimal yield）问题对渔业来说非常重要。一是由于大量金钱的投入，二是因为至少从 20 世纪 20 年代开始，过度捕捞就成为了一个非常现实的问题，也是从那时起，许多物种的商业库存开始下降。逻辑斯谛增长模型为最优捕鱼策略提供了一个简单但通常不受欢迎的答案。

最优策略就是使种群的增长率保持最大。如果种群按照逻辑斯谛方程增长，那么种群增长率在种群大小为 $K/2$（容纳量的一半）时最大（图 2.3a）。

而其他的两种策略毫无疑问的都会使产量下降。第一种是极端保守的做法，即每次只捕捞很少的个体。这种做法使得鱼类的现存量很大，但是产量很低，因为种群接近容纳量水平，增长缓慢。另外一种是每次都捕获大量的鱼类，使现存量所剩无几，影响了种群的繁殖。

不幸的是，全世界所有的渔业都采用了后者这种过度捕捞的策略。图2.14 展示的是采用简单逻辑斯谛模型拟合的秘鲁鳀鱼（*Engraulis ringens*）的年捕获量。模型预测最大可持续的产量是每年 $(10 \sim 11) \times 10^6$ 吨。从 1964 年到 1971 年，实际的年捕获量接近该值。但在 1972 年，秘鲁鳀鱼种群崩溃了，部分是因为过度捕捞，部分是受厄尔尼诺事件的影响。厄尔尼诺发生时，温暖的热带海水离开了秘鲁的海岸致使鱼群数量锐减。虽然随后的捕捞强度减弱了，但是秘鲁鳀鱼的种群大小再也没能恢复到之前的水平（图 2.15）。越来越先进的技术和巨大的工业捕鱼船已经将世界上很多鱼类种群消耗至很低的水平，从经济学的角度看，这种低的种群水平即是种群的崩溃点。比如在 1989年，维持世界上 300 万只捕鱼船运行的费用大概为 920 亿美元，而总的捕获量价值大概却只有 720 亿美元（Pitt 1993）。因此，依赖于渔业的人类社会组织也会不可避免地消失。

只有全世界严格限制捕捞并短期内减少捕获量，情况才有可能好转。不幸的是，要做到这一点将非常困难，因为每艘渔船都会尽可能地最大化其短期的

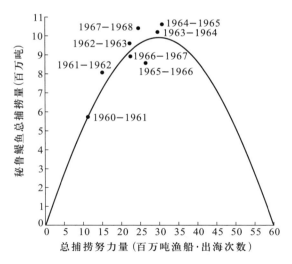

图 2.14　捕捞努力量与秘鲁鳀鱼（*Engraulis ringens*）总捕捞量之间的关系。图中每个点代表着一个特定年份的捕捞努力量和总捕捞量。抛物线是采用逻辑斯谛模型拟合数据后得到的结果（Boerema and Gulland，1973）。（资料来源：After Krebs 1985）

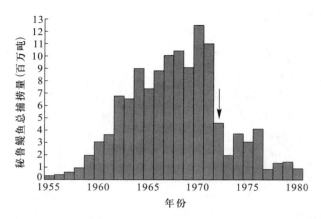

图 2.15　秘鲁鳀鱼（*Engraulis ringens*）在 1955 年至 1981 年间的总捕捞量。（资料来源：Krebs 1985，M. H. Glanz 未发表数据）

收获量。鱼类不受人类社会的政治国界的限制，这使得国际上相关的法律法规难以得到切实履行。在自然资源的利用上所表现出来的短视即为"公地的悲剧"（Hardin 1968）。

2.5　思考题

2.5.1　假定一个蝴蝶种群按照逻辑斯谛方程增长。如果容纳量为 500，$r=0.1$ 个体/（个体·月），那么种群的最大增长率是多少？

2.5.2　一位鱼类生物学家维持其鳟鱼种群大小在 500 个个体水平，从而实现渔业产量最大化。假定鳟鱼的 r 值为 0.005 个体/（个体·天），如果其种群大小额外增加 600 个个体，那么该种群此时的瞬时增长率是多少？

2.5.3　你正在研究一个密度依赖的海龟种群，下面的公式给出了出生率 b' 和死亡率 d' 与种群大小（N）之间的关系：

$$b'=0.10+0/03N-0.0005N^2$$
$$d'=0.20+0.01N$$

将这两个函数画在同一幅图上，然后讨论海龟的种群动态。这个模型与简单逻辑斯谛模型（出生率和死亡率与种群大小呈线性关系）有什么不同？

*2.5.4　证明：当种群大于容纳量时，种群下降的速度快于相应的当种群小于等量的容纳量时种群上升的速度。（提示：大于容纳量的种群的初始大小

─────────────────

*　拓展题

应该为$K+x$。)

*2.5.5 在推导逻辑斯谛方程时，我们假定出生率和死亡率都是密度依赖的。证明：对于出生率为密度依赖而死亡率为非密度依赖的种群，逻辑斯谛方程同样成立。参考表达式 2.1~2.9。

*2.5.6 虽然热带地区的温度全年基本保持不变，但很多在该地区的有机体种群都经历着降雨和食物供应的季节性变化。假定一个满水的树洞能容纳500 只蚊子的幼体。在旱季，树洞中的水位会逐渐下降，因此容纳量在 250 和750 之间变化。如果种群缓慢增长，那么从长远来看种群的平均大小是多少？你期望看到什么样的种群大小的时间波动？假定 $rc \ll 1.0$。

---

* 拓展题

第 3 章 具年龄结构的种群增长

3.1 基本模型和预测

3.1.1 具年龄结构的指数增长

在第 1 章中，我们设定每员出生率和死亡率为常数（b 和 d），这样很容易计算出种群指数增长的 r 值。这类模型适用于比较简单的有机体，如细菌或原生动物。但是对于绝大部分的植物和动物而言，实际上出生率和死亡率是与个体的年龄密切相关的。

比如，刚刚出生的大象是不能够立即繁殖后代的，而至少要等数十年后才有可能。死亡率也随年龄而变化。种子和幼体的死亡率通常高于成体的死亡率。在一个种群中，那些年龄大的个体的死亡率通常也比较高，它们更易受捕食者、寄生虫和疾病的影响。

种群的年龄结构能够影响种群自身的增长。例如，如果一个种群仅由蝌蚪组成，那么该种群只有在等这些蝌蚪变成青蛙并达到性成熟时才可能实现增长。相反，如果猴子种群里只有年老体衰过了繁殖期的个体，该种群将会很快消亡。

在这一章里，我们将介绍如何计算包含年龄结构的种群的 r，其中出生率和死亡率与年龄相关。然后，我们将介绍种群在达到稳定指数增长之前，种群的年龄结构在短时间内的变化模式。这里我们将会涉及生活史策略的问题，即自然选择为什么倾向于种群中的一些个体。最后，针对如珊瑚和多年生植物等具复杂生活史的有机体，介绍如何构建一个更合理的种群增长模型去描述它们。

很多学生认为生命表分析是生态学里面最容易让人混淆的内容之一。需要承认的是，本章所涉及的计算确实十分繁琐，因为我们得跟踪种群里每个年龄组个体的出生率、死亡率和个体的数目。特别需要注意变量的下标。需要记住的一点是：我们所使用的还是简单的指数增长模型，其中假设资源是没有限制的。如果从这个方面来看，本章所讲到的概念与第 1 章是没有什么区别的。

3.1.2　年龄和年龄组的表示方式

为了便于分析，我们需要为种群中个体的年龄和年龄组设定相应的符号。严格来说，我们所分析的种群的出生率和死亡率是连续的。然而，因为我们人为地将种群中的个体分在了离散的年龄组里，所以实际上我们的方法只是针对连续种群增长的一个近似处理。有多种方法可以对这些连续的函数进行近似，同时我们所使用的方程是依赖于种群调查的时间频度和出生率、死亡率的季节性模式的。

我们用 (x) 表示某个个体的年龄 (age)。如无特别说明，在本章中年龄的单位均为年。然而，你可以使用任何合适的单位，这个主要取决于所研究的有机体的寿命和调查数据的类型。按照惯例，我们将出生的个体的年龄设为 0 (非 1)。刚出生的个体为 0 岁，出生 6 个月的为 0.5 岁，在第一个生日时的年龄为 1 岁，而此时也是第二年的起点。我们用常数 k 来表示生命表中的最大的年龄，没有个体可以活过这个关口。因此，x 的变化范围在 0 和 k 之间。生命表中的个体的年龄大小取决于两个方面的因素：调查所持续的时间和有机体本身的寿命。

同时，我们可以基于个体年龄将其分在相应的年龄组 (age class) 里。在年龄组 i 里的个体的年龄在 $i-1$ 到 i 之间 (图 3.1)。例如，在第 3 个年龄组里的个体的年龄在 2 和 3 之间。类似的，虽然新生儿的年龄为 0，但是它在第一个年龄组里。如果种群里个体的年龄从 0 到 k，那么年龄组的范围则是从 1 到 k。为了便于区分，我们用带括号的数字表示个体的年龄，而用下标来表示个体所属的年龄组。例如，$f(5)$ 表示个体的年龄为 5，而 f_5 则表示该个体属于第 5 个年龄组 (其中个体的年龄在 4~5)[*]。

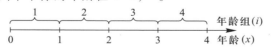

图 3.1　在种群增长模型中，年龄 (x) 与年龄组 (i) 之间的关系。(资料来源：From Caswell 2001)

实际上，年龄和年龄组之间的差别比较微妙。对于一个连续性增长的种群，不同年龄的个体的出生率和死亡率是不同的。然而，当我们将这些个体依

---

　　[*] 虽然绝大部分生态学教材以下标来表示年龄，但是我这里采用的是数学家们的习惯，即使用下标来表示年龄组矩阵 (Caswell 2001)。

据年龄组进行分类后，实际上改变了一些个体的年龄。比如，第一个年龄组里的个体既包括了新生儿也包括了快满一岁的个体。出于方便的考虑，对于同一年龄组里的个体，我们假定个体之间不存在差别，即具有相同的存活概率（survival probability）（P_i）和繁殖力系数（fecundity coefficient）（F_i）。

我们可以使用年龄或年龄组来分析种群统计学模型。为了与传统的表达方式保持一致，我们用年龄来介绍生命表分析。然而，在描述种群增长和进行复杂生活史分析时，我们将采用年龄组的表示方式。

3.1.3　生育力

生育力（fecundity schedule）由某一特定年龄的雌性个体在单位时间所生育的雌性后代的平均数所构成。生育力以 $b(x)$（birth 的首字母）或 $m(x)$（maternity 的首字母）表示。比如，$b(6) = 3$ 表示的是 6 岁的雌性平均能生育 3 个雌性后代。因此，$b(x)$ 代表的是雌性的每员生育力。严格地来说，我们也应该将雄性包括进来，因为雄性和雌性的死亡率通常是不一样的。然而，实际上只计算雌性也能够很好地模拟种群的增长。

生育力都是非负的实数。0 意味着某个特定年龄的个体不能够产生后代。生育力描述的是特定年龄的个体繁殖后代的平均数，因此有可能是非整数值，有时还可能会小于 1（繁殖的后代数很少）。

表 3.1 给出的是一个假设的生命表。年龄从 0 到 4，相应的，年龄组则从 1 到 4。在后面有关生命表的分析中我们使用的都是该表中的数据。从 $b(x)$ 列中我们可以看到新生儿是不能够繁殖的。1 岁大的个体平均产生 2 个后代，2 岁大的个体平均产生 3 个后代，3 岁大的个体平均产生 1 个后代。

3.1.4　自然界中的生育力

在自然界中，存在哪些不同的生育力呢？动物生态学家将动物繁殖类型划分为**终生一胎型**（semelparous）和**反复生殖型**（iteroparous）。植物生态学家也有类似的划分方式，但是叫法稍微不同，为**单次结实型**（monocarpic）和**多次结实型**（polycarpic）。采用前者繁殖的有机体，一生只繁殖一次，比如大马哈鱼和很多沙漠开花植物。这些有机体的生育力除了在繁殖那个年龄外其他的均为 0。而采用后者繁殖的有机体，一生可以繁殖很多次，比如海龟和橡树。这些有机体的生育力值里至少有两个非 0 值。

植物生态学家也用**一年生**（annual）和**多年生**（perennial）来描述植物的生活史循环，前者在一个生长季节内就可完成生活周期，而后者则需要经历很多的生长季。尽管有很多例外，绝大部分一年生的物种属于终生一胎型的，而绝大部分的多年生的物种是属于反复生殖型的。我们先不讨论这些不同繁殖策略的进化学意义。现在我们只是利用固定的生育力来演示如何计算种群的内禀增长率。

表 3.1　标准生命表计算[a]

x	$S(x)$	$b(x)$	$l(x)=$ $S(x)/S(0)$	$g(x)=$ $l(x+1)/l(x)$	$l(x)b(x)$	$l(x)b(x)x$	初始估计 $e^{-rx}l(x)b(x)$	校正估计 $e^{-rx}l(x)b(x)$
0	500	0	1.0	0.80	0.0	0.0	0.000	0.000
1	400	2	0.8	0.50	1.6	1.6	0.780	0.736
2	200	3	0.4	0.25	1.2	2.4	0.285	0.254
3	50	1	0.1	0.00	0.1	0.3	0.012	0.010
4	0	0	0.0		0.0	0.0	0.000	0.000
			$R_0 =$ $\sum l(x)b(x)$	= 2.9 后代	$\sum$ = 4.3		$\sum$ = 1.077	$\sum$ = 1.000

$G = \dfrac{\sum l(x)b(x)x}{\sum l(x)b(x)}$	= 1.482 年
r（估计）$= \ln(R_0)/G$	= 0.718 个体/（个体·年）
r 估计值校正项	= 0.058
r（欧拉）	= 0.776 个体/（个体·年）

a：表中除了 x，$S(x)$ 和 $b(x)$ 列外，其他的都是计算得到的。

3.1.5　存活力

　　生育力不是全部。种群增长率还依赖于不同年龄的个体的死亡率。虽然某特定年龄的个体能产生很多后代，但如果很少有个体存活到那个年龄，那么其对种群增长率的影响是很小的。

　　那么如何测量种群的存活力（survivorship schedule）呢？设想我们现在有一个由**同生群**（cohort）的个体组成的种群，这些个体是同时出生的。然后我们跟踪这个同生群，从出生到同生群中的所有个体都死去。在每一年开始时记录还活着的个体数目。这些数据组成一列数字 $S(x)$，即**同生群存活数**（cohort survival)。针对我们假想的生命表，表 3.1 给出了一些同生群的数据。从表中可见，该同生群的起始大小为 500 个个体，到第 5 年的年初所有的个体都死亡了。

S(x) 列的原始数据现在要转换为存活力，即 l(x)，这里的 l 代表的是生命表。l(x) 定义为最开始的同生群中的个体能存活到年龄 x 的比例。也可以从个体存活概率的角度去理解 l(x)。l(x) 就是个体出生后能存活到年龄 x 的概率。为了计算 l(x)，我们将年龄为 x 的存活着的个体数 [S(x)] 除以最初的同生群大小 [S(0)]：

$$l(x) = \frac{S(x)}{S(0)}$$ 方程 3.1

l(x) 列的第一个元素为 l(0)，代表着同生群出生时的存活率。按照定义，同生群中的所有个体在开始的时候都能够"存活"，因此 l(0) 的值总为 1.0 [l(0) = S(0)/S(0) = 1.0]。l(x) 列的最后一个元素为 l(k)，此时最初的同生群的个体无一存活；l(k) 的值总为 0.0 [l(k) = 0.0/S(0) = 0.0]。在这两点之间，随着同生群中个体变老和死亡，l(x) 逐渐变小。因此，l(x) 列中的元素是在 1.0 和 0.0 之间连续下降的实数。

对于表 3.1 中的数据，最初同生群的大小为 500 个个体，因此我们将每个观察值除以这个值，从而得到 l(x)。注意，最初同生群中的80%个体能存活到年龄 1 [l(1) = 0.80]，但只有 10% 的同生群个体能存活到年龄 3 [l(3) = 0.10]。剩下的 10% 的个体在年龄 3 和年龄 4 间全部死亡，因此 l(4) = 0.0。

当你使用存活力来计算 l(x) 时，一定要记住所有的观察值都需要除以最初的同生群大小 [S(0)]，而不是生命表中其他的数。在下一节中，我们将介绍如何计算年龄特异的存活概率，其中确实用到了连续的 S(x)。然而，在计算 l(x) 时，观察值总是除以 S(0)。

3.1.6 存活概率

存活力 [l(x)] 给出了个体出生后能存活到年龄 x 的概率。为了能直接比较不同年龄个体的存活情况，我们需要知道从年龄 x 到年龄 x+1 的存活概率（在个体已经存活到年龄 x 的情况下）。**存活概率**（survival probability）g(x) 即为个体从年龄 x 能存活到年龄 x+1 的概率：

$$g(x) = \frac{l(x+1)}{l(x)}$$ 方程 3.2

举个例子，在表 3.1 中，新生个体在第一年存活的概率为 g(0) = 0.8/1.0 =

0.8。因此，一个新生个体在年龄 1 时仍活着的可能性为 80%。如果我们从同生群的角度去思考，那就是说 80%的新生个体在年龄 1 时仍活着。相反，年龄 1 和年龄 2 之间的存活概率 [$g(1)$] 为（0.4/0.8）= 0.5。虽然 $l(x)$ 不随年龄而增加，但是 $g(x)$ 随年龄可能会上升也可能会下降。存活概率随年龄的变化模式是有机体生活史的一个重要组成部分，我们将在下一节中介绍。

3.1.7 自然界中的存活力

那么在自然界中观察到的存活曲线有哪些不同的类型呢？有三类基本的模式。将 $l(x)$ 的对数值置于 y 坐标轴上，将年龄 x 置于 x 坐标轴上。将图中的点连在一起就形成了一条存活曲线。该曲线上任意一点的斜率为 $\ln[g(x)]$。因此，如果存活曲线是一条直线，那么存活率不随年龄发生变化。

图 3.2 展示了三类不同的曲线。在 **I 型存活曲线**（type I survivorship curve）中，具较小或中等年龄的个体的存活率高，随着个体趋近于最大年龄存活率会快速下降。具有这类存活曲线的例子包括人类和其他的哺乳动物，亲代对子代的照顾很好，使得子代有较高的存活率。

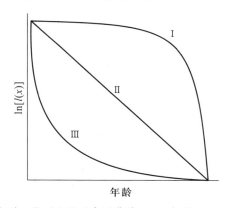

图 3.2 I 型、II 型和 III 型存活曲线。y 坐标轴是经对数转换的。

相反，更为常见的是 **III 型存活曲线**（type III survivorship curve）。在这种情况下，年幼的个体存活率很低，但随着年龄增长个体的存活率上升。例子包括很多昆虫、水生脊椎动物和开花的植物。这些有机体可能会产生成百上千的卵、幼体或种子，这当中的绝大多数都不能存活。然而，成功度过了这个脆弱阶段的个体在后面就会有较高的存活率。

最后，**II 型存活曲线**（type II survivorship curve）是介于上面 I 型和 III 型之间的。因为在对数图上，它是一条直线，所以以 II 型存活曲线中死亡率是个常数。具这类存活曲线的有机体非常少，因为随着年龄增长而死亡率保持不变的情形是非常罕见的。虽然一些鸟类在其一生中的很多时候是遵循 II 型存活曲线的，但是在卵和幼鸟阶段死亡率还是会增加。

存活力 $l(x)$ 和生育力 $b(x)$ 是所有生命表计算的基础。需要记住的一点是，它们为死亡和出生提供了互补的信息。存活力 $l(x)$ 是通过跟踪同生群有机体中的存活率得到的。它仅仅告诉了我们有机体能存活到某个特定年龄的可能性，而没有包含个体繁殖的信息。相反，生育力 $b(x)$ 揭示的仅是不同年龄的雌性的每员出生率，而没有告诉我们多少雌性能够存活到那些年龄。如果知道了 $l(x)$ 和 $b(x)$，那么如下一节所介绍的，我们就可以计算出内禀增长率。记住，生命表中的 $l(x)$ 列表示的是个体能存活到年龄 x 的存活率，而 $b(x)$ 表示的是雌性在年龄 x 时的每员出生率。

3.1.8　净繁殖率的计算

为了从 $l(x)$ 和 $b(x)$ 中估计出 r，我们首先需要计算出另外两个量：净繁殖率（R_0）和世代时间（G）。这两个量一方面为估计 r 提供了基础，另外一方面它们能告诉我们具年龄结构的种群的一些重要的信息。**净繁殖率** R_0 为每雌性个体在其一生中所产生的雌性的后代数目。为了计算 R_0，需要将 $l(x)$ 的每个值与对应的 $b(x)$ 的值乘在一起，然后对所有年龄求和：

$$R_0 = \sum_{x=0}^{k} l(x)b(x) \qquad\qquad \text{方程 3.3}$$

R_0 的单位为后代的数目。净繁殖率代表了雌性个体的繁殖潜力，但受个体死亡的影响。如果种群中雌性个体在达到它们最大年龄之前均无死亡的发生，那么就意味着除了最后一个年龄外，所有其他的年龄的 $l(x)$ 都等于 1.0。在这种情况下，方程 3.3 就是将所有雌性繁殖出来的后代加和在一起，即总繁殖率。但是在绝大部分的种群中，每个年龄组里个体的死亡是不可避免的，其降低了对下一代的贡献。因此，净繁殖率是经死亡调节后的总的后代数目。在表 3.1 中，$R_0 = 2.9$ 个后代。

如果 R_0 大于 1.0，那么每一代所产生的后代数是净增加的，因此种群按指数方式增长。如果 R_0 小于 1.0，那么意味着死亡率很大，种群无法完成自我更新，最终会灭绝掉。如果 R_0 等于 1.0，那么意味着每一代所产生的后代数刚好与死亡的个体数相等，因此种群大小保持不变。

这里关于 R_0 的描述与第 1 章我们对 λ（指数增长模型中的有限增长率）的描述非常相似。实际上，你可能会认为 $r = \ln(R_0)$，因为对于无年龄结构的种群来说 $r = \ln(\lambda)$（方程 1.5）。然而，λ 测量的是基于绝对时间的增长率，

而 R_0 测量的是基于世代时间的增长。因此，如果我们想要计算 r，那么就必须对 R_0 进行转化，从而考虑世代时间。

3.1.9　世代时间的计算

对于连续增长的种群来说，**世代时间**（generation time）是个稍显模糊的概念。想象一下我们跟踪一个刚出生的同生群种群，以及它们产生的所有后代。世代时间的其中一种定义为：子代从母体出生到子代再产子的平均时间（Caughley 1977）。可以通过下面的式子计算：

$$G = \frac{\sum_{x=0}^{k} l(x)b(x)x}{\sum_{x=0}^{k} l(x)b(x)} \qquad \text{方程 3.4}$$

因为分子和分母中 $l(x)$ 和 $b(x)$ 的单位约掉了，所以世代时间的单位即为时间 x 的单位。除非新生个体（子代）的生殖力非常高（$b(0) \gg 0$），该式子中的分子总是比分母要大。因此，对于包含年龄结构的种群来说，世代时间通常总是大于 1.0。在表 3.1 中，$G = 1.483$ 年。

3.1.10　内禀增长率计算

利用种群指数增长的方程，我们可以将 r 以 R_0 和 G 的形式表示出来（Mertz 1970）。想象一个种群在 G 时是指数增长的：

$$N_G = N_0 e^{rG} \qquad \text{表达式 3.1}$$

两边同时除了 N_0：

$$\frac{N_G}{N_0} = e^{rG} \qquad \text{表达式 3.2}$$

表达式左边的比率可以近似认为是净繁殖率，R_0：

$$R_0 \approx e^{rG} \qquad \text{表达式 3.3}$$

两边同时取对数：

$$\ln(R_0) \approx rG \qquad \text{表达式 3.4}$$

稍作变化就可以得到 r 的近似表达式：

$$r \approx \frac{\ln(R_0)}{G} \qquad \text{方程 3.5}$$

因此，世代时间长的有机体，其种群的增长率会比较慢。在表 3.1 中，r 的估计值为 0.718 个体/(个体·年)。

方程 3.5 给出的仅是 r 的近似值，虽然该近似值通常都在其真值的 10% 范围内（Stearns 1992）。为了得到 r 的精确解，我们必须利用下面的方程：

$$1 = \sum_{x=0}^{k} e^{-rx} l(x) b(x) \qquad \text{方程 3.6}$$

方程 3.6 是从**欧拉方程**（Euler equation）修改而来，以欧拉命名是为了纪念瑞士数学家莱昂哈德·欧拉（Leonhard Euler）（1707—1783），他构建了该方法来分析人类的种群统计学特征。在本章的后面，我们将介绍欧拉方程的推导过程。现在，我们仅是利用方程 3.6 来得到 r 的精确值。

在方程 3.6 中，$l(x)$ 和 $b(x)$ 是已知的，唯一未知的量就是 r。不幸的是，没有方法可以求解该方程，但是可以通过代入不同的 r 值来逐渐逼近其真值。方程 3.5 是估计 r 的一个好的起点。对于表 3.1 中的数据，将 $r = 0.718$ 代入方程 3.6 中，得到的和为 1.077，然而如果 r 的值非常精确的话，那么得到的和应该为 1.0。这意味着 r 的原始估计值太小。因为我们的求和是针对 r 的负指数的，所以 r 越大和就会越小。如果我们多尝试几次的话，就会发现 $r = 0.776$，比较接近于通过欧拉方程得到的值。

3.1.11 描述种群年龄结构

一旦从生殖力和存活力中得到了 r 值，我们就可以利用第 1 章中的指数增长方程来预测总的种群大小。同时我们对种群中每个年龄组的个体数目也很感兴趣。

我们用 $n_i(t)$ 来表示 t 时年龄组 i 里的个体数目。比如，$n_1(3) = 50$，表示在第 3 步时第一个年龄组里有 50 个个体。因为种群里总共有 k 个年龄组，所以 t 时的年龄结构由一个多度向量所组成。我们以黑体小写的 $\boldsymbol{n}$ 表示：

$$\boldsymbol{n}(t) = \begin{pmatrix} n_1(t) \\ n_1(t) \\ \vdots \\ n_k(t) \end{pmatrix} \qquad \text{表达式 3.5}$$

比如，在表 3.1 中，5 年后种群向量可能为：

$$n(5) = \begin{pmatrix} 600 \\ 270 \\ 100 \\ 50 \end{pmatrix}$$
表达式 3.6

因此，第一个年龄组有 600 个个体，但最后一个年龄组只有 50 个个体（年龄组 4）。利用死亡率和生育力的信息，就可以预测出种群年龄结构的变化。

当用年龄结构来描述种群的时候，我们的重点是在年龄组而非年龄上。首先，我们需要得到每个年龄组的**存活概率**（survival probabilities）P_i。这些概率代表着年龄组 i 中的个体能存活到 $i+1$ 年龄组的可能性。其次，我们需要计算每个年龄组的**生育力**（fertilities）F_i，代表着年龄组 i 中的个体所繁殖的后代的平均值。很明显，不同年龄组中的个体的存活率和生育力是与不同年龄个体的 $l(x)$ 和 $b(x)$ 相关的。

然而，这些数值之间的转换是很微妙的，依赖于年龄组内个体出生和死亡的时间，以及是何时对种群进行调查的（Caswell 1989）。在本书中，我们假设了一个简单的**脉冲出生模型**（birth-pulse model），即个体在进入下一个年龄组的那个时刻繁殖出所有的后代。同时我们还假设了开展一次**繁殖后普查**（post-breeding census），即对刚进行繁殖的个体进行清点记数。

在这些前提假设下，P_i 和 F_i 的计算相对就比较简单了。而在**流动出生模型**（birth-flow model）中，年龄组里的个体是连续繁殖的，这时计算会更复杂一些。不管怎样，需要记住的一点是，种群增长的估计依赖于年龄组模型的设置。此外，种群增长的估计也有可能与欧拉方程的结果不一致。总之，一旦知道了每个年龄组的存活概率和生育力值，就可以利用这些值去预测种群结构如何随时间发生变化的。

3.1.12 年龄组存活概率的计算

在脉冲出生模型中，通过繁殖后的普查，年龄组 i 中的个体能存活到 $i+1$ 年龄组的概率为：

$$P_i = \frac{l(i)}{l(i-1)}$$
方程 3.7

这个方程与计算年龄特异的存活率 $g(x)$ 的方程（方程 3.2）类似，但是此处的模型是基于年龄组而非年龄的。利用方程 3.7，很容易计算出某年龄组中的个体在邻近两步中的数目变化情况：

$$n_{i+1}(t+1) = P_i n_i(t)$$
方程 3.8

方程 3.8 表示的是，某特定年龄组 $(i+1)$ 在下一步 $[n_{i+1}(t+1)]$ 的个体数目等于其之前的年龄组 (i) 当前的个体数目 $(n_i(t))$ 乘以其（年龄组 i）对应的存活概率 (P_i)。因此，存活概率控制着个体在邻近年龄组上的转移。

3.1.13 年龄组生育力的计算

方程 3.8 能计算出第一个年龄组后面的所有其他年龄组的个体数目。而第一个年龄组的个体数目依赖于所有其他年龄组的繁殖情况。我们将年龄组 i 的生育力定义为：

$$F_i = b(i) P_i \qquad\qquad \text{方程 3.9}$$

方程 3.9 表示的是某个特定年龄组的生育力等于每雌性所产生后代数，乘以该年龄组的存活概率。

一旦知道了每个年龄组的 F_i，我们就可以将这些生育力与对应年龄组的个体数相乘。然后将所有年龄组产生的后代数目加在一起：

$$n_1(t+1) = \sum_{i=1}^{k} F_i n_i(t) \qquad\qquad \text{方程 3.10}$$

从 $l(x)$ 和 $b(x)$ 中可以得到生育和存活系数。然后就可以计算出单一时间步内每个年龄组内的个体数目。以包含 4 个年龄组的种群为例，我们就可以得到：

$$n_1(t+1) = F_1 n_1(t) + F_2 n_2(t) + F_3 n_3(t) + F_4 n_4(t)$$
$$n_2(t+1) = P_1 n_1(t)$$
$$n_3(t+1) = P_2 n_2(t)$$
$$n_4(t+1) = P_3 n_3(t)$$

表达式 3.7

在下一节里，我们将用矩阵的形式来表示这些变化。

3.1.14 莱斯利矩阵

我们可以用矩阵的形式来表示具有年龄结构的种群的增长。**莱斯利矩阵**（Leslie matrix），是以种群生物学家帕特里克·莱斯利（Patrick H. Leslie）的姓来命名的，描述了因死亡和繁殖而导致的种群大小的变化（Leslie 1945）。如果有 k 个年龄组，那么莱斯利矩阵就是一个 $k \times k$ 的方阵：

$$A = \begin{bmatrix} F_1 & F_2 & F_3 & F_4 \\ P_1 & 0 & 0 & 0 \\ 0 & P_2 & 0 & 0 \\ 0 & 0 & P_3 & 0 \end{bmatrix}$$ 表达式 3.8

莱斯利矩阵的每一列表示的是 t 时的年龄组，而每一行表示的是 $t+1$ 时的年龄组。每个矩阵元素代表着一个转移，即个体数目从一个年龄组到另一个年龄组的变化。在莱斯利矩阵中，第一行代表的总为生育力，表示每个年龄组对新生个体的贡献情况。存活概率总是在此对角线上，表示从一个年龄组到下一个年龄组的转移。除此之外，莱斯利矩阵中所有其他的元素均为 0，因为其他的转移都是不可能发生的。随着时间的推移，个体是不能留在原年龄组内的，因此对角元素必等于 0。类似的，个体也不能够跳过或重复某个（些）年龄组，因此矩阵中其他元素也为 0。

之所以利用矩阵的形式来表示，是因为我们可以通过一个简单的矩阵乘法来描述种群的增长过程：

$$n(t+1) = An(t)$$ 方程 3.11

换句话说，下一个时间步上的种群向量 $[n(t+1)]$ 等于莱斯利矩阵乘以当前的种群向量 $[n(t)]$。用矩阵代数的规则来计算每个年龄组里多度的变化，所得结果与表达式 3.7 相同。λ 就是莱斯利矩阵的主特征值。现在我们已将基于年龄的生命表数据转换成了基于年龄组的莱斯利矩阵，据此可以观察在种群增长的过程中年龄结构是如何发生变化的。

3.1.15 稳定和静态年龄分布

表 3.2 将表 3.1 中的生命表数据转化为莱斯利矩阵。通过该莱斯利矩阵，我们来比较两个假想种群的增长情况。第一个种群中每个年龄组各有 50 个个体，第二个种群只有 200 个新生个体，而其他年龄组内均无个体的存在。图 3.3 给出了每一年龄组内的个体数随时间的变化情况。从图中可以看到，刚开始时这两个种群的差别非常大。然而，大概 6 步之后，两个种群的年龄结构完全相同——每一年龄组内有着相同的相对多度，其中新生个体是最多的，最老的个体是最少的。随着种群增长，这些相对比例是不发生变化的。

表 3.2 计算莱斯利矩阵中的基于年龄的存活率和繁殖率。数据来自表 3.1。注意表的第一行里 P_i 和 F_i 是空的，因为我们是从年龄组 1 而非 0 开始的

x	i	$l(x)$	$b(x)$	$P_i = l(i)/l(i-1)$	$F_i = b(i)P_i$
0		1.0	0		
1	1	0.8	2	0.80	1.60
2	2	0.4	3	0.50	1.50
3	3	0.1	1	0.25	0.25
4	4	0	0	0.00	0.00

得到的莱斯利矩阵为：

$$A = \begin{bmatrix} 1.6 & 1.5 & 0.25 & 0 \\ 0.8 & 0 & 0 & 0 \\ 0 & 0.5 & 0 & 0 \\ 0 & 0 & 0.25 & 0 \end{bmatrix}$$

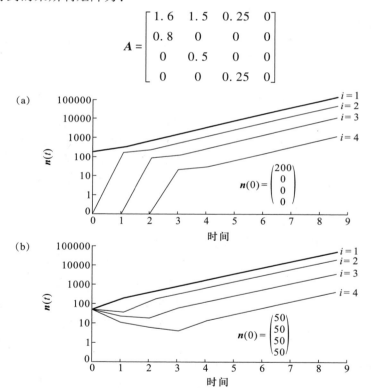

图 3.3 稳定年龄分布，显示的是初始年龄结构对种群增长的影响。每条线代表着一个不同的年龄组，种群按照表 3.1 中的出生率和死亡率增长。（a）初始年龄分布是 200 个新生个体；（b）初始年龄分布为每个年龄组各 50 个个体。经过开始阶段的波动后，两个种群均达到了相同的稳定年龄分布。注意此处采用的是对数尺度，对应每个年龄组的直线代表着指数增长。

　　这些图形揭示了包含年龄的种群的一个非常重要的特征。对于绝大多数生命表来说，如果某种群以固定的出生率和死亡率增长，那么无论种群的初始年龄结构如何，其很快都会收敛于一个**稳定的年龄分布**（stable age distribution）。在稳定年龄分布中，每年龄组中的相对个体数是保持不变的。但是记住绝对个体数是按指数提高的，这一点可以从图 3.3 中的线性种群增长曲线上看到（对数尺度）。稳定年龄分布的一种特殊情况是**静态年龄分布**（stationary age distribution）。在静态年龄分布中，因为 $r=0$，所以每一年龄组中的相对和绝对个体数都保持不变。

　　一旦种群达到稳定年龄分布，各年龄中的相对比例是多少？每年龄种群的种群比例为该年龄中的个体数目除以种群总个体数目。该比例为（Mertz 1970）：

$$c(x) = \frac{e^{-rx}l(x)}{\sum_{x=0}^{k} e^{-rx}l(x)} \qquad \text{方程 3.12}$$

一旦从 $l(x)$ 和 $b(x)$ 中得到 r，就可以用方程 3.12 来计算稳定年龄分布。从表 3.3 中可以看到这个计算过程。在一个稳定的年龄分布中，新生个体是最多的，而较老的个体很少。在绝大部分情况下，r 越大，种群中的新生个体和年幼的个体所占的比例越大。稳定年龄分布为莱斯利矩阵的右特征向量。

表 3.3　稳定年龄分布和生殖价分布的计算[a]

			稳定年龄分布		生殖价分布			
x	$l(x)$	$b(x)$	$l(x)e^{-rx}$	$c(x)$	$e^{rx}/l(x)$	$e^{-ry}l(y)b(y)$	$\sum e^{-ry}l(y)b(y)$	$v(x)$
0	1.0	0	1.000	0.684	1.000	0.000	1.000	1.000
1	0.8	2	0.368	0.252	2.716	0.736	1.000	0.717
2	0.4	3	0.085	0.058	11.802	0.254	0.364	0.118
3	0.1	1	0.010	0.007	102.574	0.010	0.010	0.000
			$\sum = 1.463$					

　　a：这些计算是基于 $r=0.776$，可从表 3.1 中的欧拉方程里得到。

　　种群增长的莱斯利矩阵也可以用来检验 r 的计算是否合适。表 3.4 给出了图 3.3a 中年龄结构和种群大小的一些原始数据。对于模型中任何连续的时间步来说，当前种群大小与之前一步的种群大小的比值即为 λ，有限增长率。表 3.4 中的最后一列给出了该比值的自然对数，即 r。

3.2 模型假设

尽管计算很繁琐，但是本章的模型与第 1 章介绍的简单指数模型有着相同的基本假设。换言之，我们假定种群是封闭的，没有遗传结构，没有时滞。在简单指数模型中，假定 b 和 d 为常数——它们不随时间或种群密度的变化而变化。在年龄结构化模型中，我们假定 $l(x)$ 和 $b(x)$ 为常数。和之前一样，如果每个年龄组的出生率和死亡率为常数，那么无论种群大小多大，资源必须是无限的。

6 到 7 步之后，种群达到了稳定年龄分布，此时 r 的估计值为 0.776，这与表 3.1 中通过欧拉方程得到的结果是一致的。

表 3.4 从莱斯利矩阵估计 r 值[a]

时间 (t)	$n_1(t)$	$n_2(t)$	$n_3(t)$	$n_4(t)$	$n_{total}(t)$	$\lambda = \dfrac{n_{total}(t)}{n_{total}(t-1)}$	$r = \ln(\lambda)$
0	200	0	0	0	200		
1	320	160	0	0	480	2.4	0.875
2	752	256	80	0	1088	2.267	0.818
.						.	.
.							
						.	.
6	16549	6091	1402	161	24203	2.173	0.776
7	35965	13239	3045	351	52600	2.173	0.776
8	78165	28772	6620	761	114318	2.173	0.776
.							
.							
.							

a：数据来源于图 3.3a。各年龄组的比值经过四舍五入处理。

有时，如果我们利用欧拉方程中的 r 值来预测种群增长，那么我们还得假定该种群已经达到了稳定的年龄分布。最后一点是，记住我们还介绍了如何从同生群分析中得到 $l(x)$，其中跟踪记录同生群随时间的变化。这种**水平生命表**（horizontal）或**同生群生命表**（cohort life table）是获取 $l(x)$ 最简单的方法，但是其假定死亡率在该同生群被调查期间是保持不变的。一个更为可靠的方法是直接测量每个年龄组的短期死亡率。最后，可以获取一个时间点上种群的横断面，从而从连续的年龄组的相对大小来估计死亡率。这种**垂直生命表**（vertical）或**静态生命表**（static life table）相对来说不太可靠，其假定种群已经达到了静态的年龄分布。然而，在野外测量出生率和死亡率是非常困难的，因此我们经常不得不采用不同的方法来将不同的数据结合在一起，从而进行生命表分析。

3.3　模型变体

3.3.1　欧拉方程的推导

欧拉方程是年龄结构化种群统计学的基础，因此非常有必要弄清楚该方程是如何推导的。欧拉方程的关键是要明确当前的出生数与过去某个时间点上的出生数之间的关系（Roughgarden 1979）。当前种群里的出生数 $B(t)$，即为处于所有年龄组的个体所繁殖的后代数的总和：

$$B(t) = \sum_{x=0}^{k} （年龄为 x 的个体繁殖的后代数） \qquad 表达式 3.9$$

如果年龄区间可以无穷小的话，那么该表达式就可以写成积分的形式：

$$B(t) = \int_{0}^{k} （年龄为 x 的个体繁殖的后代数）dx \qquad 表达式 3.10$$

年龄为 x 的个体所产生的后代数为如下三者的乘积：在 $t-x$ 时刻出生的个体数，这些个体的后代数 $[b(x)]$，以及能存活到年龄 x 的概率 $[l(x)]$：

$$B(t) = \int_{0}^{k} B(t-x) l(x) b(x) dx \qquad 表达式 3.11$$

回想一下，这里的出生的个体数是来自一个按指数增长的种群的。用 C 来代表任意的起始种群大小，并且假定种群处于稳定的年龄分布状态：

$$B(t) = Ce^{rt} \qquad 表达式 3.12$$

将该式代到表达式 3.11 中：

$$Ce^{rt} = \int_{0}^{k} Ce^{r(t-x)} l(x) b(x) dx \qquad 表达式 3.13$$

最后，在表达式 3.13 的两边同时除以 Ce^{rt}，我们就可以得到欧拉方程：

$$1 = \int_0^k e^{-rx} l(x) b(x) \, dx \qquad \text{方程 3.13}$$

该方程的离散时间版本为：

$$1 = \sum_{x=0}^k e^{-rx} l(x) b(x) \qquad \text{方程 3.14}$$

3.3.2　生殖价

利用欧拉方程，我们可以从生命表中计算出另外一个非常有用的统计量——每个年龄组的**生殖价**（reproductive value）（Fisher 1930）。生殖价用来描述某一年龄的雌体平均能对未来种群增长所做的贡献。你可能会认为刚出生的个体具有最高的生殖价，因为它还未产生任何后代。然而，生殖价受如下事实所制约：该个体有可能在到达其潜在的最长寿命前就死掉了，因此可能无法产生出所有可能的后代数。以 $v(x)$ 来代表年龄为 x 的个体的生殖价。在一个具稳定年龄分布的种群中，我们可以通过下面的表达式来定义生殖价：

$$v(x) = \frac{\text{由年龄大于或等于 } x \text{ 的个体所繁殖的后代数}}{\text{年龄为 } x \text{ 的个体数}} \qquad \text{表达式 3.14}$$

我们可以用欧拉方程来量化该表达式的分子和分母。对于分子而言，我们在欧拉方程中加上比当前年龄大的项：

$$\text{后代数} = \int_x^k e^{-ry} l(y) b(y) \, dy \qquad \text{表达式 3.15}$$

对于分母，年龄为 x 的个体数通过如下方式获得：过去 x 时刻产生的个体数，乘以这些个体能存活到年龄 x 的概率。因此：

$$\text{年龄为 } x \text{ 的个体数} = e^{-rx} l(x) \qquad \text{表达式 3.16}$$

将表达式 3.15 和 3.16 代入 3.14 中：

$$v(x) = \frac{\int_x^k e^{-ry} l(y) b(y) \, dy}{e^{-rx} l(x)} \qquad \text{表达式 3.17}$$

将右边的式子稍做调整，就可以得到生殖价的公式：

$$v(x) = \frac{e^{rx}}{l(x)} \int_x^k e^{-ry} l(y) b(y) \, dy \qquad \text{方程 3.15}$$

方程 3.15 的离散版本为：

$$v(x) = \frac{e^{rx}}{l(x)} \sum_{y=x+1}^{k} e^{-ry}l(y)b(y) \qquad \text{方程 3.16}^*$$

莱斯利矩阵的左特征向量即为生殖价向量。从方程 3.15 中可见，新生个体的生殖价总是等于 1.0（$v(0)=1.0$）。因此，其他年龄的生殖价是比照该年龄的生殖价的。比如，$v(3)=2.0$，意味着年龄为 3 的个体在其"有生之年"，相比于新生个体能产生两倍的后代。生殖价反映了一个个体能存活到当前年龄的存活率、个体在将来的存活率和繁殖率，以及 r 的强度。生殖价通常在第一次或接近第一次繁殖的时候达到最大。对于表 3.1 中的数据，生殖价在个体年龄为 0 的时候最大（表 3.3）。

生殖价能告诉我们在一个种群中处于什么年龄阶段的个体对种群将来的增长最有价值。在第 2 章里，为了使种群的产量达到最大，我们需要在种群增长率最大的时候来收获种群。对于简单的逻辑斯谛模型，最好的策略就是在维持种群大小为 $K/2$ 的时候。而对于年龄结构化的种群，最大化种群增长率意味着收获的是那些具较低生殖价的个体——通常是新生个体和很老的个体，取决于种群的年龄结构。

同时生殖价也与种群管理和保护生物学相关。如果我们计划通过引入人工繁殖的个体来提高种群的增长率，那么我们应该等到这些个体处于最大生殖价的年龄才施行。最后，自然选择的作用对高生殖价的年龄最明显。比如，如果有害的等位基因是在繁殖年龄组里表现出来的话，那么其很快会被自然选择剔除掉，但如果是在较低生殖价的老龄组里表现出来的话，那么其被自然选择剔除的速度要慢很多。**衰老**（senescence）可能代表着有害效应在年老个体身上的累积。选择压力对于年龄较大的个体要弱（Rose 1984），部分是由于它们较低的生殖价（Fisher 1930）。

3.3.3 生活史策略

生命表数据对于种群增长率和年龄结构的预测至关重要。从进化的角度来看，为什么会有不同的生活史模式存在？换句话说，为什么自然选择倾向于某些 $l(x)$ 和 $b(x)$？自然选择倾向于使个体对后代的贡献最大。因此，"完美"

---

* 注意该式子中的符号，尤其要注意求和运算中的下标（$y=x+1$）是按 1 增加的。因此，利用表 3.3 中的第六和第八列的数据，得到的 $v(1)=(2.716)(0.264)=0.717$。虽然通过方程 3.16 得到的生殖价与从矩阵代数解得的结果是一致的，但是该方程限于具繁殖后普查的脉冲出生种群。更多细节请参考 Goodman（1982）和 Caswell（2001）。

的生活史表应该是在所有年龄组都有最大的存活率和最大生育力。

然而，两类力量阻止了这类最优生活史的进化。第一，我们期望在生活史性状间存在着很多的**权衡**（tradeoff）。如果有机体投入了很多能量在繁殖上，那么其在生长、维持和资源获取等方面的投入就会变少。这可能会导致繁殖和存活之间的权衡。一个有机体可能会产生很多但是存活能力差的较小的后代，或者产生较少但是存活能力强的较大的后代。因此，可能也存在着后代数与后代存活能力之间的权衡。

第二，生活史策略同时也会受一些**限制**（constraints）的影响——生理或进化限制，这些限制阻止了某些生活史性状的进化。比如，较大个体的有机体需要更长的时间来生长和达到成熟状态，因此首次繁殖时的年龄可能受个体大小的限制。如果一个有机体以胎生的方式繁殖后代，那么其个体大小本身也会限制后代的数目。有机体的生活史性状可能是长期进化遗传的产物，可能并不是解决类似于"在当前环境下有机体如何最大化其适合度"这类问题的最好"解决办法"。

一个非常受欢迎的理论认为相对种群密度是生活史性状的一个重要的选择力量（MacArthur and Wilson 1967；Pianka 1970）。$r - K$ **选择**（$r - K$ selection）理论的名字源自逻辑斯谛增长方程中的两个常数。想象一下，某个种群的种群密度很低，因此维持增长的资源是不受限制的。在这种情况下，最好的繁殖策略非常简单，就是最大化后代数目。因此，对应于 r - 选择的性状为：早期发育、终生一胎繁殖、较大的 r 值、很多存活率低的后代、Ⅲ 型的存活曲线和较小的成体大小。

相反，在 K - 选择中，有机体生长于一个长期较拥挤的环境里。r - 策略在这种情况下是行不通的，因为它们的后代竞争能力弱，且将面临着资源短缺的危险。此时，最好的策略是产生较少的、高质量的且竞争能力强的后代。因为存在着资源限制，K - 选择倾向的性状为：晚期发育、反复生殖、较小的 r 值、较少存活率高的后代、Ⅰ 型的存活曲线和较大的成体大小。经典的例子：蚊子和杂草（r - 选择），人类和鲸鱼（K - 选择）。

虽然 $r - K$ 选择理论是生态学教材中必讲的内容，但是仍然有很多问题困扰着该理论。其中一个最基本的问题是从具年龄结构的种群模型中无法推导出 $r - K$ 选择理论的"预测"。另外一点是种群密度并非是促使生活史性状进化的唯一因素。比如，该理论预测在下面这种情况下，有机体会进化出反复生殖的生活史策略：当有机体面临资源竞争时，会将更多的能量投入到生长和机体维持上面，而非繁殖。然而，当后代的存活率在不同时间段波动较大时，个体也可能会进化出反复生殖的策略来，此时又称被为"两头下注"策略（Murphy 1968）。如果繁殖的时间不合适，那么个体就有可能会失去所有的后代，在这种情况下，在不同时间段分开繁殖相比于在一个时间段集中繁殖是具有优势的。

同时，不是所有有机体的生活史性状都符合该模型的预测。比如，虽然很多树木的寿命很长且是反复生殖的（K 选择），但是它们的存活曲线是 III 型的（r 选择）。最后，到目前为止，还没有实验研究支持 r–K 选择理论。在果蝇（Taylor and Condra 1980）和原生动物（Luckinbill 1979）的实验种群中，当种群拥挤度低的时候个体并不总是进化出 r–选择的性状，而在种群拥挤度高的时候个体也并不总是进化出 K 选择的性状。尽管原始的 r–K 选择理论已被摒弃，但是毫无疑问，有机体所处的生态条件——包括种群密度——是自然选择塑造生活史性状的重要力量。

比如，捕食者的存在可以促使个体在出生率和死亡率上做出很大的改变（Gadgil and Bossert 1970；Roff 1992）。如果捕食者主要以成年个体为食，那么自然选择就会倾向于那些成熟早的能繁殖出较小体形的个体。这些预测已在热带淡水古比鱼种群中得到证实：相同物种不同种群间的生活史是不同的，取决于是否有捕食者存在（Reznick et al. 1996）。同时，野外实验表明生活史性状能够快速进化，从而对捕食者做出反应（Reznick et al. 1997）。其他研究显示个体大小——相关的一些生活史性状——能通过进化对竞争物种的存在做出响应（Schluter 1994）。在第 5 和第 6 章中，我们将构建生态学模型来理解捕食者和竞争者对种群动态的影响。但是这里需要强调的是这些相互作用同样会对生活史的进化产生影响。

3.3.4　阶段和大小结构化种群增长

在生命表模型中有一个隐含的假设：有机体的年龄是描述和解释生活史的"正确"的变量。然而，对于很多生活史而言，年龄并不重要。比如，很多昆虫经历卵、幼虫、蛹和成体阶段。存活率可能更多地受昆虫所处的阶段而非年龄的影响。换句话说，甲壳虫的存活率可能不取决于它是 3 个月大的还是 6 个月大的，而是取决于它是处于幼虫阶段还是成虫阶段。当然，年龄和阶段并非是彼此不相关的，因为有机体的生活史阶段部分依赖于有机体的年龄。但是阶段间的转变通常是灵活的，既依赖于生物因子，比如食物供给和种群密度，又依赖于非生物因子，比如温度和光周期。

即便是对那些没有明显生活史阶段的有机体来说，存活和繁殖也可能更多地受个体大小而非年龄的影响。很多有机体具有不确定生长的特点——同是一条小鱼，有可能是处在快速生长阶段的幼体，也可能本身就是一条发育迟缓的成体。如果死亡风险主要来自其他鱼类的捕食，那么只是体形大小而非年龄决定着个体是否会被吃掉。最后，构件有机体，比如植物和珊瑚，可能是通过可以繁殖的"部件"或半独立的单元（植物茎）组织在一起的。在这种情况下，生活史可能非常复杂，比如珊瑚可以分裂开来或结合在一起，植物可以通过植被蔓延来繁殖。在所有这些例子中，相比如个体大小或阶段而言，有机体的年龄在决定存活和繁殖方面显得并不那么重要。

幸运的是，通过修改莱斯利矩阵可以考虑这些类型的生活史（Lefkovitch 1965）。关键的一点是种群矩阵中的元素代表的不再是有机体的年龄，而是有机体所处的阶段（或个体大小）。比如，下面是一个简化的昆虫生活史循环，转移矩阵中包含了 3 个阶段——卵（egg）、幼体（larva）和成体（adult）：

$$
\begin{array}{c}
\quad\ \ \text{卵}\ \ \text{幼体}\ \text{成体} \\
\begin{array}{c}\text{卵}\\\text{幼体}\\\text{成体}\end{array}
\left[
\begin{array}{ccc}
0 & 0 & F_{ae} \\
P_{el} & P_{ll} & 0 \\
0 & P_{la} & P_{aa}
\end{array}
\right]
\end{array}
\qquad \text{表达式 3.18}
$$

回忆一下，矩阵中的每列代表的是在 t 时的阶段，每行代表的是在 $t+1$ 时的阶段。第一行元素代表的是繁殖力。其他行的元素代表的是阶段之间的转移概率。不同于莱斯利矩阵，现在对角线上的元素是正值。这意味着幼体和成体在某个特定的时间可以停留在原先的阶段而不发生转移，然而卵要么死掉，要么转变为幼体。只有成体能繁殖，因此该阶段存在着表示繁殖力的项（F_{ae}）。

下面是长命树木的转移矩阵，按个体大小分为 5 组：

$$
\begin{array}{c}
\qquad\quad\ 1 \qquad 2 \qquad 3 \qquad 4 \qquad 5 \\
\begin{array}{c}1\\2\\3\\4\\5\end{array}
\left[
\begin{array}{ccccc}
P_{11} & F_{21} & F_{31} & F_{41} & F_{51} \\
P_{12} & P_{22} & 0 & 0 & 0 \\
0 & P_{23} & P_{33} & 0 & 0 \\
0 & 0 & P_{34} & P_{44} & 0 \\
0 & 0 & 0 & P_{45} & P_{55}
\end{array}
\right]
\end{array}
\qquad \text{表达式 3.19}
$$

同样，对角元素为个体不发生转移的概率，次对角元素为转变进入下一个组的概率。除了第一个组外，所有个体大小组的个体都能繁殖产生种子，即矩阵中的第一行的元素均为正值。

最后一个例子更为复杂一些，让我们来看看珊瑚种群，按大小分为 3 个组（小、中和大）：

$$\begin{array}{cc} & \begin{array}{ccc} \text{小} & \quad \text{中} & \quad \text{大} \end{array} \\ \begin{array}{c} \text{小} \\ \text{中} \\ \text{大} \end{array} & \left[\begin{array}{ccc} P_{ss}+F_{ss} & P_{ms}+F_{ms} & P_{ls}+F_{ls} \\ P_{sm} & P_{mm} & P_{lm} \\ P_{sl} & P_{ml} & P_{ll} \end{array} \right] \end{array} \qquad \text{表达式 3.20}$$

与之前一样,对角元素代表着珊瑚不发生转变的概率,次对角元素代表着从一个阶段转变为另一个阶段的概率。然而,还存在着如下的概率:较大的珊瑚分裂为中等大小的 (P_{lm}) 或较小珊瑚的 (P_{ls}) 概率,同是中等大小的珊瑚分裂为较小珊瑚的概率 (P_{ms})。同时,较小的珊瑚可以与其他的珊瑚结合在一起,从而"跳过"一个阶段而直接变为了较大的珊瑚 (P_{sl})。最后,看一下矩阵第一行,注意此处的元素表示的是繁殖力和阶段转移概率之和,因为较小的珊瑚组别里既包含有通过有性繁殖产生的,又包含有通过无性分裂而产生的。

如图 3.4 所展示的,这些复杂的生活史循环也可以通过循环图来表示。图

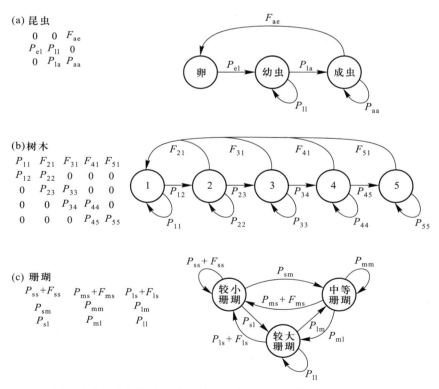

图 3.4 不同生活史的阶段转移矩阵和循环示意图。(a) 简化的昆虫生活史;(b) 森林树木生活史;(c) 珊瑚生活史,分为有性和无性繁殖。

中的圆圈代表的生活史阶段，箭头代表的是阶段之间的转移。图中未被箭头连接的阶段对应着转移矩阵中的 0 值。

虽然这些生活史循环很复杂，但所涉及的矩阵乘法本质上与简单的莱斯利矩阵是一样的。只要转移元素是常数，种群最终都会呈现出指数增长的模式，并能达到一个稳定的阶段分布。然而，针对这些生活史，我们不再能利用欧拉方程来获取 r 和稳定阶段分布的解。对于任何转移矩阵，λ 为该矩阵的主特征值。右特征向量是稳定阶段分布，左特征向量为生殖价分布（Caswell 2001）。矩阵方法使得我们可以利用相同的分析框架来研究复杂的生活史。

3.4　实例

3.4.1　地松鼠的生命表

针对尤因塔（Uinta）地区地松鼠（*Spermophilus armatus*）的一项长期种群统计研究揭示了生命表分析在理解种群增长过程中的重要作用（Slade and Balph 1974）。在犹他州北部的一个实验站上，每年松鼠在 3 月末到 4 月中旬从休眠中复苏过来，具体时间受天气的影响。雌性在建立了自己的领地后很快就开始繁殖。5 月初会繁殖出第一批新生儿，大约 3 周后这些年轻的地松鼠们就会离开它们的出生地。从 6 月到 7 月，种群中所有年龄组的个体都非常活跃，不分性别。成年地松鼠在 7 月开始休眠，到 9 月所有的松鼠都消失不见了。

在一个面积为 8.9 公顷的研究区域内，研究人员捕获了所有地松鼠个体并给它们带上标签，然后从观测塔上观察它们的活动情况。整个研究分为两个阶段，总共持续了 7 年。在第一个阶段（1964—1968 年），不对种群施加任何干扰。种群大小的波动范围从 178 到 255，平均值为 205。在第二个阶段（1968—1971 年），研究人员将松鼠种群人为减少至 100 个个体。从生命表分析（表 3.5）中可见，密度减少急剧地影响了种群的增长率和年龄结构。

在种群大小降低之前，年龄特异的出生率和死亡率基本上保持平衡，死亡率稍微大于出生率 [$r = -0.046$ 只地松鼠/（地松鼠·年）]。最长的寿命（life span）大概是 5 年，虽然在不同生境间稍微有些不同。在稳定的年龄分布中，37% 的个体是幼体（图 3.5a），个体的生殖价在第 2 年达到最大（图 3.5b）。

表 3.5　尤因塔地区地松鼠（*Spermophilus armatus*）密度减少前后的生命表

x（年）	密度减少前生命表		密度减少后生命表	
	$l(x)$	$b(x)$	$l(x)$	$b(x)$
0.00	1.000	0.00	1.000	0.00
0.25	0.662	0.00	0.783	0.00
0.75	0.332	1.29	0.398	1.71
1.25	0.251	0.00	0.288	0.00
1.75	0.142	2.08	0.211	2.24
2.25	0.104	0.00	0.167	0.00
2.75	0.061	2.08	0.115	2.24
3.75	0.026	2.08	0.060	2.24
4.75	0.011	2.08	0.034	2.24
5.75	0.000	0.00	0.019	2.24
6.75	—	—	0.010	2.24
7.75	—	—	0.000	0.00

（资料来源：From Slade and Balph 1974）

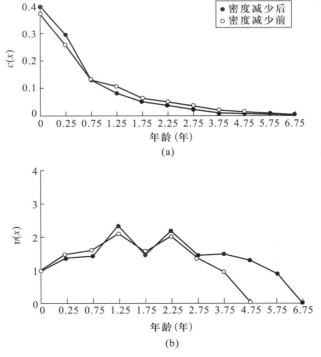

图 3.5　尤因塔地区地松鼠（*Spermophilus armatus*）种群在密度减小前后的（a）稳定年龄分布和（b）生殖价分布。数据来源于表 3.5。

密度减少后，繁殖超过了死亡，种群大小增加 ［$r = 0.306$ 只地松鼠/（地松鼠·年）］。最长的寿命提高至 7 年，稳定的年龄分布稍稍向较大的年龄组转移。生殖价在三年生或四年生的个体中最大，反映了较大年龄个体增加的繁殖和存活。

密度减少的研究结果揭示了种群拥挤不仅仅是降低了种群的增长率。存活、繁殖、寿命和年龄结构，所有这些对种群密度都非常敏感。从该实验中，我们也可以看出指数增长模型中的非常关键的不足之处：年龄特异的出生率和死亡率是随种群大小发生变化的。

针对一个或多个年龄组，可以将密度依赖考虑进死亡或生育力中。即便密度依赖只限制了某一个年龄组的增长，但是对于整个种群增长来说其依然是一个非常有效的"刹车"措施，而且从中可以产生复杂的种群动态。在本书的后半部分，我们介绍的还是不包含年龄结构的简单种群模型。然而，迁移（第 4 章）、竞争（第 5 章）、捕食（第 6 章）和拓殖（第 7 章）的生物学细节一定程度上也反映了种群的年龄和大小结构。

3.4.2 起绒草的阶段投影矩阵

起绒草（*Dipsacus sylvestris*）是一种欧洲多年生"野草"，常见于美国东部的弃耕地和草地。可以通过一个基于阶段的矩阵模型来描述这种植物的生活史循环。绝大多数种子落在母株 2 m 之内的范围里；种子可能会休眠 1 到 2 年。成功发芽的种子形成一个大叶簇丛。处于簇丛阶段的时间长短是不定的，有时可能会持续上 5 年。簇丛在形成开花的茎之前，需要经历冷硬化（春花）的过程。起绒草只开花结实一次，然后植物体死掉。

生态学家在密歇根州八块弃耕地上对起绒草进行了研究，这些起绒草是在研究开始的时候人工种上的（Werner 1977；Werner and Caswell 1977）。为了构建基于阶段的转移矩阵，对每株植物连续观察了多年。起绒草的生活史循环可以分为 6 个阶段（Caswell 2001）：

（1）休眠 1 年的种子
（2）休眠 2 年的种子
（3）小的簇丛（直径< 2.5 cm）
（4）中等簇丛（直径在 2.5~18.9 cm）
（5）大的簇丛（直径> 19.0 cm）
（6）开花植物

图 3.6 显示的是其中一块样地上起绒草生活史的循环示意图以及对应的阶段矩阵。从具正值的对角和次对角元素可以看出，簇丛可以保持不变、生长或

开花。矩阵的第一行只有一个正值输入，反映了只有开花植物才能产生种子的事实。同时，对应开花阶段的对角元素为 $0(P_{66}=0)$，意味着植物一旦开花就会死亡。该矩阵的种群增长率为 $\lambda=2.3242$，对应于 $r=0.8434$ 个体/（个体·年）。预测的倍增时间少于 10 个月。

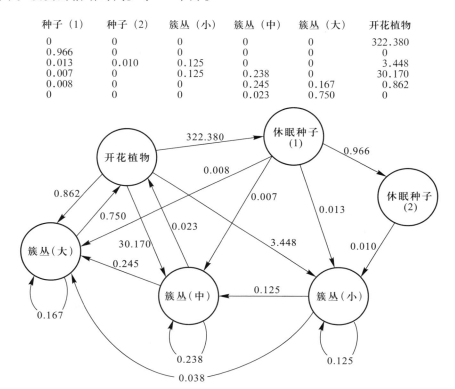

种子（1）	种子（2）	簇丛（小）	簇丛（中）	簇丛（大）	开花植物
0	0	0	0	0	322.380
0.966	0	0	0	0	0
0.013	0.010	0.125	0	0	3.448
0.007	0	0.125	0.238	0	30.170
0.008	0	0	0.245	0.167	0.862
0	0	0	0.023	0.750	0

图 3.6 起绒草（*Dipsacus sylvestris*）的转移矩阵和循环示意图。转移状态包括：休眠 1 年和休眠 2 年的种子 [种子（1）和种子（2）]、小簇丛、中等簇丛和大簇丛 [簇丛（小）、簇丛（中）和簇丛（大）]，以及开花植物。（资料来源：From Caswell 1989）

不同于简单的按年龄分类的模型，稳定阶段分布的相对频度并不总是在后期阶段降低。相比于小簇丛，起绒草的稳定阶段分布中有着更多的中等大小的簇丛（图 3.7a）。生殖价的变化很大，差别达到 6 个数量级，最小的为休眠 2 年的种子，最大的为开花植物（图 3.7b）。

这套数据也用按年龄分类的模型进行了分析，将 1~4 年的簇丛当作单独年龄组（Werner and Caswell 1977）。然而，在预测首次开花的时间上，基于阶段的模型比基于年龄的模型更准确。这个结果意味着簇丛的大小而非簇丛的年龄决定了起绒草的生长和存活。

起绒草的模型结果在不同样地间差别很大，种群增长率 r 变化范围在 $-0.46\sim0.96$ 个体/（个体·年）。r 值最低的样地里枯草最多，抑制了起绒草种子的萌发。在禾本植物密度较高的样地上，种群增长率也比较低，因为这些禾本植物通过竞争和遮阴降低了起绒草簇丛的存活率。最后，r 与样地的年初级生产力相关。在生产力最低的样地上，种群增长率最高，这可能反映了起绒草与其他植物之间的竞争。有着非常高的增长率的起绒草种群是不可能维持长久的。与前面地松鼠的例子一样，密度依赖的模型可能更适合用来预测这类种群的大小。

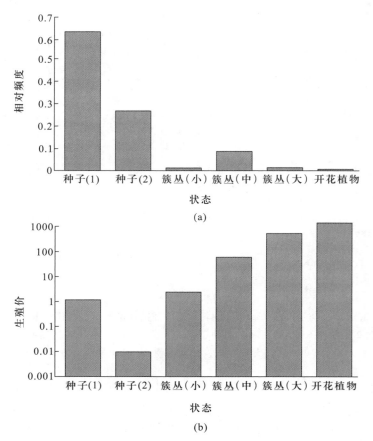

(a)

(b)

图 3.7 起绒草（*Dipsacus sylvestris*）的（a）稳定状态分布和（b）生殖价分布，注意 y 坐标轴为对数尺度。按照图 3.6 中的数据得到的。

3.5 思考题

3.5.1 画出密度变化前后地松鼠种群（表 3.5）存活曲线的对数图（以 10 为底）。这些曲线的形状如何（Ⅰ型、Ⅱ型和Ⅲ型）？密度减少是如何影响存活曲线的？

3.5.2 下面是假想的蛇类种群的生命表数据的一部分：

年龄 (x)	$S(x)$	$b(x)$
0	500	0.0
1	400	2.5
2	40	3.0
3	0	0.0

a. 计算 $l(x)$，$g(x)$，R_0，G 和 r 的估计值，来完成该生命表分析。通过欧拉方程计算 r 的精确值。

b. 计算该生命表的稳定年龄分布和稳定生殖价分布。

*3.5.3 假设问题 3.2 中的蛇类种群组成如下：50 条刚出生的蛇、100 条一年生的蛇和 20 条两年生的蛇。为该生命表构建莱斯利矩阵，并且预测随后连续两年里的种群增长情况。

---

* 拓展题

第4章 集合种群的动态

4.1 基本模型和预测

在 1~3 章里，我们介绍了种群增长的多个模型。这些模型的主要区别源于各自不同的假设：无限制的资源（第 1 章）或者是有限的容纳量（第 2 章），同质化的种群（第 1 章）或者是包含年龄结构的种群（第 3 章）。所有这些模型描述的都是**封闭种群**（closed population）。换言之，局域的出生和死亡导致了种群大小的变化，因为我们明确假定了种群之间是不存在个体迁移的。

假定种群是封闭的主要是出于数学上的考虑，但是这类模型缺少生物学上的合理性。对于迁徙的动物而言，比如在热带地区过冬的北美歌雀和在淡水河流中产卵的大马哈鱼，个体季节性的迁移才是种群大小变化的最主要原因。即使是很多非迁徙的物种，在种群之间也存在着大量的个体交换。尤其是对于具有复杂生活史的有机体来说，它们的种子或幼体已经进化出了合适的性状，以便迁移到新的种群里。在第 2 章我们提到的海鞘就是一个非常好的例子。虽然成年海鞘永久性地固着在岩石上，但是"蝌蚪状"的幼体则是可以自由游动和漂移的。因此，某个局域海鞘种群里的个体实际上可能是从很多个不同的地方迁移过来的。

种群间个体的运动有可能是密度依赖的。对于具领地行为的物种来说，比如黑喉蓝林莺（*Dendroica caerulescens*），实际上并不是种群内的所有个体都能够建立属于自己的领地，那些未能建立领地的个体不得不寻找并迁移到其他密度较低的种群中去。而那些没有考虑动植物运动的数学模型可能并不能精确地描述这类种群的动态。

本章中我们准备介绍的模型考虑了个体能在种群间迁移的事实，而且这类个体迁移对于种群的维持具有潜在的重要作用。我们将遇到一个新的概念，即**集合种群**（metapopulation）。可以将集合种群想象成"种群的种群"（Levins 1970）——几个局域种群通过个体的迁入和迁出而连接在一起。

为了研究集合种群，我们首先需要进行两个认识上的转变。第一个转变是有关如何度量种群的。在前三章里，我们的模型预测的都是种群的大小，即种群平衡时的个体数目。然而，集合种群模型预测的不是种群的大小，而是种群的**续存**（persistence）。因此，在集合种群里，代表种群大小的数值只有两种可能：0（局域灭绝）或1（局域续存）。我们不再区分大种群和小种群，也不再考虑种群是周期性变化的、随机波动的还是保持不变的。我们只关心种群是否灭绝。

第二个转变是有关种群研究的空间尺度方面的。在前三章里，我们一直强调的都是要获得种群处于平衡状态时的大小，尽管这其中已隐含地涉及了局域种群随时间的续存。相反，集合种群里的局域种群频繁地经历着灭绝，因此，整个集合种群的平衡需要从区域或景观的尺度上去理解。在这个尺度上，我们不再关心某个特定的局域种群的命运。取而代之的是我们要构建一个模型来描述被种群占据的斑块在整个斑块中的比例。因此，我们关心的是景观中有多少斑块是被种群占据着的。这种大尺度的视角使我们可以为此建立简单的数学模型而避免考虑每个局域种群的大小和个体的迁移等非常复杂的问题。举一个例子，如果我们准备模拟一个繁忙的停车场的动态，那么我们需要预测的其实是有多少停车位已经被占了，而不是哪些特定的停车位被占了。

4.1.1 集合种群和灭绝风险

在集合种群的理论框架下，存在着**局域灭绝**（local extinction）和**区域灭绝**（regional extinction）的区别。前者是指单个种群的消亡，而后者则是指系统里所有的种群都消亡了。即便种群间没有通过迁移连接在一起，区域种群的灭绝风险通常也会比局域种群的灭绝风险低很多。

为了定量地研究集合种群的概念，我们定义 p_e 为种群的**局域灭绝概率**（probability of local extinction），即某个具体斑块里的种群的灭绝概率。这个概率的变化范围在 0 到 1 之间。如果 $p_e=0$，就代表种群续存；而 $p_e=1$，则表示种群灭绝。因为所有的种群最后终归会灭绝，所以灭绝概率一般是针对某个特定的时间尺度的。对集合种群的动态来说，这个时间尺度通常以年或十年计。

假定 $p_e=0.7$，以年为测量的时间尺度。这就表示某个种群在这一年里灭绝的可能性为 70%，而续存下去的可能性为 30%（$1-p_e=0.3$）。那么两年之后种群依然续存的可能性是多少呢？两年后的**续存概率**（probability of persistence）为第一年的续存概率（$1-p_e$）乘以第二年的续存概率（$1-p_e$）。因此：

$$P_2=(1-p_e)(1-p_e)=(1-p_e)^2 \qquad \text{表达式 4.1}$$

以此类推，种群 n 年后的续存概率（P_n）为

$$P_n=(1-p_e)^n \qquad \text{方程 4.1}$$

比如，如果 $p_e = 0.7$，$n = 5$，那么 $P_n = (1 - 0.7)^5 = 0.00243$。也就是说，如果种群在一年里灭绝的可能性为 70%，那么该种群能续存 5 年的可能性仅为 0.2%。

如果现在不是一个种群，而是有两个完全相同的种群，每个种群的灭绝概率均为 $p_e = 0.7$。同时假定这两个种群是彼此独立的，即互不影响，一个斑块里种群灭绝的可能性与另一个斑块里种群灭绝的可能性无关。那么对于这样的一对种群，**区域续存概率**（probability of regional persistence）是多少？也就是说一年后至少有一个种群续存的概率是多少？我们以 P_x 来表示区域种群的续存概率，其为 1 减去两个斑块同时灭绝的概率：

$$P_2 = 1 - (p_e)(p_e) = 1 - (p_e)^2 \qquad \text{表达式 4.2}$$

那么，由 x 个斑块所组成的集合种群的区域续存概率就为这 x 个斑块不同时灭绝的概率：

$$P_x = 1 - (p_e)^x \qquad \text{方程 4.2}$$

因此，如果我们有 10 个斑块，每个斑块的 $p_e = 0.7$，那么该区域续存概率就为 $P_{10} = 1 - (0.7)^{10} = 0.97$。也就是说，对于这个由 10 个斑块所组成的集合种群，即便任意特定局域种群的灭绝概率为 0.7，但一年后至少有一个种群续存的可能性仍为 97%！从图 4.1 可以看到，虽然总体上来说 P_x 随 p_e 的增加而下降，但随着斑块数的增加，P_x 快速提高。

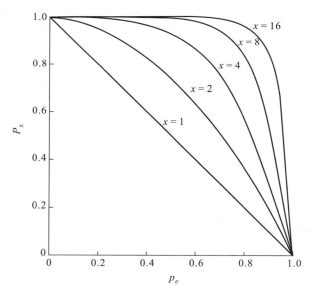

图 4.1 种群区域续存概率（P_x）、局域灭绝概率（p_e）和种群数目（x）之间的关系。注意，在局域灭绝概率一定的情况下，随着种群数目的增加，区域续存概率随之极大提高。

方程 4.2 揭示了非常重要的一点：多个斑块分散了灭绝风险。尽管单个种群注定要灭亡，但是多个种群的集合却能够续存相当长的时间。在下一节里，我们将构建集合种群的模型，其中局域种群是彼此相连的，因此局域灭绝和局域拓殖的概率依赖于斑块的被占情况。

4.1.2 集合种群的动态模型

想象现在有很多个均质的斑块，每个斑块都能被一个种群所占据。设 f 为被种群占据的斑块占所有斑块的比例，即**被占斑块比例**（fraction of sites occupied），其取值范围从 0 到 1。如果 $f=1$，就意味着所有的斑块上都有种群，即整个景观是饱和的。如果 $f=0$，那么所有的斑块都未被占据，即该集合种群区域灭绝。

那么 f 随时间如何变化呢？如果空斑块被成功拓殖的话，f 值就会提高。设**迁入率**（immigration rate）为 I：单位时间内斑块被成功占据的比例 *。如果被占据的斑块上的种群灭绝了，那么 f 值也可能会下降。设**灭绝概率**（extinction rate）为 E：单位时间内灭绝的斑块的比例。f 的变化就取决于这两者的平衡：

$$\frac{df}{dt} = I - E \qquad\qquad \text{表达式 4.3}$$

表达式 4.3 与第 1 章中的指数增长模型（表达式 1.5）非常类似。在指数增长模型中，个体通过出生和死亡实现连续的周转，当出生率和死亡率相等时，种群达到平衡状态。相似的，在集合种群水平上，种群而非个体通过拓殖和灭绝实现连续的周转，当拓殖率和灭绝率相等时，被种群所占据的斑块占所有斑块的比例（f）达到平衡。在第 7 章描述群落中的物种数目时，我们还会看到类似的推导模式。

现在让我们更深入地看看迁入和灭绝过程。迁入率取决于两个因素。第一个为**局域拓殖概率**（probability of local colonization）p_i。如果斑块之间是独立的，那么这个概率就只与斑块内的物理和生物条件有关。很多因素都可以影响 p_i，包括斑块的面积、关键生境和食物资源的有效性、捕食者、病原体和竞争者等。

局域拓殖概率也有可能受斑块外的因素的影响。尤其是当斑块之间通过迁移联系在一起时，拓殖概率还可能会依赖于其他斑块中的种群的影响。换言

---

* 严格来说，我们应该称其为拓殖率，而非迁入率。我们之所以使用这个术语，主要是为了与第 7 章中的麦克阿瑟-威尔逊模型保持一致。

之，当很多斑块上都有种群的时候（高 f），个体可以通过迁移而在斑块之间运动，此时的拓殖概率相比于具小 f 集合种群的要高。因此，p_i 受 f 的影响。在本章的后面我们将对此介绍两类模型：p_i 与 f 相关的和 p_i 与 f 无关的（Gotelli 1991）。

迁入率不仅受 p_i 的影响，同时还受景观中有多少未被占据的斑块的影响，即 $1-f$。这类未被占据的斑块越多，总体迁入就会越快。因此，迁入率为局域拓殖概率（p_i）与景观中空斑块所占比例（$1-f$）的乘积：

$$I = p_i(1-f)$$
表达式 4.4

在两种情况下，迁入率等于 0：第一，局域拓殖概率为 0（$p_i = 0$）；第二，集合种群中无空斑块（$f = 1$）。

通过类似的推导，我们还可以得到灭绝率 E 等于局域灭绝概率（p_e）与被占斑块比例（f）的乘积：

$$E = p_e f$$
表达式 4.5

当灭绝概率等于 0，或者集合种群中所有的斑块都是空的时，灭绝率等于 0。将表达式 4.4 和 4.5 代回 4.3，我们就可以得到一般性的集合种群模型：

$$\frac{df}{dt} = p_i(1-f) - p_e f$$
方程 4.3 *

方程 4.3 是一个简单的集合种群模型，可以基于此构建其他的模型。通过改变有关拓殖和灭绝过程的假设，我们可以得到新的集合种群模型，从而得到有关被占斑块占所有斑块的比例的其他预测。在介绍这些模型之前，我们先来看看这个简单模型的假设。

4.2 模型假设

方程 4.3 有如下几个假设：

（1）均质的斑块。景观中斑块的大小、隔离程度、生境的质量、资源水平，或者任何其他的能影响局域拓殖和灭绝的因素都必须保持一致。

（2）无空间结构。模型假定拓殖和灭绝概率受 f 的影响，但不受斑块在空

---

* 因为这是一个连续的微分方程，所以严格意义上来说 p_e 和 p_i 不是概率而是比例分数（fractional rate）。不过，当该方程乘以一个有限的时间区间后，p_e 和 p_i 的行为与概率类似。在这个时间区间上，我们需要为方程 4.3 增加一个校正项，从而考虑某个当前被占据的斑块可能会经历灭绝而又重新被侵占的情况。然而，一是这个校正项非常小，二是采用连续微分方程更为简单，因此我们还是将 p_e 和 p_i 当作灭绝概率和拓殖概率看待。

间上的分布模型的影响。更合理的集合种群模型中，某个特定斑块的拓殖概率应该依赖于其邻近斑块上的种群的影响。这种"邻体"模型可以采用计算机模拟的方法或者扩散方程来进行研究。后者类似于墨汁在水中的扩散一样：种群在空斑块上的扩展。

（3）无时滞。因为我们是用一个连续的微分方程来描述集合种群动态的，所以我们假设集合种群的"增长率"（df/dt）直接依赖于 f、p_i 或 p_e 上的变化。

（4）p_e 和 p_i 为常数。p_e 和 p_i 不随时间而变化。虽然我们不能精确地知道哪些种群将要灭绝，哪些种群将要被侵占，但是拓殖和灭绝本身的概率是保持不变的。

（5）f 影响局域拓殖（p_i）和灭绝（p_e）。除了基本的岛屿-大陆模型外，其他的集合种群模型均假定迁移在其模型中扮演着重要的角色：影响局域种群动态、拓殖和/或灭绝。所以，p_i 和/或 p_e 为 f 的函数。

（6）斑块数目很大。在我们的模型中，即便被占据斑块的比例为无穷小，集合种群仍然可以续存。因此，我们假设集合种群不受种群统计随机性的影响（第 1 章）。

4.3　模型变体

4.3.1　岛屿-大陆模型

我们最简单的集合种群模型假定 p_e 和 p_i 为常数。如果 p_e 为常数，那么每个种群的灭绝概率都是一样的，并且不受集合种群中被占据斑块比例的影响。这个假定类似于种群的增长模型中非密度依赖的死亡率，因为死亡率不受种群大小的影响（第 2 章）。同样，拓殖概率也有可能是不变的。常数 p_i 意味着**繁殖体雨**（propagule rain），即存在着持续不断的迁入者（图 4.2a）。如果存在着一个很大的稳定的"大陆"种群，那么其就可以为集合种群中一系列的"岛屿"种群提供繁殖体雨。实际上，繁殖体雨也可以用来描述一些植物种群，比如那些能够通过埋在土壤中的种子进行拓殖的物种。将方程 4.3 设为 0，就可以得到**岛屿-大陆模型**（island-mainland model）中 f 的平衡值：

$$0 = p_i - p_i f - p_e f \qquad \text{表达式 4.6}$$

$$p_i f + p_e f = p_i \qquad \text{表达式 4.7}$$

将表达式 4.7 两边同时除以 $p_i + p_e$，得到 f 的平衡解 $\hat{f}$ 为：

$$\hat{f} = \frac{p_i}{p_i + p_e} \qquad\qquad \text{方程 4.4}$$

在岛屿–大陆模型中，集合种群动态平衡时被占据斑块的比例取决于灭绝和迁入概率之间的相对大小。需要注意的是，即便灭绝概率 p_e 很大而拓殖概率 p_i 很小，集合种群中总还是会有一部分斑块被种群占据着（$\hat{f} > 0$），因为外部的繁殖体雨会不断地更新集合种群。

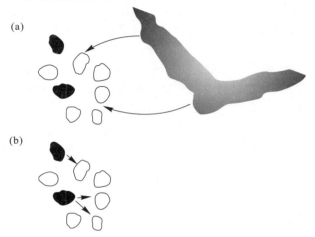

图 4.2 （a）岛屿–大陆模型中的拓殖。岛屿的拓殖者总是来源于一个面积较大的大陆地区。图中未填充的岛屿代表岛上没有种群的存在，而填充的岛屿代表已被种群占据的点。（b）岛屿之间的拓殖。拓殖者不是来源于外部的，而是来源于被种群占据的岛屿本身。

4.3.2 内部拓殖模型

下面我们将有关繁殖体雨的假定放松，即集合种群中被占据的斑块是繁殖体的唯一来源（图 4.2b）。换句话来说，集合种群中存在着**内部拓殖**（internal colonization）：

$$p_i = if \qquad\qquad \text{表达式 4.8}$$

i 为常数，表示每增加一个被占据的斑块所带来的拓殖概率的变化。在该模型中，每个种群都为繁殖体库贡献个体，而这些个体又都有可能去占据空的斑块。注意，如果所有的种群都灭绝了（$f = 0$），那么拓殖概率将为 0，因为此时没有种群能够产生新的拓殖者。这与岛屿–大陆模型不同：因为有外部的大陆种群的存在，所以拓殖者总是存在的。

假定灭绝仍然是独立的，将表达式 4.8 代回方程 4.3 中（Levins 1970）：

$$\frac{df}{dt} = if(1-f) - p_e f \qquad\qquad \text{方程 4.5}$$

同样，我们将这个方程设为 0，从而得到处于平衡动态时的 f 值：

$$p_e f = if(1-f) \qquad\qquad \text{表达式 4.9}$$
$$p_e = i - if \qquad\qquad \text{表达式 4.10}$$
$$if = i - p_e \qquad\qquad \text{表达式 4.11}$$

两边同时除以 i，从而得到：

$$\hat{f} = 1 - \frac{p_e}{i} \qquad\qquad \text{方程 4.6}$$

与岛屿–大陆模型的预测不同，此时集合种群的续存（$\hat{f} > 0$）是有条件的。只有当内部的拓殖效应（i）大于局域灭绝的概率（p_e）时，集合种群才能维持下去。如果这个条件不满足，那么集合种群将会灭绝（$\hat{f} \leqslant 0$）。在该模型中，灭绝之所以会发生是因为不再有外部的拓殖者进入集合种群中来。

4.3.3　拯救效应模型

前两个集合种群模型（岛屿–大陆模型和内部拓殖模型）均假定灭绝概率与当前被种群占据的斑块占总斑块的比例无关。而实际上，这个概率有可能会受 f 的影响。这种情况发生的可能性有多少？与之前一样，我们假设每个被占据的斑块会产生一定数目的繁殖体，而这些繁殖体是要离开当前斑块而迁移到其他邻近斑块的。如果恰好到达的是空斑块，那么这些繁殖体就有可能会成为拓殖者。而如果该空斑块的各项条件都还不错，那么这些繁殖体就有可能会建立起一个新的种群。但是也存在着另外一种可能，那就是这些繁殖体所到达的斑块上已经有种群生活着，那么这些繁殖体的到来就会提高该局域种群的大小。局域种群大小 N 的提高可以阻止因种群统计随机性或环境随机性（第 1 章）所导致的局域灭绝的发生，即为**拯救效应**（rescue effect）。当景观中被种群占据的斑块越多，就会有越多的个体来提高局域种群的大小，从而降低局域种群的灭绝概率。

对于某个斑块而言，离开的繁殖体和从外部迁移进来的繁殖体不可能是完全匹配的。否则，就不会有拯救效应的存在，即因迁入而降低的 p_e 可以抵消掉因迁出而提高的 p_e。然而，一些个体的迁移对 p_e 的影响是可以忽略的。实际上，如果迁移是密度依赖的，那么那些本应迁移到其他斑块的个体在原斑块中的繁殖或存活情况将会很差。考虑拯救效应的模型需要为 N、p_e 和迁移设置相应的参数。下面这个模型虽然简单，但是却抓住了拯救效应的本质：

$$p_e = e(1-f) \qquad \text{表达式 4.12}$$

在表达式 4.12 中，局域灭绝概率随景观中被占据斑块的比例的升高而降低。e 表示的是拯救效应的强度，即每增加一个被占据的斑块所带来的 p_e 的减小的程度。注意，如果所有的斑块都被占据了（$f=1$），那么局域灭绝概率将为 0。很明显这是不合理的，因为即便是在一个饱和的景观中也应该存在着内禀背景灭绝风险。但是如果要考虑内禀背景灭绝风险的话，我们就需要设置另外一个参数。为了简单起见，我们还是采用表达式 4.12 的形式。假定存在着外部的繁殖体雨和拯救效应，我们将表达式 4.12 代回方程 4.3 中：

$$\frac{df}{dt} = p_i(1-f) - ef(1-f) \qquad \text{方程 4.7}$$

跟之前一样，将方程 4.7 设为 0，从而得到平衡时的 f 值：

$$ef(1-f) = p_i(1-f) \qquad \text{表达式 4.13}$$
$$ef = p_i \qquad \text{表达式 4.14}$$

两边同时除以 e：

$$\hat{f} = \frac{p_i}{e} \qquad \text{方程 4.8}$$

与岛屿-大陆模型一样，当有繁殖体雨和拯救效应时，集合种群是可以续存下去的。实际上，如果灭绝参数（e）小于拓殖概率（p_i），那么集合种群在平衡时是处于饱和状态的，即所有的斑块都被占据了（$\hat{f}=1$）。

4.3.4 其他模型

通过将内部拓殖与拯救效应结合在一起，我们可以得到另外一个模型。在这种情况下，集合种群与外界完全隔离；拓殖和灭绝概率受被占斑块的比例的影响。通过将表达式 4.8（内部拓殖）和表达式 4.12（拯救效应）代到方程 4.3（一般性模型）中：

$$\frac{df}{dt} = if(1-f) - ef(1-f) \qquad \text{方程 4.9}$$

然而，如果你试图将方程 4.9 设为 0 来求解 f，那么你会发现情况并没有那么简单。实际上，该模型的平衡取决于 i 和 e 的相对大小。如果 $i>e$，迁入率 $[if(1-f)]$ 将大于灭绝率 $[ef(1-f)]$，因此集合种群"生长"直至 $f=1$

（景观饱和）。相反，如果 $e > i$，灭绝率将大于迁入率，那么集合种群大小将会缩小直至 $f = 0$（区域灭绝）。如果 i 和 e 随机变化，那么集合种群可能会在这两个平衡点之间波动（Hanski 1982）。最后，如果 i 和 e 相等，那么 f 保持不变，因为此时迁入率和灭绝率相等。如果某个外部的力量改变了 f，集合种群将会停留在这个新的平衡点上。我们称这种情况为**中性平衡**（neutral equilibrium）。

到目前为止，在我们介绍的集合种群模型中，拓殖要么是内部的，要么是外部的；相似的，灭绝要么是独立的，要么是受拯救效应所调节的（表 4.1）。实际上，这四种情况构成了连续谱带的终点。而对于绝大部分集合种群来说，拓殖的个体可能既有来自系统本身的，也有来自外部"大陆"的。类似的，灭绝的发生也可能同时受内部和外部力量的影响。实际上，我们可以构建一个综合考虑所有这些因素的更普适性的集合种群模型，而前面介绍的那些模型只是这个更普适性模型的特例（Gotelli and Kelley 1993）。

表 4.1 四类集合种群模型（Gotelli 1991）

		灭绝	
		独立的	受拯救效应调节
拓殖	外源（"繁殖体雨"）	$\dfrac{df}{dt} = p_i(1-f) - p_e f$	$\dfrac{df}{dt} = p_i(1-f) - ef(1-f)$
	内源	$\dfrac{df}{dt} = if(1-f) - p_e f$	$\dfrac{df}{dt} = if(1-f) - ef(1-f)$

这里介绍的知识只是集合种群模型的皮毛（Hanski and Gilpin 1991）。有些集合种群模型是直接描述斑块上种群大小 N 的，而不仅仅是斑块上是否有种群的存在。还有针对两竞争物种的集合种群模型，以及描述捕食者和猎物关系的集合种群模型。有时，局域不能共存的物种，在区域尺度上却可以共存。而在另外一些情况下，将局域种群暴露给竞争者或捕食者时会导致灭绝的发生，而在没有竞争者或捕食者存在的时候种群是可以续存下去的。在第 7 章里，我们还会继续讨论这类"开放"的系统。而在那之前，我们还是采用简单的种群模型来介绍竞争者（第 5 章）和捕食者（第 6 章）对种群动态的影响。

4.4 实例

4.4.1 斑蝶

　　海湾斑蝶 （*Euphydryas editha bayensis*） 种群占据离散的斑块，从而组成一个大的集合种群。从某种意义上来说，斑蝶对生境的要求很高；成年斑蝶在春天出现，雌性倾向于将卵产在一年生的车前 （*Plantago erecta*） 上。这种宿主植物为斑蝶的毛虫提供食物，一或两周后斑蝶毛虫进入夏季的滞育期。此后在冷的多雨的 12 月份到 2 月份又开始进食，然后成茧。在加利福尼亚州北部的草原上，*P. erecta* 车前生长在露出地面的蛇纹岩土上，为斑蝶种群提供了可能的生境地 （图 4.3）。针对该地区斑蝶种群的研究已经持续了 30 多年 （Ehrlich et al. 1975）。

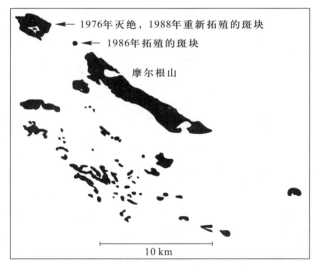

图 4.3　加利福尼亚州圣克拉拉县蛇纹岩土草地的分布。这些生境斑块为海湾斑蝶（*Euphydryas editha bayensis*） 提供了潜在的生境。生活于摩尔根山上的大种群可能一直在为生活于其他较小斑块的种群提供拓殖者，如同简单的岛屿-大陆模型所描述的那样。（资料来源：After Harrison et al. 1988）

　　天气条件的波动会影响斑蝶和宿主植物生活史的同步性，从而导致种群的灭绝。比如，至少有 3 个斑蝶种群因 1975—1977 年的干旱而灭绝 （Murphy and Ehrlich 1980）。1986 年观察到的很小的斑蝶种群也可能是后来再次拓殖的

（Harrison et al. 1988）。在摩尔根山上，有一个很大的含蛇纹岩土的斑块，上万只斑蝶生活其中。可喜的种群大小和多样性的地形使得该种群熬过了那次大旱，而且该种群还可能为斑蝶种群侵占其他的空斑块提供了个体。

斑蝶集合种群在某些方面类似于岛屿-大陆模型，外部能不间断地提供新的个体。虽然我们简单的集合种群模型假定景观中所有的斑块都是均质性的，但这对于斑蝶种群来说显然是不成立的。在邻近摩尔根山种群的地方，在较冷的朝北的地区以及宿主植物密度高的地方（Harrison et al. 1988），发现斑蝶种群的可能性高。因此，从保护的角度来看，对摩尔根山斑蝶种群的保护至关重要，因为它能为其他斑块提供新的个体。

集合种群研究的本质要求研究人员在很大的面积上进行种群调查。科学家们对斑蝶集合种群的研究已有多年，但很多在小面积斑块上开展的研究却已经停止。由于西部土地所有者的态度发生了改变；他们许多不再愿意让生物学家们在他们的土地上进行斑蝶的调查（S. Harrison，私下交流）。一些土地所有者害怕濒危物种的发现会使得他们丧失对这块土地的所有权。

4.4.2 荒地步甲虫

并不是所有的集合种群都生活在具明显特征的斑块上。在无明显离散生境的情况下，也有可能会形成集合种群。在荷兰北部，通过陷阱捕获的方法，已对荒地步甲虫种群进行了长达35年的研究（den Boer 1981）。放射性标记表明绝大部分个体的运动距离都非常有限。比如，90%的 *Pterostichus versicolor* 甲虫每天的运动距离小于100 m。因此，不大的范围内可能包括了好几个种群，而种群之间是通过迁移连接在一起的。

图4.4a显示的是 *P. versicolor* 的19个种群在21年里的大小变化。尽管不同种群间种群大小的波动不同步，但在此期间几乎没有观察到灭绝的发生。这是因为在任一时间点上，都有一些种群大小在上升，从而起到**源种群**（source populations）的作用，有效地阻止了**库种群**（sink populations）的灭绝。相反，在此期间 *Calathus melanocephalus* 步甲虫不同种群间的波动则比较同步（图4.4b）。导致有些年份对所有种群来说都是不好的年份。在这些年份里，因为没有源种群，所以种群灭绝比较频繁。因为 *C. melanocephalus* 步甲虫物种的每个亚种群的动态都比较相似，所以种群的灭绝风险高。相反，*P. versicolor* 步甲虫每个亚种群的种群动态差别明显，集合种群的结构从而有效地降低了灭绝风险。我们尚不清楚导致这两类甲虫在种群动态方面存在差异的原因，但是很明显集合种群的结构影响了局域灭绝的概率和种群的长期续存。

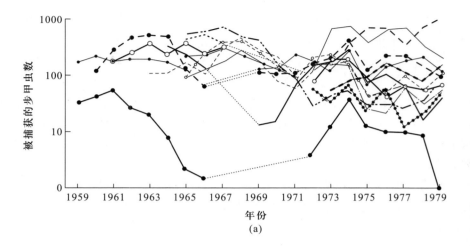

(a)

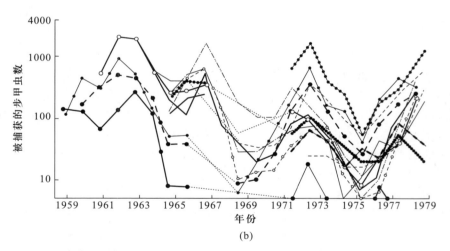

(b)

图 4.4 （a）荷兰北部荒地步甲虫 *Pterostichus versicolor* 的集合种群动态。不同的符号代表着荒地上不同的亚种群。注意此处的种群动态变化很大，但局域灭绝却很少发生。在每个时间区段内，有些亚种群的规模增加，其起着为规模下降的那些亚种群提供"源"迁移者的作用。（b）荷兰北部荒地步甲虫 *Calathus melanocephalus* 的集合种群动态。相比于 *P. versicolor* 步甲虫，*C. melanocephalus* 步甲虫各亚种群间的波动倾向于同步化，导致没有"源"种群来拯救那些规模下降的亚种群，因此局域灭绝更加频繁。（资料来源：After den Boer 1981）

4.5 思考题

4.5.1 假如你正在研究稀有的漂亮的蚁狮种群。蚁狮种群同时生活在多个岛屿和邻近的大陆上，而大陆种群为岛屿种群持续不断地提供新的拓殖者。你可以假定大陆是这些岛屿种群唯一的拓殖者来源，并且岛屿上种群的灭绝是相互独立的。

　　a. 如果 $p_i = 0.2$，$p_e = 0.4$，计算在平衡情况下被占岛屿的比例。

　*b. 开发商准备在大陆上建房子。在征求了当地相关环境群体的意见后，开发商保证将这些岛屿设为永久性的"蚁狮自然保护区"。假定 $p_e = 0.4$，$i = 0.2$，预测在大陆种群被完全破坏的情况下，岛屿种群的命运。

4.5.2 由 100 只青蛙组成的濒危种群生活在一个池塘里。为了保护该青蛙种群，一种方案认为应该将这个单一种群分为 3 个小种群，每个小种群 33 只青蛙，分别生活在不同的池塘里。基于你的种群统计学知识，如果青蛙种群从 100 只下降到 33 只，年灭绝风险会从 10% 提高到 50%。那么从短期来看，是应该维持单一大的种群还是几个小的种群？

　*4.5.3 假设集合种群受繁殖体雨和拯救效应的影响。参数如下：$p_i = 0.3$，$e = 0.5$。40% 的斑块上有种群生活。那么这个集合种群是处于扩展的阶段还是萎缩的阶段？

---

　* 拓展题

第 5 章　竞　　争

5.1　基本模型和预测

5.1.1　竞争性相互作用

前面 1 到 4 章涉及的都是单物种种群的增长。尽管没有排除其他物种在目标种群增长过程中可能起到的作用，但我们确实没有以方程的形式来描述捕食者、猎物或者竞争者的动态。相反地，我们是把其他物种的影响放在了常数里面，比如环境容纳量 K（第 2 章）或者局域种群的灭绝概率 p_e（第 4 章）。在本章里，我们将引入竞争物种从而模拟相互作用的两个物种的种群增长。

在介绍模型之前，我们需要明确的是什么是"竞争"。**竞争性相互作用**（competitive interactions）降低了种群的增长率和种群大小，是这类负的相互作用的总称。这个一般性的定义实际上涵盖了多个具体的种群相互作用类型。在**资源利用性竞争**（exploitation competition）中，种群因资源总量（如食物或营养物质）减少从而对竞争对手产生影响。这类竞争的例子很多，包括热带珊瑚鱼类，它们都是以蓝藻为食的；沙漠植物为有限的水分而竞争等。

相互干涉性竞争（inference competition）是指一个个体或种群降低了另外一个个体或种群的资源竞争效率，比如歌雀（明晰的繁殖领地）和蚂蚁（杀死食物斑块上的入侵者）。即便是在植物里面，也存在着相互干涉性竞争，即**化感**（allelopathy）。许多植物物种，尤其是草本香料植物，释放有毒化学物质到土壤中，从而抑制竞争者。相互干涉性竞争中非常关键的一点是物种间的抑制是直接的，而不是通过对资源的间接利用来实现的。

相互干涉性竞争使得在竞争中获胜的一方有更多的资源可以利用，因此这种竞争可能是在资源利用性竞争异常激烈的时候物种所采取的一种适应对策。为了理解这两种不同的相互作用，我们来打个比方。当你和你的朋友坐在桌子旁边分别用吸管从同一个瓶子里喝奶昔，这就是资源性竞争。在资源性竞争中赢的那一方就是喝了最多的奶昔的那个人。而相互干涉性竞争是指你伸过手来掐住你朋友的吸管，不让他/她喝。

预先占据竞争（pre-emptive competition）同时具有资源性竞争和相互干涉性竞争的特点。在预先占据竞争中，有机体为有限的生存空间而竞争。例子包括以树洞来筑巢的鸟类，潮间带上的蓝藻必须牢牢吸附在岩石的表面。与食物或营养物质不同的是，空间是一类可重复利用的资源——原先的有机体死亡或离开后，腾出的空间马上能被其他个体所利用。

我们不仅要考虑竞争的内在机理，还要弄清楚种内和种间竞争的强度大小。**种内竞争**（intraspecific competition）发生在同一物种内的不同个体之间。逻辑斯谛方程（方程 2.1）就是一个种内竞争的模型，因为种群平均增长率随种群大小的提高而降低。而**种间竞争**（interspecific competition）则是发生在不同物种的个体之间。本章我们将以逻辑斯谛方程为基础，构建有关种间竞争的模型。

5.1.2 洛特卡-沃尔泰勒（Lotka-Volterra）竞争模型

在 20 世纪 20—30 年代，艾尔弗雷德·洛特卡（Alfred Lotka）（1880—1949）和维托·沃尔泰勒（Vito Volterra）（1860—1940）独立提出了描述种间竞争的简单数学模型，这些模型后来成为了生态学里面研究竞争的基础和框架。模型考虑的是两个竞争性物种的种群，设为 N_1 和 N_2。每个种群均按照逻辑斯谛方式增长，有自己的内禀增长率（r_1 或 r_2）和环境容纳量（K_1 或 K_2）。与逻辑斯谛模型一样，种内竞争抑制种群增长：

$$\frac{dN_1}{dt} = r_1 N_1 \left(\frac{K_1 - N_1}{K_1} \right) \qquad \text{表达式 5.1}$$

$$\frac{dN_2}{dt} = r_2 N_2 \left(\frac{K_2 - N_2}{K_2} \right) \qquad \text{表达式 5.2}$$

在我们新的模型里面，种群增长率还将受到另外一个物种的影响。现在假设来自竞争者的影响是与竞争者的个体数目呈一定函数关系的（f）：

$$\frac{dN_1}{dt} = r_1 N_1 \left(\frac{K_1 - N_1 - f(N_2)}{K_1} \right) \qquad \text{表达式 5.3}$$

$$\frac{dN_2}{dt} = r_2 N_2 \left(\frac{K_2 - N_2 - f(N_1)}{K_2} \right) \qquad \text{表达式 5.4}$$

从这两个表达式中可以看到，种群增长同时受种内和种间竞争的影响。虽然表达式 5.3 和 5.4 中的 f 函数的形式可以有很多种，但是最简单的就是线性关系，即竞争者的种群大小乘以一个常数：

$$\frac{dN_1}{dt} = r_1 N_1 \left(\frac{K_1 - N_1 - \alpha N_2}{K_1} \right)$$

方程 5.1

$$\frac{dN_2}{dt} = r_2 N_2 \left(\frac{K_2 - N_2 - \beta N_1}{K_2} \right)$$

方程 5.2

5.1.3　竞争系数

竞争系数（competition coefficients）α 和 β 对于理解洛特卡-沃尔泰勒模型至关重要。α 测量的是物种 2 对物种 1 的影响。如果 $\alpha = 1$，那么两个物种的个体对物种 1 的种群增长的抑制效果相同。换言之，如果 $\alpha = 4$，那就意味着物种 2 的一个个体对物种 1 种群增长的抑制作用等于物种 1 的 4 个个体的。因此，α 表示的是单位个体的种间和种内竞争的相对重要性。如果 $\alpha > 1$，那么种间竞争的每员效应大于种内竞争的每员效应。如果 $\alpha < 1$，那就说明种内竞争更重要，即 N_1 的个体对物种 1 的抑制作用大于 N_2 的个体对物种 1 的抑制作用。最后，如果 $\alpha = 0$，那么就没有种间竞争，方程 5.1 就变成了单物种的逻辑斯谛方程（方程 2.1）。因此，我们可以将 α 定义为物种 2 对物种 1 种群增长的每员效应，是相对于物种 1 的每员效应的。

同理，β 是物种 1 对物种 2 种群增长的每员效应。需要特别注意的是，α 和 β 不一定大小相等。实际上，自然界中的竞争效应通常是不对称的，即一个物种可能对另外一个物种有很强的抑制作用，但是反过来却未必。虽然在我们的模型里，两个物种共存于同一个地点，但是它们有各自的容纳量（K_1 和 K_2）和内禀增长率（r_1 和 r_2）。在这个模型里，虽然 r_1 和 r_2 不影响竞争的结果（除了第 4 种情况），但是在下一节里我们会看到容纳量和竞争系数决定了物种能否共存。

为了更好地理解 α 和 β，我们回到第 2 章讲到的那个类比上（Krebs 1985）：物种 1 的环境容纳量为承载瓷砖（个体）的方框。在我们的竞争模型里，现在瓷砖按照大小分为两类，代表两个物种（图 5.1）。α 为这两类大小不同的瓷砖的相对面积。比如，如果 $\alpha = 4$，那么一个物种 2 的个体消耗资源的量是一个物种 1 的个体的 4 倍。所以，从面积上看，代表物种 2 的瓷砖是代表物种 1 的瓷砖的 4 倍大小。平衡时，方框里既有代表物种 1 的瓷砖，也有代表物种 2 的瓷砖。下一节我们将求解种群的平衡密度。

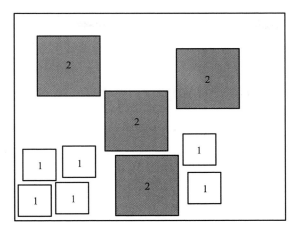

图 5.1 图示种间竞争。最外面的大方框代表着物种 1 的容纳量（K_1）。每个个体消耗有限资源的一部分，以未填充的小方框表示。物种 2 的出现减小了物种的容纳量，且物种 2 一个个体所消耗的资源是物种 1 个体的 4 倍。因此，代表物种 2 个体的方框的面积是代表物种 1 个体的 4 倍，即 $\alpha = 4$。（资料来源：After Krebs 1985）

5.1.4 平衡解

与之前所有的分析一样，我们通过将微分方程设为 0，来求解平衡时的种群密度：

$$\hat{N}_1 = K_1 - \alpha N_2 \qquad\qquad \text{方程 5.3}$$

$$\hat{N}_2 = K_2 - \beta N_1 \qquad\qquad \text{方程 5.4}$$

这些结果非常直观。N_1 平衡种群的大小为物种 1 的容纳量（K_1）减去物种 2 的影响（αN_2）。从方程中可见，物种 1 的平衡是依赖于物种 2 的平衡的，反之亦然。通过将物种 2 的平衡解代到方程 5.3 中，就可以得到只包含 N_1 项的新的方程：

$$\hat{N}_1 = K_1 - \alpha(K_2 - \beta\,\hat{N}_1) \qquad\qquad \text{表达式 5.5}$$

同理，我们可以将物种 1 的平衡解代到方程 5.4 中：

$$\hat{N}_2 = K_2 - \beta(K_1 - \alpha\,\hat{N}_2) \qquad\qquad \text{表达式 5.6}$$

在这些表达式中，将包含 N 的项放在一起，就可以得到如下的方程：

$$\hat{N}_1 = \frac{K_1 - \alpha K_2}{1 - \alpha\beta} \qquad\qquad \text{方程 5.5}$$

$$\hat{N}_2 = \frac{K_2 - \beta K_1}{1 - \alpha \beta}$$

方程 5.6

注意，为了使两个物种的平衡种群的大小都大于 0，通常要求每个方程里的分母大于 0。因此，如果这两个物种要实现共存的话，那么 $\alpha\beta$ 的乘积必须要小于 1。

5.1.5 状态空间

虽然方程 5.5 和 5.6 能告诉我们洛特卡-沃尔泰勒竞争模型的平衡条件，但是我们从中无法知晓竞争性相互作用的动态，也不知道这些平衡点是否稳定。

状态-空间图（state-space graph）有助于我们加深对这些方程的理解。在状态-空间图中，x 轴代表物种 1 的多度，y 轴代表物种 2 的多度。虽然我们可能需要花些时间来熟悉这类图形，但回报是可观的，因为它是多物种模型研究中的一个非常重要的工具。在第 6 章讨论捕食者-猎物模型时，我们还会用到它。

状态-空间图里的点代表什么？每个点代表着物种 1 和物种 2 多度的一种组合模式。物种 1 的多度可以从 x 轴上得到，物种 2 的多度可以从 y 轴上得到。如果点正好落在 x 轴上，那就意味着物种 2 的多度为 0。如果点正好落在 y 轴上，那就意味着物种 1 的多度为 0。所以，图中不同的点代表着物种 1 和物种 2 多度的不同组合方式。

我们采用状态-空间图来理解两个竞争者的种群动态。想象一下，这两个竞争物种的种群大小是随时间而变化的。在每个时间点上，我们可以通过状态-空间图上的一个点来表示它们的多度（图 5.2a）。因为两个物种的种群大小都随时间在变化，所以我们可以在状态空间上画出一条线（图 5.2b）。最终的平衡点为这条线的末端。同时，如果某个物种灭绝了的话，那么这个点将会落在状态-空间图上的某条轴上。

那么如何利用状态-空间图来帮助我们理解洛特卡-沃尔泰勒方程呢？首先，我们把方程 5.3 画在状态空间里。方程 5.3 是物种 1 的平衡解，其图形是一条直线。这条线代表了物种 1 和物种 2 的多度组合，在这条线上物种 1 不增长。在这条线的任一点上，物种 1 的容纳量由这两个物种完全"填满"。这条线被称为**等值线**（isocline），即物种的种群增长率（dN/dt）等于 0 时的种群大小。

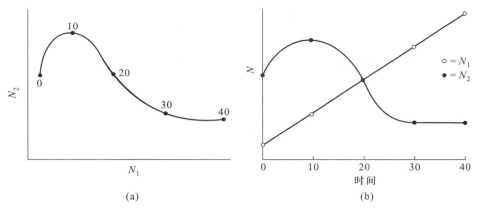

(a) (b)

图 5.2 （a）状态–空间图。状态空间的坐标轴表示两个物种的多度（N_1 和 N_2）。随着时间推移，可以勾勒出多度的变化动态。图中曲线上的数字代表的是时间，从 0 到 40。（b）图（a）中状态–空间图的另一种表示方式，即将每个物种的多度分开画出。注意物种 2 先上升后下降，但物种 1 连续上升。

物种 1 的等值线与状态–空间图相交于两个地方。与 x 轴交点处的值为 K_1。这个点代表的组合是物种 1 的多度为其容纳量而物种 2 的多度为 0。另外一个交点在 y 轴上。此时物种 1 灭绝了，物种 1 的容纳量完全被物种 2 所占据。在这个平衡点上，物种 2 的多度为 K_1/α，而物种 1 的多度为 0。除了上述两种极端情况外，等值线上的点同时包含了这两个物种（图 5.3）。

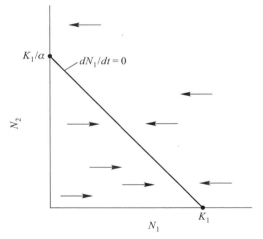

图 5.3 洛特卡–沃尔泰勒竞争模型中物种 1 的线性等值线。该等值线定义了物种 1 在 0 增长的情况下多度的组合。在这条线左边的点，物种 1 的种群增加，以向右的水平箭头表示。在这条线右边的点，物种 1 和物种 2 的总多度超过了物种 1 的等值线，因此物种 1 的种群下降，以向左的箭头表示。

物种 1 的等值线将状态空间分为两部分。如果我们在等值线的左边，那么 N_1 和 N_2 的多度之和小于物种 1 的容纳量，因此 N_1 将增大。在状态空间中 N_1 的提高以水平向右的箭头表示。箭头之所以是水平的是因为物种 1 的多度是以 x 轴代表的。在使用状态-空间图时，一定要弄清楚等值线代表的是哪一个物种。在物种 1 的等值线的左边区域，任意一点都有一条水平向右的箭头。此时，物种 1 的种群增长率为正值，其种群大小是增加的。相反，如果我们在等值线的右边，那么意味着 N_1 和 N_2 的多度之和大于物种 1 的容纳量。在这种情况下，N_1 的增长率为负值，种群大小下降。在状态空间中 N_1 的降低以水平向左的箭头表示。最后，如果我们刚好在这条等值线上，那么 N_1 既不降低也不升高，即没有水平方向上的移动。

现在我们在状态空间上画出物种 2 的等值线。物种 2 的等值线与 y 轴相交于 K_2 处，与 x 轴相交于 K_2/β 处。在前一种情况中，物种 1 的多度为 0，物种 2 的多度为其容纳量。在后一种情况中，物种 2 的多度为 0，物种 2 的容纳量完全被物种 1 所占据，此时，物种 1 的多度为 K_2/β。同样，物种 2 的等值线将状态空间也分为了两个部分。如果我们在等值线的下方，物种 1 和物种 2 的多度之和小于 K_2，那么 N_2 增加。因为物种 2 在 y 轴上，所以在状态-空间图上正的种群增长率以垂直向上的箭头表示。类似地，如果我们在等值线的上方，两物种总的多度超过了物种 2 的容纳量，那么其种群是下降的，以垂直向下的箭头表示（图 5.4）。

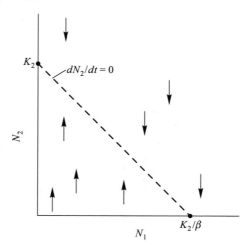

图 5.4 洛特卡-沃尔泰勒竞争模型中物种 2 的线性等值线。注意图中的箭头是垂直的，因为此处物种 2 的多度是以 y 坐标轴来表示的。

每个物种都有自己独特的等值线来表示种群的增长情况。把这两条等值线同时放在状态-空间图上，我们就可以从中理解两物种的竞争动态。当然，通

过设置不同的 K_1、K_2、α 和 β 值，实际上我们可以画出无限多条的等值线。幸运的是，从定性的角度来看，只有 4 种画这些等值线的方式。而这 4 种模式正好代表了洛特卡–沃尔泰勒方程的 4 种可能的竞争结局。

5.1.6 洛特卡–沃尔泰勒竞争模型的图解法

第 1 种结局：物种 1 胜。图 5.5 展示的是在状态空间中两条等值线的一种组合：物种 1 的等值线整个在物种 2 等值线的上方。在这种情况下，状态空间分为 3 个部分。如果我们在图形的左下角区域，即我们同时在这两条等值线的下方，那么两个物种大小都是可以增加的：水平和垂直箭头在尾端相交，这两个箭头的向量和即为图中的那条指向右上角的箭头。相反，如果我们在状态空间的右上角区域，即同时在这两条等值线的上方，那么两个种群都将下降，联合向量（joint vector）指向图形的原点处。

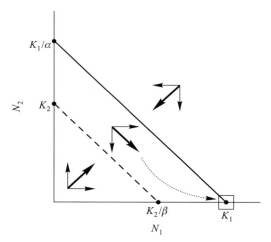

图 5.5 第 1 种结局：物种 2 被物种 1 竞争排除掉。细箭头表示种群的轨迹，粗箭头是两者的联合向量。竞争导致物种 2 被排除，物种 1 达到其容纳量水平。图中的方框代表着稳定的平衡点。

有意思的是两条等值线的中间区域。这时，我们在物种 1 的等值线的下方，所以该种群大小会上升，水平箭头指向右边。然而，我们同时又在物种 2 的等值线的上方，所以该种群大小下降，垂直箭头指向下边。综合之，联合向量指向右下角，使得这两个种群向物种 1 的容纳量方向变化。最终，物种 2 灭绝，而物种 1 的种群大小达到容纳量 K_1 水平。需要注意的是，无论两个物种的起始多度是多少，箭头总是会指向这一个点的。如果物种 1 的等值线在物种 2 的等值线的上方，那么物种 1 就是竞争中的赢家，而物种 2 灭绝。

　　第 2 种结局：物种 2 胜。如果物种 2 的等值线在物种 1 的上方，那么物种 2 将是竞争中的胜者（图 5.6）。与第 1 种结局唯一不同的地方是两条等值线中间区域的箭头的指向。在这种情况下，我们是在物种 1 的等值线的上方，水平箭头指向左边，同时我们又在物种 2 的等值线的下方，垂直箭头向上。从而使得联合向量的箭头指向左上角，即物种 2 在其容纳量水平上，而物种 1 灭绝。

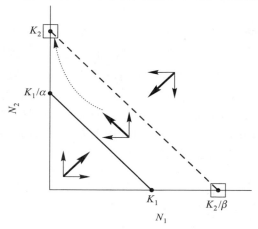

图 5.6　第 2 种结局：物种 1 被物种 2 竞争排除掉。

　　第 3 种结局：稳定平衡下的共存。剩下的两类结局要稍微复杂一些，因为会涉及等值线之间的相交，从而将状态空间分为 4 个部分。但是，分析方法还是一样的。分别为这 4 个区域画上向量，从而决定竞争的结局（图 5.7）。首

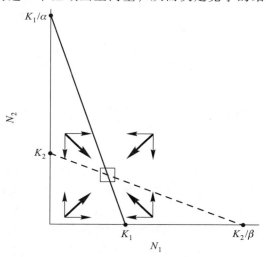

图 5.7　第 3 种结局：稳定平衡下的共存。两条等值线相交，联合向量指向平衡点处。该平衡是稳定的，因为如果种群受到扰动，会回到该平衡点处。

先需要明确的一点是，因为两条等值线相交，所以必然有一个平衡点，即等值线相交意味着在相交点上物种 1 和物种 2 的增长率均为 0。状态空间分析能够揭示该平衡点是否稳定。

与前面的两种情况相似，在靠近原点的区域里两个种群都增长，而在最右上角的区域里两个种群都下降。这两个区域的联合向量的箭头均指向相交平衡点。如果我们在图中右下角的区域，那么我们在物种 1 等值线的上方而在物种 2 等值线的下方。此时联合向量指向中心，因为 N_1 沿水平轴降低而 N_2 沿垂直轴上升。最后，如果我们在左上角的那个区域，那么我们在物种 2 的等值线的上方，而在物种 1 的等值线的下方。同样，联合向量指向中心。

这是一类**稳定平衡状态**（stable equilibrium）：条条大道通罗马——无论两物种的初始多度是多少，两个种群终将汇合在相交平衡点处。虽然该平衡点是稳定的，也就是两个物种能够稳定共存，但是需要注意的是平衡时的两个物种的多度均小于其相应的容纳量。不过虽然竞争降低了各物种的种群大小，但是却没有哪个物种被竞争排除掉。

第 4 种结局：不稳定平衡下的竞争排除。 在最后这个结局里，等值线以相反的方式相交（图 5.8）。同样，在靠近原点的区域，两个种群都增加，而在右上角的区域，两个种群都减少。但是在其他两个区域，情况发生了变化。在右下角的区域，我们在物种 1 的等值线的下方，而在物种 2 的等值线的上方。在图形的这个区域，种群朝远离联合平衡点（joint equilibrium）的方向移动，

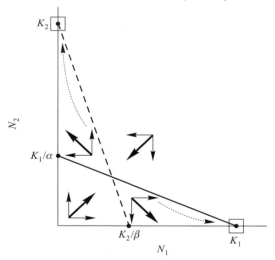

图 5.8 第 4 种结局：不稳定平衡下的竞争排除。两条等值线相交，从而形成了一个平衡点。但是，联合向量并非指向该平衡点。如果种群受到扰动，其中一个物种会成为赢家，而具体是哪个物种取决于初始多度。

即 K_1。类似的，在状态空间的第 4 个区域（左上角），我们在物种 1 的等值线的上方，而在物种 2 的等值线的下方，种群朝远离联合平衡点的方向移动，即 K_2。

第 4 种结局代表的是一类**不稳定平衡**（unstable equilibrium）。最终的结局就是竞争排除的发生。然而，却很难预测哪个物种将在竞争中胜出。在参数数值上具有优势的物种可能会是最后的赢家，但是结局取决于物种在状态空间上的初始位置，以及两个竞争者增长率的相对大小（r_1 和 r_2）。

5.1.7 竞争排除法则

从上面的介绍中，我们知道了洛特卡-沃尔泰勒竞争模型的 4 个图形解。下面来看看它的代数解。我们做如下推理：如果物种 1 在最差的环境条件下依然能够成功入侵的话，那么物种 1 就应该能够续存下去。对于物种 1 来说，最坏的情况就是它的多度接近于 0（$N_1 \approx 0$），而竞争者的多度接近于容纳量水平（$N_2 \approx K_2$）。如果在这种情况下，N_1 的每员种群增长率依然为正值 $[(dN_1/dt)(1/N_1) > 0]$，那么物种 1 就能够成功入侵（MacArthur 1972）。把上述假设条件代到方程 5.1 中：

$$\left(\frac{dN_1}{dt}\right)\frac{1}{N_1} = r_1\left(\frac{K_1 - 0 - \alpha K_2}{K_1}\right) \qquad \text{表达式 5.7}$$

因为 r_1 总为正值，所以 N_1 若要实现增加的话，则下面的不等式必须成立：

$$\frac{K_1 - \alpha K_2}{K_1} > 0 \qquad \text{表达式 5.8}$$

即为：

$$\frac{K_1}{K_2} > \alpha \qquad \text{表达式 5.9}$$

如果物种 1 能够成功入侵，那么其与物种 2 的容纳量的比值必须大于物种 2 对其的竞争效应。换句话来说，如果物种 2 的竞争能力很强，那么物种 1 要续存下去的话其容纳量就必须非常大。

经方程 5.2，以相似的方法我们可以得到物种 2 能够续存下去的不等式：

$$\frac{K_2}{K_1} > \beta \qquad \text{表达式 5.10}$$

为了便于比较，把这个不等式稍做改变：

$$\frac{1}{\beta} > \frac{K_1}{K_2} \qquad \text{表达式 5.11}$$

现在我们知道了何时 N_1 能成功入侵，何时 N_2 能成功入侵。把这些表达式结合在一起,我们就能得到与前面 4 个图形解相对应的代数不等式。比如,如果物种 1 能够成功入侵 ($K_1/K_2 > \alpha$),而物种 2 不能 ($1/\beta < K_1/K_2$),那么对应的就是第 1 种结局的情况,即物种 1 总是胜者。如果两个物种都能够成功入侵,则对应着第 3 种结局的稳定共存的情况。如果两个物种都不能够成功入侵,即为第 4 种结局的不稳定平衡(表 5.1)。

表 5.1 洛特卡–沃尔泰勒方程中定义物种入侵能力的算术不等式以及对应的竞争结局

(a)

不等式	竞争结果
$\dfrac{K_1}{K_2} > \alpha$	物种 1 入侵
$\dfrac{K_1}{K_2} < \alpha$	物种 1 不能入侵
$\dfrac{K_1}{K_2} < \dfrac{1}{\beta}$	物种 2 入侵
$\dfrac{K_1}{K_2} > \dfrac{1}{\beta}$	物种 2 不能入侵

(b)

物种 1 入侵	物种 2 入侵	不等式	结果
是	否	$\dfrac{1}{\beta} < \dfrac{K_1}{K_2} > \alpha$	物种 1 赢(第 1 种结局)
否	是	$\dfrac{1}{\beta} > \dfrac{K_1}{K_2} < \alpha$	物种 2 赢(第 2 种结局)
是	是	$\dfrac{1}{\beta} > \dfrac{K_1}{K_2} > \alpha$	稳定共存(第 3 种结局)
否	否	$\dfrac{1}{\beta} < \dfrac{K_1}{K_2} < \alpha$	不稳定共存(第 4 种结局)

这些不等式与生态学中一个非常著名的法则密切相关，即**竞争排除法则**（principle of competitive exclusion）。简单来说，"完全相同的竞争者不能共存"（Hardin 1960）。换言之，如果物种能够共存，那么其在资源利用上必然存在着一些差异（Gause 1934）。

如果两个物种在资源利用和个体大小方面非常相似，那么 α 和 β 应该接近于 1。比如，假定 $\alpha = \beta = 0.9$。从表 5.1 中的不等式可以看到，这两个物种共存所需的条件为：

$$\frac{1}{0.9} > \frac{K_1}{K_2} > 0.9 \qquad\qquad 表达式 5.12$$

$$1.1 > \frac{K_1}{K_2} > 0.9 \qquad\qquad 表达式 5.13$$

因此，如果物种在资源利用方式上非常接近的话，那么在确保稳定共存的情况下，物种容纳量的变化范围将会非常窄。相反，假定 $\alpha = \beta = 0.2$，意味着这两个物种在资源利用方式上的差别很大。在这种情况下，其共存所需的条件为：

$$5 > \frac{K_1}{K_2} > 0.2 \qquad\qquad 表达式 5.14$$

可见，容纳量的可能变化范围很宽。因此，针对洛特卡-沃尔泰勒方程的分析有助于我们理解、提炼竞争排除法则——在资源利用上越相似的物种，其共存的可能性越小。

洛特卡-沃尔泰勒方程是最简单的两物种竞争模型。如你期望的，如果模型中有三个或三个以上的竞争者，那么实现物种共存将更为困难。生态学家研究"共存问题"很多年了，发现在自然界中那些共存的物种之间在资源利用上其实并没有很大的差异。在这些情况下，该模型的一些前提假设实际上已不成立。

5.2 模型假设

与逻辑斯谛和指数增长模型一样，我们假设种群没有年龄或遗传结构，没有迁移，没有时滞。此外，洛特卡-沃尔泰勒模型还有如下三个假设：

（1）资源供应有限。资源限制导致了种内和间竞争。如果资源是无限的，那么无限多的物种就可以共存在一起，而不管它们在资源利用方面有多么的相似。

（2）竞争系数（α 和 β）和容纳量（K_1 和 K_2）为常数。如果这些参数随时间而变化，那么将会很难预测物种何时共存。

（3）密度依赖是线性的。增加一个异种个体会线性降低目标物种的每员种群增长率。这一点反映在洛特卡-沃尔泰勒模型的线性等值线上。非线性等值线的模型有着更为复杂的稳定特征，其很难从简单的状态-空间图形上推导出来。

5.3 模型变体

5.3.1 功能团内捕食

生态学家们根据物种间相互作用对种群增长率的影响对其进行分类。因此，竞争，对彼此有净负的效应（-，-）；互惠，对彼此有净正的效应（+，+）；捕食和寄生，对一方有利而对另外一方不利（+，-）。这些分类非常实用，从中也可以看出我们模型的假设：相互作用系数为常数，同时种群中无年龄结构。

但是当我们研究很多动物的自然史的时候，我们就会发现这些动物不能简单地将其归为"捕食者"或者"竞争者"。比如，狮子能捕获年幼的猎豹、野狗和鬣狗，但同时也与这些动物去争抢其他的猎物。拟谷盗属的面象虫为了食物而竞争，但是当种群密度很高的时候，它们也会去吃彼此的幼体。对于很多捕食者来说，它们的食物严格地由它们自身的体形大小和颌所决定。随着年龄的增长，个体的饮食结构也可能会发生很大的改变。在玻璃鱼缸里养过小鱼的人能够真切地体会到捕食是与个体大小密切相关的。同一个物种的个体既可以扮演猎物的角色，也可以扮演竞争者或捕食者的角色，具体地取决于它们的年龄和个体大小。在功能团内捕食（intraguild predation，IGP）这类相互作用类型里，两个物种不仅具有竞争的关系，而且还存在着捕食者与猎物的关系。IGP 在陆地、海洋和淡水群落里都非常普遍，其代表的可能是自然界里的规则而非例外（Polis et al. 1989）。

那么如何修改我们的简单竞争模型从而将 IGP 考虑进去呢？假定两个物种按照洛特卡-沃尔泰勒方程的方式互相竞争，但是同时物种 1 能以物种 2 为食。在这个简单模型里，我们不考虑年龄结构、相互取食和同类相食等情况。然而，这样一个简单的模型至少能够向我们展示 IGP 是如何影响生态相互作用的。物种 1（"捕食者"）的增长方程为：

$$\frac{dN_1}{dt} = r_1 N_1 \left(\frac{K_1 - N_1 - \alpha N_2}{K_1} \right) + \gamma N_1 N_2 \qquad \text{方程 5.7}$$

除增加了最后一项外，其他的均与原始的洛特卡-沃尔泰勒模型一样。增加的这项表示的是物种 1 因捕食物种 2，从而提高了其种群增长率。提高的量取决于捕食者和猎物的多度（$N_1 N_2$）和作用系数（γ）。在第 6 章我们会用一个类似的表达式来描述捕食者-猎物模型。物种 2（"猎物"）的种群增长方程为：

$$\frac{dN_2}{dt} = r_2 N_2 \left(\frac{K_2 - N_2 - \beta N_1}{K_2} \right) - \delta N_1 N_2 \qquad \text{方程 5.8}$$

物种 2 种群的增长也是由洛特卡-沃尔泰勒模型描述的，增加的项表示的是因物种 1 的捕食而导致的物种 2 种群增长率的降低。同样，降低的量依赖于捕食者和猎物的多度（$N_1 N_2$）和作用系数（δ）。需要注意的是，作用系数 γ 和 δ 无需相等。在第 6 章我们将会详细地讨论这些方面。

　　IGP 如何影响物种的共存？在状态-空间图上，IGP 的作用在于使得等值线发生了旋转。IGP 既没有改变捕食者的容纳量也没有改变猎物的容纳量，但是它改变了竞争者的多度。结果，虽然每条等值线都向上或向下移动了，但是等值线在物种所属的坐标轴上的截距并没有发生变化。对于捕食者来说，等值线上移，因为此时它需要有更多的竞争者才能促使灭绝的发生（图 5.9a）。对于猎物来说，IGP 使得等值线向原点的方向移动，促使灭绝发生所需的竞争者的数目变小（图 5.9b）。

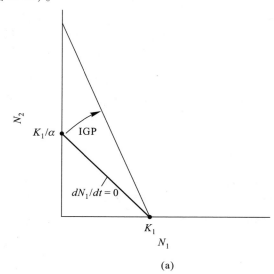

(a)

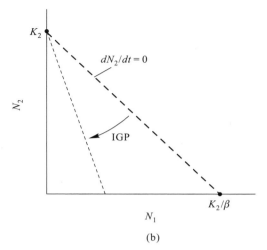

(b)

图 5.9　（a）功能团内捕食使得"捕食者"的等值线向上转动，因为此时需要更多的竞争者-猎物个体来驱使"捕食者"灭绝。（b）功能团内捕食使得"猎物"的等值线向下转动，因为此时需要较少的竞争者-捕食者个体来驱使"猎物"种群灭绝。

　　IGP 要么强化了竞争的结果，要么反转了竞争的结果，这取决于其在等值线上的位置和旋转的量（受作用系数的影响）。比如，如果弱竞争者同时也是猎物，那么 IGP 仅仅是通过捕食使得竞争的负的效果更明显了，强化了物种 2 的灭绝（图 5.10a）。但是如果弱竞争者是捕食者，那么 IGP 则可能会使竞争的结局发生改变：从竞争排除（第 1 种结局）到稳定共存（第 3 种结局；图 5.10b）。其他的结局也有可能。此外，当简单的竞争和捕食模型不能解释物种共存问题时，IGP 也可能会为我们提供一些线索。

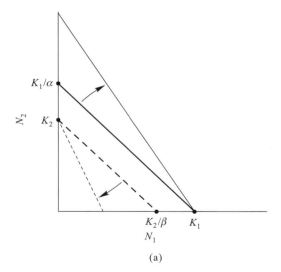

(a)

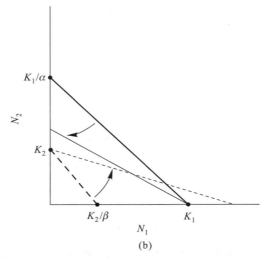

图 5.10   （a）功能团内捕食强化竞争排除。在这个例子中，强竞争者（N_1）同时也是捕食者，因此，不论等值线如何移动，得到的结果都是一样的。（b）功能团内竞争逆转了竞争排除。在这个例子里，弱竞争者（N_2）同时也是捕食者。等值线的移动使得竞争结局从排除（第 1 种结局）变为稳定共存（第 3 种结局）。

5.4   实例

5.4.1   潮间带沙地蠕虫间的竞争

在皮吉特湾的北部，海洋蠕虫的很多物种共同生活在潮间带平坦的沙地上，而且密度非常高。可以通过实验的手段改变物种的多度，这为直接检验洛特卡-沃尔泰勒竞争模型提供了方便。Gallagher 等（1990）研究了多毛类环虫（*Hobsonia florida*）与多个进化上非常相近的寡毛类动物幼体之间的竞争。多毛类环虫和寡毛类动物以聚集分布形式共存于该区域，而且它们均以底栖硅藻为食。

Gallagher 等（1990）利用野外实验检验这类物种共存能否通过洛特卡-沃尔泰勒模型来预测。通过将捕食性的小虾添加到围封起来的小斑块中（直径为 26 cm），作者们就可以调控多毛类环虫和寡毛类动物的种群密度。这些起始密度就是状态空间中的一个点。三天之后，他们测量了斑块中的每个种群的密度变化情况。这些密度上的变化对应着种群在状态空间上的移动方向。通过设置不同的起始种群密度，他们获得了两条等值线在状态空间上的具体位置。从这些野外实验中，作者们得到了如下的参数估计：K_1（多毛类环虫）= 64.2，$\alpha = 1.408$；K_2（寡毛类动物）= 50.7，$\beta = 0.754$。最后，作者们又设置了另外两个斑块，斑块内两类竞争者的起始密度都很低，然后对这两个斑块进行了为期55 天的连续观察。

　　图5.11 中显示的就是这两个物种的等值线。状态–空间图中添加的折线为其中一个物种在55 天里的种群变化轨迹。因为寡毛类动物的等值线略位于多毛类环虫等值线的上方，所以模型预测寡毛类动物将在竞争中取胜。但是在该实验中，寡毛类动物并未增长至容纳量水平。同时，在自然情况下，这两个物种是稳定共存的。很显然，简单的洛特卡–沃尔泰勒模型无法描述这个系统。

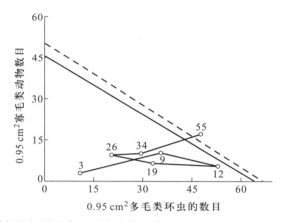

图5.11　潮间带蠕虫间的竞争。图中实线是估计的多毛类环虫（*Hobsonia florida*）的等值线，虚线是估计的寡毛类动物的等值线。折线跟踪了一个实验的结果，数字表示的是实验开始后的天数。（资料来源：Gallagher et al. 1990）

　　那么为什么模型不能给出正确的预测呢？因为这两个物种的等值线彼此非常靠近，所以发生竞争排除所需的时间会非常长。此外，由于硅藻的多度存在季节性的变化，因此每个物种的环境容纳量也是一直变化的。当容纳量发生变化时，等值线也会随之发生改变，从而导致种群的轨迹也发生了变化。这些情况使得一个物种很难有足够的时间排除掉另外一个物种。因此，外界环境的变化是寡毛类动物没能竞争排除掉多毛类环虫的主要原因。正如生态学家G·Evelyn Hutchinson（1967）所写："来自某个属或更高分类单元的竞争者们络绎不绝，有时竞赛就这样开始了，但有可能如刘易斯·卡罗尔（Lewis Carroll）的工作所描述的那样，竞争排除在未完成之前即被终止，因为系统中某些方面发生了翻天覆地的改变"。

5.4.2 沙鼠等值线的形状

沙鼠，一种类似于老鼠的啮齿类动物，生活在非洲和中东的沙漠地区。它们夜间活动，以种子为食。沙鼠物种之间的共存取决于它们对共同食物和生境资源的利用。Abramsky 等（1991）以位于以色列内盖夫沙漠西部地区的两种沙鼠 *Gerbillus allenbyi* 和 *G. pyramidum* 为对象，研究了两者的共存问题。

有关脊椎动物之间竞争的实验研究非常困难，因为这不仅需要很大的面积围封目标种群，而且竞争通常还受动物微妙的行为调节。Abramsky 等（1991）在设计实验时充分利用了如下事实：*G. pyramidum* 的个体比 *G. allenbyi* 的大很多（平均个体大小分别为 40 g 和 26 g）。作者们设立了多个边长为 100 m 的围封地。每个围封地通过篱笆一分为二，成为两个样方。篱笆上留有很多小洞以便沙鼠能在两边来回活动。因为 *G. allenbyi* 体形小，所以这些篱笆对它们没有影响，但是 *G. pyramidum* 体形大，因此它们是不能穿过这些洞的。篱笆在这里扮演着类似于半透膜的作用，使得 *G. allenbyi* 在受 *G. pyramidum* 种群影响的情况下，能够"平衡"篱笆两边的种群密度。

虽然洛特卡-沃尔泰勒竞争模型预测了种群的增长率，但是种群增长率的变化在短期实验里是很难测量的，尤其是对于脊椎动物来说。同时，竞争对沙鼠种群的影响可能会更快地体现在行为或取食的活动能力上面。所以，通过记录沙鼠在沙盘（沙盘是每晚都重新放置的）上的脚印数，作者们测量了这两个物种的"活动密度"（activity density），而非沙鼠的种群密度。"活动密度"与沙鼠的种群密度和取食活动能力相关。

在一半的围封地里，*G. pyramidum* 的种群密度很高，而在另外一半围封地里，*G. pyramidum* 的种群密度很低。基于竞争者 *G. pyramidum* 的种群密度，*G. allenbyi* 的种群能在篱笆两边达到平衡。可以将这两个物种在活动能力上的变化画在状态-空间图上。在图中，线段的两端代表的是每个围封地里篱笆两边的样方中的物种活动密度。线段的斜率表示的是 *G. allenbyi* 在状态空间中相应区域的等值线（图 5.12）。虽然有一些例外，但是大部分线段的斜率都为负值，这意味着 *G. pyramidum* 种群的高密度抑制了 *G. allenbyi* 的活动能力。

图 5.13 中的等值线是基于所有线段的"最佳拟合"而得到的。与洛特卡-沃尔泰勒模型的预测不同，*G. allenbyi* 的等值线是非线性的，在竞争者 *G. pyramidum* 中等密度的时候变化平缓，而在竞争者密度很高和很低时则变化非常快。

那么为什么 *G. allenbyi* 的等值线不是一条直线呢？因为活动密度不仅仅取决于竞争者的多度，还受生境有效性的影响。在内盖夫沙漠地区，沙鼠可利用

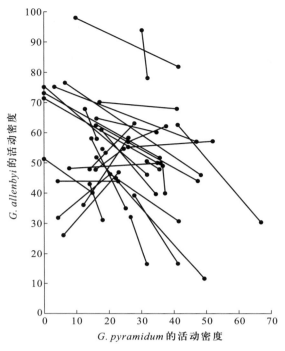

图 5.12 沙鼠竞争实验的结果。每条线段连接着围封地里高密度和低密度的点。绝大部分线段的斜率都为负值，表明在有竞争者 *G. pyramidum* 存在（*x* 坐标轴）的情况下，*G. allenbyi* 的活动密度（*y* 坐标轴）是下降的。

的生境类型有两类："半稳定沙丘"和"稳定的沙丘"。"半稳定沙丘"包括多年生植被稀少的地方、沙堆斑块以及不稳定的沙丘。"稳定的沙丘"是指那些主要由灌丛所覆盖的地方，有大面积的稳定的土壤结皮以及少量的空斑块。在每个围封地里，这两类生境类型的数目都差不多。

在种群不拥挤的情况下，这两类沙鼠种群都倾向于在半稳定沙丘上活动。随着种内密度的增加，这两个物种会越来越频繁地利用稳定沙丘。*G. pyramidum* 的密度诱导了 *G. allenbyi* 在生境利用上的转移，从而导致非线性等值线的出现。图 5.13 中的状态空间上有 4 条线，表示的是这两个物种在生境利用上发生变化时的切分点（cutpoints）。在种群密度低时（Ⅰ和Ⅱ区），两个物种倾向于半稳定沙丘，*G. pyramidum* 种群密度的增加导致 *G. allenbyi* 活动密度的剧烈下降。随着 *G. pyramidum* 种群密度的提高，*G. allenbyi* 不再降低其活动密度，而是转向利用稳定化的沙丘生境。使得在这个区域等值线相对平缓，这反映了物种在生境利用上的转变，而非活动密度的降低。但是如果种群密度继续增加，那么 *G. pyramidum* 也不得不去利用稳定化的沙丘。当 *G. pyramidum* 的种群密度很高时，*G. allenbyi* 将无法通过迁移到空生境中的方式来"逃避"竞争，因此这时其活动密度会再次剧烈下降。后来的野外实验也测量了 *G. pyramidum* 的等值线（Abramsky et al. 1994）；基于这两条等值线，数学分析预测这两个竞争者是能够稳定共存的。

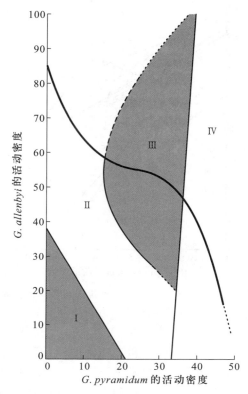

图 5.13 利用图 5.12 中的数据估计出的 *G. pyramidum* 等值线。注意此处的等值线（粗线）虽然不是线性的，但是在中等密度处等值线的斜率较平缓。该非线性等值线反映了竞争和生境选择的影响。基于生境的利用情况，细线将状态空间分成几个区域。区域 Ⅰ：两个物种均利用首选的生境，即半稳定的沙丘。区域 Ⅱ：*G. allenbyi* 不得不去利用次首选生境，即稳定的沙堆。区域 Ⅲ：*G. allenbyi* 对稳定沙堆的利用进一步增加。因为 *G. allenbyi* 转而利用次首选生境，所以其活动密度可以保持很高，从而使得状态空间中这个区域的等值线斜率较平缓。区域 Ⅳ：因种内竞争，*G. pyramidum* 不得不去利用稳定的沙丘生境。因为 *G. allenbyi* 无法逃离到未被占据的生境上，所以其活动密度随着 *G. pyramidum* 活动密度的增加而大幅下降。

洛特卡–沃尔泰勒模型的预测简单，同时其为开展有关竞争的实验检验提供了理论框架。然而，在野外实验中控制种群密度是一件非常困难的事情，而且资源是否是种群增长的限制性因子依然没有定论。我们在本节中介绍的这些研究表明，即便资源真的是限制性因子，模型的预测也可能会不成立，因为有很多因素比如变化的环境以及生境的选择都会影响到种间竞争的结局。

5.5 思考题

5.5.1 假设你正在研究沙漠中红、黑两种蝎子之间的竞争。红蝎子：$K_1 = 100$，$\alpha = 2$；黑蝎子：$K_2 = 150$，$\beta = 3$。

假设初始种群大小为红蝎子 25 只，黑蝎子 50 只。画出这两种蝎子的状态空间图以及等值线，并画出它们的初始种群密度。预测每个种群的短期动态以及种间竞争的最终结局。

5.5.2 假设有两个竞争物种，$\alpha = 1.5$，$\beta = 0.5$，$K_2 = 100$。为了达到共存，物种 1 的最小容纳量为多少？如果物种 1 想要在竞争中获胜，那么其容纳量应该是多少？

*5.5.3 画出具有稳定平衡点的两个竞争物种的状态空间图。展示捕食性物种的 IGP 如何使得该稳定的平衡转变为竞争排除。

---

* 拓展题

第 6 章　捕　　食

6.1　基本模型和预测

在自然界里，竞争性相互作用经常是间接的且很微妙，还可能受资源种群的调节。相反，捕食是一种直接的更显而易见的生态学相互作用类型。狼群捕食驼鹿，蜘蛛取食飞虫，让坦尼森感叹"野蛮残忍的自然界"。种子取食者，比如雀类和某些蚂蚁，虽然在取食行为上可能没有那么激烈，但是从对植物种群的影响上来看效果是一样的。有些动物不会将它们的猎物整个的消费掉。寄生者需要它们的寄主能够存活足够长的时间，以使寄生者能够繁殖出下一代；很多植食性动物啃食但并不杀死草类。在所有这些相互作用里，我们可以认为一个种群是"捕食者"，另一个种群是"受害者"。在本章里，我们将介绍一些简单的模型来描述捕食动态。与两物种竞争方程一样，捕食方程最先也是由艾尔弗雷德·洛特卡（Alfred J. Lotka）和维托·沃尔泰勒（Vito Volterra）各自提出来的。沃尔泰勒对捕食问题的兴趣源自他女儿的未婚夫，因其是一个鱼类生物学家，当时试图弄清楚导致肉食性鱼类捕获量波动的原因。

6.1.1　模拟猎物种群增长

我们用 P 来表示捕食者种群，V 来表示受害者或猎物种群。猎物种群的增长同时受猎物本身和捕食者的影响，为这两者的函数 f：

$$\frac{dV}{dt} = f(V, P)$$

表达式 6.1

假设捕食者是猎物种群增长的唯一限制因子。换言之，如果没有捕食者，那么猎物种群将按指数方式增长：

$$\frac{dV}{dt} = rV$$

表达式 6.2

r 为内禀增长率（参考第 1 章）。当有捕食者存在时，

$$\frac{dV}{dt} = rV - \alpha VP \qquad\qquad 方程\ 6.1$$

减号后面的项表示的是捕食对猎物的影响正比于捕食者和猎物种群大小的乘积。这可类比于化学反应：反应速率与分子浓度呈正比。如果捕食者和猎物在环境中的活动是随机的，那么它们的相遇率与它们的多度乘积是呈比例的。注意，这里我们再次使用了参数 α，但其不再是第 5 章中的竞争系数而是**捕获效率**（capture efficiency），即捕食者对猎物种群的每员增长率 $\left(\dfrac{1}{V}\dfrac{dV}{dt}\right)$ 的影响 *。

α 的单位为［猎物数／（猎物·时间·捕食者）］。α 越大，每添加一个捕食者对猎物种群的每员增长率的影响越大。滤食性的长须鲸的 α 很大，因为一头鲸可以消耗掉数百万的浮游生物。相反，如果增加一张蜘蛛网并没有明显地抑制猎物种群，那么结网蜘蛛的 α 值就会相对比较小。αV 为捕食者的**功能反应**（functional response），即捕食者捕获猎物的速率是以猎物多度为函数的（Solomon 1949）。在本章的后面部分，我们将介绍一些更为复杂的功能反应表达式，但在那之前，我们仅仅以猎物多度（V）和捕获效率（α）的乘积来表示。在求解猎物增长方程之前，我们先介绍描述捕食者种群增长的方程。

6.1.2 模拟捕食者种群增长

捕食者的种群增长率受捕食者本身和猎物种群的影响：

$$\frac{dP}{dt} = g(P,\ V) \qquad\qquad 表达式\ 6.3$$

这里我们用 g 来表示这个函数，以便与表达式 6.1 中的 f 相区别。

这里模拟的捕食者是个极端的特化种。它唯一的食物来源就是猎物种群。因此，如果没有猎物种群，那么捕食者种群将按指数方式下降：

$$\frac{dP}{dt} = -qP \qquad\qquad 表达式\ 6.4$$

q 为每员**死亡率**（death rate）（与第 1 章里面指数增长模型中的死亡率 d 是一样的；为了避免混淆，这里我们就用另外一个符号来表示）。

只有在猎物存在的情况下，捕食者的种群增长率才有可能为正值：

---

* 方程 5.8 中的相互作用系数 δ 本质上就是这里的捕获效率，表示的是当成对竞争者间存在 IGP 时因捕食所导致的猎物种群增长率的减小。

$$\frac{dP}{dt} = \beta VP - qP \qquad \text{方程 6.2}$$

βVP 意味着捕食者和猎物为随机相遇。β 为转化效率[*]（conversion efficiency）的测度，即捕食者将猎物转化为其每员增长率的能力 $\left(\frac{1}{p} \frac{dP}{dt} \right)$。$\beta$ 的单位为 [捕食者数/（捕食者·时间·猎物）]。当某个猎物对捕食者特别有用的时候，β 就会比较大，比如驼鹿对于狼群。而当某个猎物对捕食者种群增长贡献不大时，β 就会比较小，比如单个的种子对于食谷的鸟类。βV 反映了捕食者种群的**数量反应**（numerical response），即捕食者的每员种群增长率以猎物的多度为函数。

6.1.3 平衡解

为了得到猎物和捕食者种群的平衡解，我们将方程设为 0。先看方程 6.1：

$$0 = rV - \alpha VP \qquad \text{表达式 6.5}$$
$$rV = \alpha VP \qquad \text{表达式 6.6}$$
$$r = \alpha P \qquad \text{表达式 6.7}$$

$$\hat{P} = \frac{r}{\alpha} \qquad \text{方程 6.3}$$

虽然我们的原意是要得到猎物种群的平衡解，但是方程 6.3 却是有关捕食者的！这里给出的一个重要信息就是当捕食者种群处于某一特定的大小（$\hat{P}$）时，猎物种群的增长率为 0。这一捕食者特定的种群大小由猎物的增长率（r）与捕食者的捕获效率（α）的比值所决定。猎物种群的增长率越大，就需要越多的捕食者来抑制猎物种群。相反，如果捕获效率越高，那么为维持猎物种群所需的捕食者就越少。

再看方程 6.2：

$$0 = \beta VP - qP \qquad \text{表达式 6.8}$$
$$\beta VP = qP \qquad \text{表达式 6.9}$$
$$\beta V = q \qquad \text{表达式 6.10}$$

$$\hat{V} = \frac{q}{\beta} \qquad \text{方程 6.4}$$

---

[*] 同样，方程 5.7 中的相互作用系数 γ 本质上就是这里的转换效率，表示的是当成对竞争者间存在 IGP 时因捕食所导致的捕食者种群增长率的增加。

因此，捕食者种群由猎物种群的某个特定值（$\hat{V}$）所决定。捕食者的死亡率越高（q），就需要越多的猎物来阻止捕食者种群的下降。相反，捕食者的转换效率（β）越大，捕食者平衡时所需的猎物就越少。因为方程 6.3 和 6.4 给出的都是种群零增长时的条件，所以它们分别代表着猎物和捕食者种群的等值线。

6.1.4　洛特卡-沃尔泰勒捕食模型的图解法

和前面分析竞争模型一样（第 5 章），我们也可以在状态空间图上画出捕食者和猎物的等值线，从而评价两个种群的联合平衡（joint equilibrium）。猎物种群对应着 x 轴，即水平的猎物等值线，代表为维持猎物种群所需的捕食者数目。如果捕食者种群小于这个数目，那么猎物种群就会增加，以水平向右的箭头表示。相反，如果捕食者种群大于这个数目，那么猎物种群就会下降，以水平相左的箭头表示（图 6.1）。

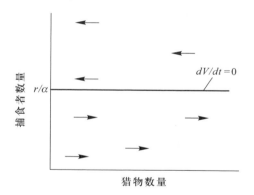

图 6.1　状态空间上的猎物等值线。洛特卡-沃尔泰勒捕食模型预测了控制猎物种群的关键数量（r/α）。如果捕食者的多度小于这个值，猎物种群将上升（向右指向的箭头）。如果捕食者的多度大于这个值，猎物种群将下降（向左指向的箭头）。当 $P = r/\alpha$ 时，猎物种群 0 增长。

相似地，捕食者种群对应着 y 轴，其等值线是条垂直的线，代表猎物种群的大小。捕食者等值线的左边，猎物种群不足以支持捕食者种群。在状态空间的这个区域里，捕食者种群下降，以向下的垂直箭头表示。而在等值线的右边，有非常多的猎物，捕食者种群上升，以向上的垂直箭头表示（图 6.2）。

在竞争模型中，等值线在状态空间中有 4 种可能的分布模式。但对于捕食模型来说，只有一种模式，即两条等值线垂直相交（图 6.3）。然而，此时的模型动态却比竞争模型更为复杂。

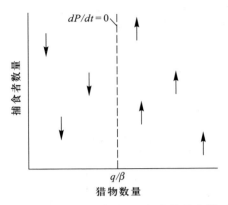

图 6.2 状态空间上的捕食者等值线。洛特卡-沃尔泰勒捕食模型预测了控制捕食者种群的关键数量（q/β）。如果猎物的多度小于这个值，捕食者种群将下降（向下指向的箭头）。如果猎物的多度大于这个值，捕食者种群将上升（向上指向的箭头）。当 $V = q/\beta$ 时，捕食者种群 0 增长。

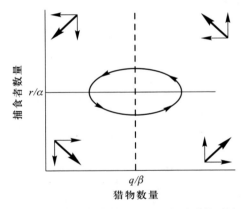

图 6.3 洛特卡-沃尔泰勒模型中的捕食者和被捕死者种群的动态。图中向量表示的是种群在状态空间不同区域上的轨迹。

　　捕食者和猎物等值线将整个空间分为 4 部分。从右上角开始，在这个区域捕食者和猎物都很多。因为现在是在捕食者等值线的右边，所以猎物很多使得捕食者的种群大小上升。然而，我们同时也在水平的猎物等值线的上方。这时有着太多的捕食者，因此猎物种群大小下降。最后向量的方向指向左上角。因为猎物的多度继续下降，所以在状态空间中我们穿过垂直的等值线进入左上角的区域。

　　猎物种群继续下降，直到不足以使捕食者种群增加。此时捕食者和猎物种群都下降，联合向量指向左下角的象限。在这个区域，虽然捕食者种群继续下降，但猎物种群开始增加。接着，联合向量的箭头指向右下角，即第四象限。

在这里，猎物种群的继续增加使得捕食者种群也开始增加。此时，系统回到起始点，即右上角象限。

因此，捕食者和猎物种群在状态空间的运动轨迹近似一个椭圆形。除了捕食者和猎物种群刚好在等值线的交点处外，其他任何情况下它们都将沿着这样一个逆时针方向的椭圆运动。

那么如何将这个椭圆与捕食者和猎物的增长曲线联系在一起呢？两个种群都是周期性循环的，从最小值到最大值平滑地增加和降低。当猎物种群在其中间点的位置的时候，捕食者种群的规模达到峰值，反之亦然。换句话说，捕食者和猎物种群之间的峰值相隔 1/4 个周期（图 6.4）。

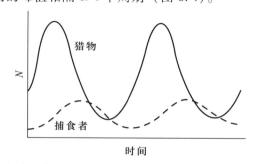

图 6.4　洛特卡-沃尔泰勒模型中的捕食者与猎物周期性循环。各循环的振幅由初始种群大小所决定，而周期近似于 $2\pi/\sqrt{rq}$。捕食者和猎物种群相隔 1/4 个周期，因此当捕食者种群达到最大时猎物种群刚好下降至最大值的一半处，反之亦然。

如果捕食者和猎物种群在状态空间上的起始点不在刚才我们所讲的那个位置上，那么结果会有什么不同吗？与捕食者和猎物种群的起始多度相对应，系统会形成一个新的椭圆。两个种群依然还是周期性的循环，但振幅大小却会不同。椭圆越接近等值线的交点，捕食者和猎物种群的周期性波动的振幅越小。因此，洛特卡-沃尔泰勒周期循环是中性稳定的，即振幅仅由初始条件所决定。

只有两个例外：① 如果猎物和捕食者种群刚好在等值线的交点上，那么这两个种群将不会发生变化，但如果偏离了这个相交点，种群就会开始周期性的循环；② 如果椭圆的起始点太过极端，其就有可能会碰到状态空间图的某条轴。在这种情况下，循环的振幅太大以至于捕食者或者猎物种群崩溃。

虽然循环的振幅由种群的初始大小所决定，但是循环的周期 (C) 却由下式近似得到：

$$C \approx \frac{2\pi}{\sqrt{rq}} \qquad\qquad 方程 6.5$$

因此，猎物增长率（r）和/或捕食者死亡率（q）越大，种群在高、低值之间的循环就越快。洛特卡-沃尔泰勒捕食模型的最根本的一点在于：因为捕食者和猎物彼此影响着对方的种群增长，所以两者的种群动态呈周期性循环。

6.2　模型假设

在洛特卡-沃尔泰勒捕食模型里，无迁入，无年龄或遗传结构，无时滞。此外，模型对捕食者、猎物和环境做了如下的假定：

（1）猎物种群的增长只受捕食的影响。在方程 6.1 中，如果没有捕食者，猎物种群将呈指数式增长。

（2）专性的捕食者。在方程 6.2 中，如果没有猎物，捕食者将会饿死。

（3）捕食者可以消耗掉无穷多的猎物。因为水平的猎物等值线（$dV/dt = 0$）意味着捕食者的数目是一个常数，所以随着猎物的增加，每个捕食者必须能够提高其消耗猎物的能力。无限的消耗猎物的能力也意味着捕食者之间没有干扰或合作。

（4）捕食者和猎物在均质的环境中随机相遇。相互作用项（αVP 和 βVP）意味着捕食者和猎物在环境中是随机活动的，同时猎物没有能够逃避捕食的空间或时间上的避难所。

6.3　模型变体

捕食者和猎物种群的周期性循环是洛特卡-沃尔泰勒捕食模型的独特之处。然而，这些循环有着严格的限制性假设，并且要求模型的等值线是线性的。在下面的章节里，我们将引入更为合理的有关捕食者和猎物种群的假设，将会得到不同的等值线和其他的种群动态。我们不去求解这些复杂的模型，而是通过状态空间图来分析模型的行为。

6.3.1　考虑猎物容纳量

猎物等值线告诉我们需要多少捕食者才能维持猎物种群的规模。注意，随着我们向状态空间图的右边移动（图 6.1），相同数目的捕食者将控制不同规模的猎物种群。这是不合理的。我们希望随着猎物种群拥挤度的增高，猎物将会受与捕食者无关的其他资源的限制。我们可以修改猎物的等值线，从而将猎物容纳量考虑进来，即为下面方程中新增的项（新的常数 c）：

$$\frac{dV}{dt} = rV - \alpha VP - cV^2 \qquad\qquad \text{方程 6.6}$$

猎物种群的增长因捕食者的存在（αVP）和自身的多度（cV^2）而下降。在状态空间中，新的等值线是一条斜率为负值的直线，而不再是简单的洛特卡-沃尔泰勒模型中的水平等值线了。新等值线与 x 轴相交于 r/c 点，这是无捕食者时猎物种群所能达到的最大种群大小。当无捕食者存在的情况下，方程 6.6 等同于逻辑斯谛种群增长模型，容纳量 $K = r/c$（方程 2.1）。

那么当猎物种群受自身多度的影响时，捕食者和猎物之间的相互作用会发生什么样的变化？从图 6.5 中可见，捕食者和猎物种群的轨迹向内螺旋运动直至平衡相交于一点。这是一个稳定的平衡点。平衡时，系统中有捕食者时的猎物种群的多度比无捕食者时的低。可见，猎物容纳量的存在使捕食者和猎物之间的相互作用达到了稳定状态。这个结果非常直观——如果猎物被捕食者之外的因素所限制，那么这两个种群实现周期性循环的趋势就会下降。

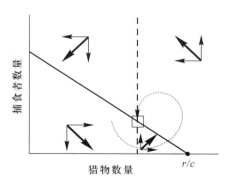

图 6.5　猎物的容纳量对猎物本身等值线的影响。考虑容纳量的因素后，猎物等值线向下倾斜。其与垂直的捕食者等值线相交的点形成了一个稳定的平衡点。

6.3.2 改变功能反应函数

　　洛特卡-沃尔泰勒捕食模型最不合理的假设之一就是，随着猎物数目的增多，单个捕食者的猎物消耗量也随之增加。如图 6.6 所示，每个捕食者的猎物捕获率（n/t）是以猎物多度（V）为函数的。在洛特卡-沃尔泰勒捕食模型中，这类功能反应被称为 Ⅰ 型功能反应（type Ⅰ functional response），即捕食者消耗猎物的量与猎物的多度正相关（Holling 1959）。斜率为 α，即捕获效率。

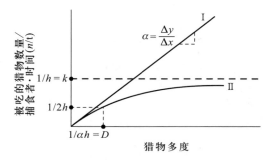

图 6.6　捕食者的功能反应曲线，图中显示的是每个捕食者的进食率与猎物多度的函数关系。这些曲线的形状依赖于捕获效率（α），捕食者最大进食率（k），以及当捕食者的进食率为最大进食率（D）一半时的猎物的多度。

　　Ⅰ 型功能反应是不合理的，原因有二。第一，捕食者终究会有吃饱的时候，一旦它们吃饱了就会停止进食。第二，即便捕食者没有吃饱，它们的进食也还要受限于捕获和消化猎物所需的**处理时间**（handling time）（h）。因此，捕食者处理猎物的能力是有一定限制的。

　　通过考虑**进食率**（feeding rate）（n/t），我们可以构建一个更为合理的 Ⅱ **型功能反应**（type Ⅱ functional response）模型（Royama 1971）。捕食者吃掉一只猎物的总的时间（t）等于搜寻猎物所花的时间（t_s）加上处理猎物的时间（t_h）：

$$t = t_s + t_h \qquad\qquad \text{表达式 6.11}$$

如果我们设 n 为在时间 t 内被捕获的猎物数，h 为处理每只猎物所需的时间，那么总的处理时间则为：

$$t_h = hn \qquad\qquad \text{表达式 6.12}$$

类似的，我们可以得到搜索猎物所需时间的表达式。被某只捕食者捕获的总猎物数（n）为猎物多度（V）、捕获效率（α）和总搜索时间（t_s）的乘积：

$$n = V\alpha t_s \qquad\qquad \text{表达式 6.13}$$

从上式中可以得到搜索时间的表达式：

$$t_s = \frac{n}{\alpha V}$$ 表达式 6.14

将表达式 6.12 和 6.14 代入 6.11 中，得到：

$$t = \frac{n}{\alpha V} + hn$$ 表达式 6.15

上式右边第二项乘以 $\alpha V / \alpha V$：

$$t = \frac{n}{\alpha V} + \frac{\alpha V h n}{\alpha V}$$ 表达式 6.16

$$t = n\left(\frac{1 + \alpha V h}{\alpha V}\right)$$ 表达式 6.17

稍作变化就可以得到进食率（n/t）的表达式：

$$n/t = \frac{\alpha V}{1 + \alpha V h}$$ 方程 6.7

从方程 6.7 中可见，捕食者的进食率是以捕获效率、猎物多度和处理时间为函数的。注意，如果猎物的多度很小，那么分母上的 $\alpha V h$ 项就会很小，此时进食率接近于 αV，这与简单的洛特卡-沃尔泰勒模型中的是一样的。但是，随着猎物多度的增加，进食率逼近 $1/h$ 这个饱和值。这个值为捕食者所能达到的最大的进食率。方程 6.7 有时也被叫作"圆盘方程"（disc equation），意即人们蒙住眼睛，寻找并捡起散落在地上的砂纸圆盘。

通过将**最大进食率**（maximum feeding rate）设为 k（$k = 1/h$），我们可以简化方程 6.7 的表现形式。同时，我们也可将 $1/\alpha h$ 设为 D。这个值即为**半饱和常数**（half-saturated constant），即进食率为最大值一半时的猎物多度。先在方程 6.7 的分子和分母上同时乘以 $1/\alpha h$：

$$n/t = \frac{\dfrac{\alpha V}{\alpha h}}{\dfrac{1}{\alpha h} + \dfrac{\alpha V h}{\alpha h}}$$ 表达式 6.18

将上面的常数 k 和 D 代入上式：

$$n/t = \frac{kV}{D + V}$$ 方程 6.8

方程 6.8 表示的是 II 型功能反应能够达到捕食者的猎物消耗率的最大值（k），而半饱和常数（D）控制着到达该最大值的速率。这个方程本质上就是酶动力学中的米氏方程（Real 1977）。

最后，**Ⅲ型功能反应**（type Ⅲ functional response）可以用下式表示：

$$n/t = \frac{kV^2}{D^2 + V^2}$$

方程 6.9

对于Ⅲ型功能反应，虽然进食率也能够达到渐近值 k，但是曲线是 S 形的，类似于逻辑斯谛曲线（第 2 章）。因此，在猎物密度较低时进食率增加很快，然而在猎物密度高且快要到达渐近线时进食率下降（图 6.7）。这类功能反应在如下三种情况中有可能出现：① 在猎物很多时，捕食者有更大的可能性能捕获不同的猎物；② 随着猎物多度的提高，捕食者能够提高其捕获效率；③ 捕食者的捕食代价既可以是固定的也可以是变化的（Holling 1959；Mitchell and Brown 1990）。

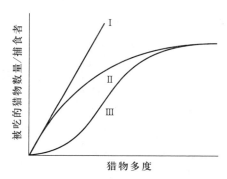

图 6.7　Ⅰ型、Ⅱ型和Ⅲ型功能反应。

功能反应对捕食者控制猎物种群的能力具有非常重要的影响。图 6.8 表示的是随着猎物种群多度的提高，由单个捕食者所消耗的猎物种群的比例。在简单的洛特卡-沃尔泰勒模型中（Ⅰ型功能反应），这个比例是一个常数，因为随着猎物多度的上升，每个捕食者线性增加其个体的进食量。在Ⅱ型反应中，这个比例稳定下降，因为每个捕食者只能以最大速率 k 来处理猎物。在Ⅲ型反

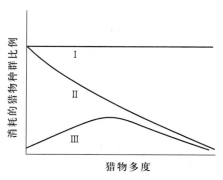

图 6.8　单个捕食者所消耗的猎物种群的比例与猎物多度呈函数关系。

应中，这个比例先上升然后快速下降，最后与Ⅱ型反应汇集。从这些曲线中可以看到，当猎物多度高时，具Ⅱ型或Ⅲ型反应的捕食者有可能不能有效地控制猎物种群的动态。对于Ⅲ型反应来说，虽然有效控制是可能的，但是这只在猎物多度较低的时候才会发生。相反，无论猎物多度处于什么水平，Ⅰ型功能反应都能够有效地控制猎物种群。

将Ⅱ型或Ⅲ型功能反应引入猎物种群增长方程中，得到：

$$\frac{dV}{dt} = rV - \left(\frac{kV}{V+D} \right) P \qquad \text{方程 6.10}$$

$$\frac{dV}{dt} = rV - \left(\frac{kV^2}{V^2+D^2} \right) P \qquad \text{方程 6.11}$$

图6.9显示的是这些增长方程的等值线在状态空间中增加的情形，其中在猎物多度较低时，Ⅲ型功能反应有一个上升的阶段。因为每个捕食者都受自身最大消耗率的限制，所以当猎物种群很大时就需要有更多的捕食者来控制猎物的规模。当这些猎物的等值线上升至与垂直的捕食者等值线相交时，即达到平衡，但此时的平衡是不稳定的，即捕食者和猎物不能共存。

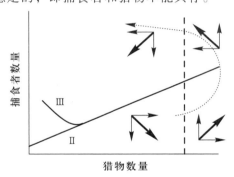

图6.9 考虑了Ⅱ型或Ⅲ型功能反应的猎物等值线。增加的猎物等值线与垂直的捕食者等值线相交，从而产生了一个不稳定的平衡点。

6.3.3 富足悖论

猎物等值线的升高也有可能是受阿利效应（参考第2章）的影响。如果猎物种群大小越大，越有利于繁殖、获取食物和保护自身的话，那么就需要有更多的捕食者来控制猎物种群。由于可能受猎物容纳量、捕食者功能反应、阿利效应以及其他因素等的影响，猎物等值线可能会呈现驼峰形的曲线，即中间高两边低（Rosenzweig and MacArthur 1963）。

那么这类更为合理的等值线会如何影响捕食者-猎物模型的动态呢？答案取决于垂直的捕食者等值线与猎物等值线相交在何处。如果相交点在猎物等值线的峰值处，那么捕食者和猎物种群将会如简单的洛特卡-沃尔泰勒模型中的一样，周期性循环（图 6.10a）。然而，如果捕食者等值线交于驼峰的右边，那么捕食者和猎物种群将会汇集于一个稳定的平衡点，此时无种群循环（图 6.10b）。在这种情况下，捕食者相对低效。因此，从方程 6.4 中可见，此时捕食者种群的死亡率（q）相对较高，和/或转化率较低（β）。相反，如果捕食者相对高效（低 q 和/或高 β），那么等值线则交于驼峰的左边。在这种情况下，平衡是不稳定的。捕食者将会过度消耗猎物种群，直至猎物种群灭绝，从而导致捕食者自身遭受饥荒的威胁（图 6.10c）。

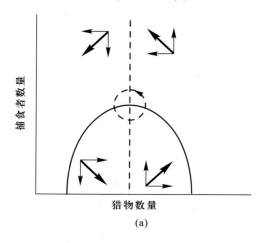

(a)

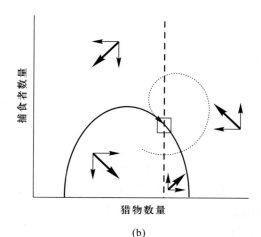

(b)

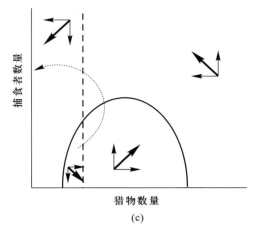

(c)

图 6.10 （a）包含驼峰形等值线的捕食者–猎物周期性循环。如同在洛特卡-沃尔泰勒模型中的一样，只要捕食者和猎物的等值线在两者相交的地方是垂直的，捕食者和猎物种群就遵从周期性的循环。（b）如果捕食者的捕食效率相对低下，捕食者的等值线与猎物的等值线相交于驼峰形曲线峰值的右侧。在这种情况下，捕食者和猎物稳定共存。（c）如果捕食者具有相对高的捕食效率，捕食者的等值线与猎物的等值线相交于驼峰形曲线峰值的左侧。此时，捕食者将过度利用猎物种群，致使猎物种群灭绝，进而置自身种群于缺少食物的境地。

这种因捕食者相对高效所导致的不稳定性被称为 **富足悖论**（paradox of enrichment）（Rosenzweig 1971）。这个悖论可能解释了为什么一些人工增肥的农业系统对害虫的爆发非常脆弱。设想"猎物"种群是一种农作物，其与一个"捕食者"种群（植食性昆虫）稳定共存。如果作物的生产力因施肥而提高，那么"猎物"的等值线就可能移动到右侧一个新的更高的容纳量水平（图 6.11）。而

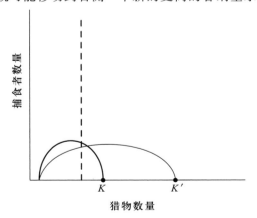

图 6.11 富足悖论。如果猎物的容纳量从 K 增加到 K'，系统将从一个稳定的平衡转变为捕食者过度利用的状态。

如果"捕食者"的等值线保持不变的话，那么系统就有可能从一个稳定的平衡状态变为不稳定的状态，即"害虫"爆发。之所以会有这个悖论，主要是因为模型的假设不合理，即严格垂直的捕食者等值线。如在本章后面介绍的，更为合理的捕食者等值线有可能会在更宽的猎物多度范围内提高捕食者和猎物系统的稳定性（Berryman 1992）。

6.3.4　在猎物等值线中包含其他因素

在猎物多度较低时，猎物的等值线也有可能会上扬，从而对种群动态产生影响。对此，至少有三种可能的原因。① 如果存在固定数目的避难所可供猎物逃避捕食者的捕食，那么猎物的等值线就会上升。例如，鱼儿生活在石缝里，歌雀在有遮盖的地方建立自己的领地。在这种情况下，即便捕食者的种群大小再大，避难所里依然会保留一些猎物种群，尽管其多度较低。② 如果猎物种群每个世代都有固定数目的迁入者，那么猎物的等值线也会上升。因为有持续的迁入，所以猎物种群总是具有从很低的多度恢复过来的潜力。③ 如前面所解释的，Ⅲ型功能反应也能使得猎物种群的等值线在低多度时上升。

上升的猎物种群等值线具有稳定捕食者-猎物系统的潜能。比如，假设捕食者相对高效，但是猎物种群有一个容纳量并且猎物有相应的避难所（图 6.12）。

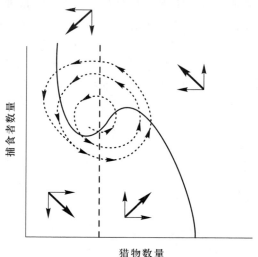

图 6.12　因猎物种群避难所的存在所引起的捕食者和猎物种群的周期性循环。如果猎物有避难所可以逃避捕食者的捕食的话，那么猎物种群在较低多度时的等值线就变成了垂直的。在这种情况下，捕食者无法过度利用猎物；当避难所外的所有猎物均被消耗掉的时候，捕食者即进入食物短缺的状态。等捕食者的种群大小下降到某个阈值后，猎物的种群又开始上升，如此循环。

那么在这种情况下，捕食者很快就能消耗掉它们能捕获到的所有猎物，如同图6.10c 中的去稳定化的例子。但是一旦猎物只存在于避难所里的时候，捕食者种群将会遭受食物短缺的威胁，其种群大小开始下降。当捕食者规模下降至某个点时，避难所里的猎物种群开始增加，如此循环。不同于简单的洛特卡-沃尔泰勒模型的是，这些循环是稳定的。因为无论起始密度是多少，捕食者种群最终都会消耗掉避难所外的所有猎物，从而使得循环周而复始。

6.3.5 改变捕食者等值线

同样，通过修改垂直的捕食者等值线，也可以使其更为合理。这些修改涉及方程 6.2 中的数量反应，下面我们将定性地对其进行介绍。比如，洛特卡-沃尔泰勒捕食模型假定只要有足够多的猎物，捕食者种群就可以一直增加。而更为合理的则应该是假定捕食者种群也有一个容纳量，其种群增长还可能受其他因素的影响和限制。捕食者的容纳量使其等值线向右弯曲（图 6.13a）。

洛特卡-沃尔泰勒模型另外一个不合理的假设是捕食者是极端专性的，只以某种猎物为食。现在假定捕食者还有其他的食物来源。这样，当这类猎物较少时，捕食者还可以通过捕获其他的猎物实现继续增长，这使得捕食者等值线在猎物较少时翻转成水平方向（图 6.13b）。因此，其他猎物的存在和捕食者的容纳量使得捕食者等值线可以从垂直方向变为水平方向。正如前面所提到的，其他猎物的存在也可以改变当前猎物的等值线。

考虑中间的一种情形，即猎物的种群大小决定了捕食者的种群大小。换句话说，猎物种群扮演着捕食者的容纳量的角色。在这种情况下，猎物的等值线是一条斜率为正的直线，处于洛特卡-沃尔泰勒模型垂直等值线与猎物水平等值线之间。

这些捕食者等值线的改变会如何影响模型的稳定性？一般性的规则是，能使捕食者或猎物的等值线发生顺时针旋转的变化通常是增强系统的稳定性的，而使等值线发生逆时针旋转的变化通常是破坏系统的稳定性的。这里所说的旋转是相对于洛特卡-沃尔泰勒模型中水平的猎物等值线和垂直的捕食者等值线而言的（图 6.14）。比如，猎物种群的容纳量使得猎物等值线发生顺时针旋转，导致在驼峰的右侧出现一个稳定的平衡点（图 6.10b）。但是假定捕食者饱食（predator satiation）使得猎物等值线在低多度时发生逆时针旋转，从而在驼峰的左侧会出现一个不稳定的平衡点（图 6.10c）。捕食者等值线的旋转也可以提高系统的稳定性。虽然捕食者水平等值线能够产生中性稳定下的种群周期性循环，但是捕食者等值线的提高会使得循环衰减，而水平的捕食者等值线则能产生一个稳定的平衡点（图 6.15）。

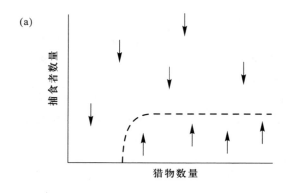

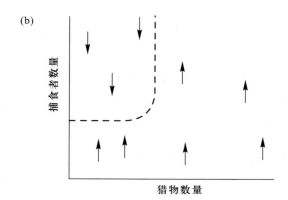

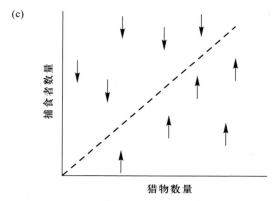

图 6.13 （a）容纳量对捕食者等值线的影响。如果捕食者种群受其他因素而非受猎物种群密度的影响，那么捕食者等值线将向右弯曲。不论猎物的种群大小多大，捕食者都能达到容纳量水平。（b）替代猎物对捕食者等值线的影响。如果捕食者对猎物的要求不是专一的，那么捕食者的种群大小依然可以增加，即便猎物种群的多度为 0。（c）猎物的多度对捕食者等值线的影响。如果猎物的种群大小起着决定捕食者容纳量的作用，那么随着猎物多度的增加捕食者等值线将上升。

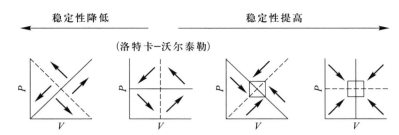

图 6.14 旋转捕食者和猎物的等值线对平衡点稳定性的影响。相比于洛特卡-沃尔泰勒模型的中性平衡点，等值线的顺时针旋转能得到更稳定的平衡点，而逆时针旋转则导致不稳定的平衡点。

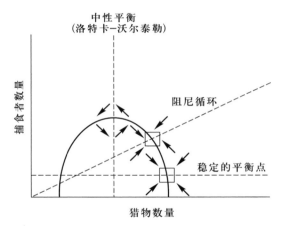

图 6.15 捕食者等值线顺时针旋转的影响。随着捕食者等值线的旋转，种群动态经历如下变化：中性平衡的循环，到阻尼循环，最后达到一个稳定的平衡点。从生物学上来说，这三个捕食者等值线对应如下三种情况：捕食者只以此猎物为食物，捕食者的容纳量与猎物的多度呈比例变化，和捕食者的容纳量与猎物的多度无关。

这些定性的图形分析实际上具有非常直观的生物学意义。捕食者和猎物种群之间越独立，联系越少，系统就越稳定。比如，假定猎物等值线是水平的而捕食者等值线是垂直的（图 6.14）。在这种情况下，捕食者和猎物的容纳量彼此完全不相关，所以这两个物种能够实现稳定共存。简单的捕食者-猎物模型很难产生周期性的循环，其需要捕食者和猎物之间存在一种特殊的依赖关系，如同原始的洛特卡-沃尔泰勒模型。

6.4　实例

6.4.1　美洲兔和加拿大猞猁种群的周期性循环

　　洛特卡-沃尔泰勒模型的基本预测之一是捕食者和猎物种群的周期性循环。这类循环中最经典的例子就是加拿大猞猁（*Lynx canadensis*）与其主要的猎物美洲兔（*Lepus americanus*）之间的动态。生态学家查尔斯·埃尔顿（Charles Elton）分析了加拿大哈德逊海湾公司的毛皮收购情况，从中发现了该种群周期性循环的证据（Elton and Nicholson 1942）。美洲兔的死亡主要源自捕食（Smith et al. 1988），并且美洲兔的循环周期大概是 10 年（两个邻近的多度峰值间的时间间隔）（图 6.16）。猞猁种群与美洲兔种群高度同步化，但在多度峰值的出现上会晚 1 到 2 年。这种捕食者猎物循环的例子在北部地区并不罕见。麝鼠、披肩榛鸡和松鸡的种群动态同样呈现 9 到 10 年的周期性波动，而较小的植食性动物如野鼠和旅鼠的波动周期一般为 4 年。捕食者如狐狸、貂和貂鼠与它们的猎物种群也同步循环。

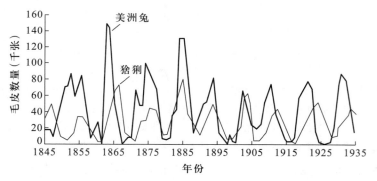

图 6.16　基于加拿大哈德逊海湾公司的毛皮收购情况，图示加拿大猞猁（*Lynx cana-denensis*）和美洲兔（*Lepus americanus*）种群在 100 年时间里的周期性循环。

　　如何解释美洲兔和加拿大猞猁之间的这种周期性波动？早期人们认为美洲兔的周期与太阳黑子的活动密切相关，但是太阳黑子活动的周期一般是 11 年，而美洲兔的周期是 10 年（Moran 1949）。多年以来，在教科书里美洲兔-加拿大猞猁的循环一直被当作是捕食者和猎物种群的经典例子，是洛特卡-沃尔泰勒模型预测的有力佐证。而最近，人们开始将比率型捕食者-猎物模型（ratio-dependent predator-prey model）应用到美洲兔-加拿大猞猁的周期性循环上。这些模型假定捕食者的功能反应不仅仅简单地依赖于猎物多度（V），还受猎物和捕食者多度的比例（V/P）的影响（Arditi and Ginzburg 1989）。

不幸的是，事情远没有这么简单。第一，美洲兔-加拿大猞猁周期在北美很大范围内几乎都保持一致，相差不超过 1 到 2 年。如果捕食者-猎物模型是正确的，那么不同局域种群的振幅和周期长短应该是不一样的。第二，在英属哥伦比亚的海岸和魁北克安第科斯蒂岛上，虽然没有猞猁种群活动，但在这两个地方的美洲兔种群依然具有周期性。

这些结果意味着美洲兔和猞猁并不是相互影响的。实际上，猞猁种群很可能是"跟随"着美洲兔种群的。美洲兔的周期性循环看起来与其食物供应有部分关联。从被重度啃食的草上长出的嫩芽里含有有毒物质，使得它们对于美洲兔来说口感下降（Keith 1983）。在被啃食后，草的这种化学保护会持续 2 到 3 年，从而进一步降低了美洲兔的种群大小。包含时滞的单物种逻辑斯谛模型（第 2 章）可以定性地描述这类循环。然而，因为绝大部分的美洲兔都是死于捕食而非食物短缺，所以食物质量影响的可能是美洲兔对于捕食的耐受性。

最后，最近的研究发现太阳黑子的活动可能真的对美洲兔和猞猁的周期性循环有影响。太阳黑子的活动与树木年轮中记录到的美洲兔的啃食印痕（hare browse marks）和积雪少的时期相关（Sinclair et al. 1993）。太阳黑子的活动可能通过相位锁定（phase-locking）机制间接地影响了气候和植物生长。这些大范围的气候效应可能解释了在加拿大和阿拉斯加广袤的面积上美洲兔-加拿大猞猁周期性循环步调如此一致的现象。然而，不同大洲之间的同步化程度仍没有定论（Ranta et al. 1997；Sinclari and Gosline 1997）。不管真正的原因是什么，非常清楚的一点是美洲兔-加拿大猞猁之间的周期性循环比洛特卡-沃尔泰勒模型预测的要复杂得多。

6.4.2 红松鸡种群的周期性循环

宿主和寄生者之间的相互作用代表着一类特殊的"捕食"，其中"捕食者"的生活史与宿主的生活史紧密相连。虽然绝大部分的捕食者都会快速地杀死并消耗掉它们的猎物，但是寄生者们却必须确保宿主能够存活足够长的时间以便其能成功繁殖后代和感染新的宿主。为了理解宿主和寄生者之间的种群动态，我们不仅需要模拟宿主和寄生者的成体的动态，还需要模拟它们的卵或幼体的动态（Anderson and May 1978）。

寄生性的线虫（*Trichostrongylus tenuis*）为上述复杂性提供了一个绝佳的例子，它们以位于英格兰和苏格兰石楠灌丛中的红松鸡（*Lagopus lagopus scoticus*）为宿主。成虫寄住在红松鸡的盲肠里，线虫的卵随宿主的粪便排到体外。

如果外界环境温暖潮湿，那么这些排出的卵就能孵化成幼体。然后线虫的幼体会爬到石楠属植物的生长部位，红松鸡在取食该植物的同时也将这些线虫带到了自己的体内。一只红松鸡可能会被超过 10000 只线虫所感染寄生。随着寄生感染程度的增加，红松鸡的很多方面都会受到影响，如冬季死亡率升高（图 6.17）。因此，线虫可能扮演着调节红松鸡种群的角色。

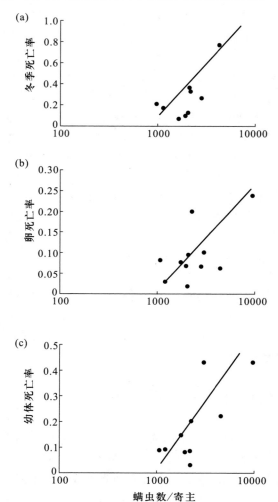

图 6.17　寄生虫负荷对红松鸡（*Lagopus lagopus scoticus*）（a）冬季死亡率，（b）卵死亡率和（c）幼体死亡率的影响。*x* 坐标轴表示寄生虫平均负荷（每个寄主上的线虫数），*y* 坐标轴表示各因素所引起的死亡的比例。因为线虫（*Trichostrongylus tenuis*）同时降低了红松鸡的存活率和繁殖率，所以其可能扮演着调节红松鸡种群的角色。（资料来源：From Hudson et al. 1992）

因为在英格兰和苏格兰红松鸡是非常重要的游戏鸟类，所以对其种群动态和寄生感染情况有非常详细的记载（Hudson et al. 1992）。图 6.18 给出的是位于约克郡冈纳赛德地区 14 年里宿主和寄生虫的种群动态情况。从中可见，红松鸡种群是周期性循环的，且大概 5 年为一个周期。每只红松鸡体内的线虫数目也是周期性变化的，其循环的峰值与红松鸡循环的谷值相对应。

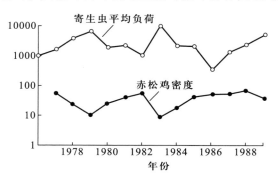

图 6.18 位于约克郡冈纳赛德地区 14 年里红松鸡（*Lagopus lagopus scoticus*）密度和寄生虫负荷的变化情况。红松鸡和线虫种群均是周期性循环的，且大概 5 年为一个周期。注意 y 轴为对数尺度。（资料来源：From Dobson et al. 1992；Data from Hudson et al. 1992）

即便是用相对简单的模型来描述红松鸡-线虫的相互作用，至少也得需要三个微分方程：宿主（H）、线虫成体（P）和线虫卵和幼体的非寄生的阶段（W；Dobson and Hudson 1992）。宿主种群可以通过下式来描述：

$$\frac{dH}{dt} = (b - d - cH)H - (\alpha + \delta)P \qquad \text{表达式 6.19}$$

第一项 $[(b - d - cH)H]$ 代表的是在没有线虫寄生的情况下红松鸡种群的增长率。常数 b 和 d 代表的是内禀出生率和死亡率，cH 表示的是密度依赖的项。这个方程的第一部分实际上就是逻辑斯谛增长模型，其容纳量为 $[(b - d)/c]$。对于红松鸡来说，假定存在一个有限的容纳量是符合实际的，因为红松鸡是具有领地属性的鸟类。方程的第二部分 $[(\alpha + \delta)P]$ 表示的是寄生线虫对红松鸡的负面影响。α 表示的是寄生线虫通过影响红松鸡的存活率而使宿主种群增长率下降的程度，δ 表示的是寄生线虫通过影响红松鸡的繁殖率而使宿主种群增长率下降的程度。我们之所以将存活和繁殖分开讨论，是因为它们分别出现在另外两个方程中。

接着，我们可以写出线虫自由生活阶段（不寄生于红松鸡体内）的增长方程：

$$\frac{dW}{dt} = \lambda P - \gamma W - \beta WH \qquad \text{表达式 6.20}$$

λ 为寄生线虫在宿主体内的每员生育力，γ 为卵和幼体在野外期间的死亡率，βWH 为幼体寄生新宿主的转移率。注意，最后一项（βWH）与洛特卡-沃尔泰勒模型中的"随机相遇"项是相似的（方程 6.1 和 6.2）。

最后一个方程描述的是成虫的种群动态：

$$\frac{dP}{dt} = \beta WH - (\mu + d + \alpha)P - \alpha \frac{P^2}{H}\left(\frac{k+1}{k}\right) \qquad \text{表达式 6.21}$$

第一项（βWH）表示的是因幼体寄生宿主所致的成体的增加。这一项实际上就是上面第二个方程中幼体寄生新宿主的转移率。第二项 $[(\mu + d + \alpha)P]$ 代表了寄生线虫的死亡率（μ）、宿主的内禀死亡率（d）以及宿主因寄生所导致的死亡（α）。最后一项 $[\alpha(P^2/H)][(k+1)/k]$ 代表了线虫在宿主间转移时的损失。常数 k 描述的是线虫在宿主间的分布。如果 k 值小，那么就意味着线虫集中分布在少数几个宿主身上。这种聚集分布会降低线虫的种群增长率，因为少数过度感染的宿主有可能死亡。相反，如果线虫在宿主间是随机分布或者均匀分布的，那么其种群大小就会上升。

该模型有 10 个不同的参数，致使结局多样。如果寄生线虫和宿主的生育力不足够高的话，那么寄生者将会灭绝，红松鸡种群会达到容纳量水平。如果线虫处于幼体阶段的时间比较短的话，那么红松鸡和寄生线虫就有可能稳定共存。但是如果幼体和卵的阶段相对比较长，那么宿主和寄生者种群就会出现稳定周期循环的现象。在该模型中，当 $\alpha/\delta > k$ 时，就会出现循环。换句话说，寄生者对宿主存活（α）的影响与对宿主繁殖（δ）的影响的比例必须大于寄生者在宿主间的聚集程度（k）。

人们用野外调查数据估计出表达式 6.19~6.21 中的模型参数。基于这些参数值，模型预测在种群周期循环的情况下，周期长度大概是 5 年，这与冈纳赛德地区的观察结果是一致的（Dobson and Hudson 1992）。该模型也为英格兰和苏格兰其他地区红松鸡种群的动态提供了参考。然而并不是所有的红松鸡和线虫都具有周期性循环的种群动态模式。非周期性循环的种群主要生活在降水量相对较低的地区（Hudson et al. 1985）。而在这些地区，卵和幼体在宿主体外的存活率都很低。

捕食者和猎物彼此相互影响，从而使双方的种群动态处于一个稳定的周期循环中，这种情况在文献记载中还是非常少见的。上面介绍的红松鸡和线虫间的相互作用就是一个生动的写照。然而，该系统蕴含的生物学信息远比简单洛特卡-沃尔泰勒模型描述的要复杂得多。宿主-寄生者相互作用模型已被用于预测感染人类的艾滋病毒（HIV）。

6.5 思考题

6.5.1 假定蜘蛛和苍蝇种群都满足洛特卡-沃尔泰勒模型，系数如下：$r=0.1$，$q=0.5$，$\alpha=\beta=0.001$。如果蜘蛛的起始种群大小为 200，苍蝇的起始种群大小为 600，那么模型预测的种群短期动态是什么样的？

6.5.2 假定鹰和鸽子种群均以 10 年为周期循环，并且 $r=0.5$。如果 q 变成开始时的两倍大小，那么循环的周期长度会发生什么变化？

*6.5.3 在状态空间图上画出具容纳量和其他猎物选择的捕食者等值线，以及含容纳量和阿利效应的猎物等值线。讨论在两个相交点上的捕食者-猎物动态。

*6.5.4 假设你正在研究一种以昆虫为食的鸟类，其功能反应为 II 型，其中 $k=100$ 猎物/小时，$D=5$。那么

a. 捕获效率 α 是多少？

b. 如果猎物的多度为 75，那么进食率（n/t）是多少？

---

* 拓展题

第 7 章　岛屿生物地理学

7.1　基本模型和预测

7.1.1　物种−面积关系

生态学中为数不多的"法则"之一便是**物种−面积关系**（species−area relationship）——大岛屿比小岛屿能容纳更多的物种。绝大部分有机体都存在这种模式，从大不列颠群岛的维管植物到西印度群岛的爬行和两栖动物。这里的"岛屿"并非一定是在海洋上的。鱼儿畅游在湖中，哺乳类占据着树木丛生的山顶，昆虫在蓟的花朵上翩翩起舞。在这些生境岛屿上，动物们都有着相应的物种−面积关系。相对于周围干扰严重的地区，自然保护区内的国家公园就是一个岛屿。从这个角度来看，物种−面积关系的研究具有重要的保护生物学上的意义——如何有效地保护破碎化景观中的物种。本章将详细介绍面积与群落中物种数目（物种丰富度）之间的关系。

图 7.1a 给出的是西印度群岛那些在陆上繁殖的鸟类的物种−面积关系。x 轴表示的是岛屿的面积，y 轴表示的是陆地鸟类的物种数目。你可以发现两者之间的关系是非线性的：当岛屿面积较小时，随着岛屿面积的增大，物种数目增加很快；但是当岛屿面积较大时，物种数目的增速明显变慢。对于很多海洋中的岛屿来说，一个经验性的规则（**达林顿法则**，Darlington's rule）是岛屿面积每增加 10 倍，则物种数目增加 2 倍（Darlington 1957）。数学上，很多群落的物种−面积关系可以由一个简单的幂函数来描述：

$$S = cA^z \qquad\qquad \text{方程 7.1}$$

在这个方程中，S 为物种数，A 为岛屿面积，z 和 c 为拟合的常数，稍后将详细解释这两个变量。如果对这个方程取对数（以 10 为底），那么我们就可以得到：

$$\log(S) = \log(c) + z\log(A)$$ 方程 7.2

在对数尺度上，物种-面积关系是一条直线而非之前的曲线。常数 $\log(c)$ 是这条直线的截距，而常数 z 为这条直线的斜率。图 7.1b 即为图 7.1a 对数转换后的图形。从图中可以看到，幂函数对数据的拟合效果很好。

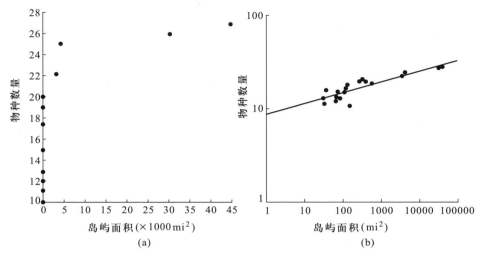

(a)   (b)

图 7.1 （a）西印度群岛在陆上繁殖的鸟类的物种-面积关系。图中的点表示不同的岛屿。可以看到小岛屿上物种数量上升很快，但是大岛屿上的要慢很多（数据来源于 Gotelli and Abele 1982）。（b）经过对数转换后（以 10 为底）的物种-面积曲线。该直线的最佳拟合函数为 $\log(S) = 0.942 + 0.113 \log(A)$，对应的幂函数为 $S = 8.759(A)^{0.113}$。（注：1 mi = 1.609344 km）

　　岛屿面积并非影响物种丰富度的唯一因素。图 7.2 表示的是距离对太平洋俾斯麦群岛上的鸟类的影响。新几内亚可能是这些岛屿的"源库"，因为俾斯麦群岛上发现的鸟类在新几内亚境内都能找到。图上 x 轴表示各岛屿与新几内亚之间的距离，y 轴为岛屿上实际观测到的物种数目与期望物种数间的比值，该期望值为面积相近的"邻近"岛屿（距离新几内亚少于 500 km）的物种数。从图中可见，离"源库"的距离越远，相对物种丰富度越小。下面，我们将介绍几类模型来解释**面积效应**（area effect）（大岛上的物种数比小岛上的多）和**距离效应**（distance effect）（远岛上的物种数比近岛上的少）。

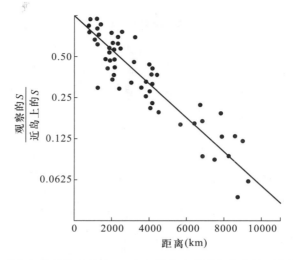

图 7.2　俾斯麦群岛鸟类的距离效应。x 坐标轴代表的是每个岛屿距离新几内亚（假定的物种源库）的距离。y 坐标轴是观察到的物种丰富度除以期望的物种丰富度，后者来源于面积相似的"近"岛（距离新几内亚不超过 500 km）。（资料来源：From Diamond 1972）

7.1.2　生境多样性假说

　　对于物种-面积关系最直观的解释就是面积大的岛屿比面积小的岛屿具有更多的生境类型。有些物种对生境类型的要求非常严格，而面积大的岛屿包含这些特殊生境的可能性高。这种现象可以部分地解释西印度群岛陆地鸟类的物种-面积关系。最大的群岛为大安的列斯群岛（Greater Antilles）（包括古巴岛、西班牙岛、牙买加岛和波多黎各岛）。这些岛屿上有很多独一无二的生境类型，比如沼泽地（古巴岛）和高海拔的松树林（西班牙岛），这些生境在面积较小的岛屿上是没有的。一些鸟类，比如古巴岛扎巴鹪鹩（*Ferminia cerverai*）和西班牙岛白翅交嘴雀（*Loxia leucoptera*）只会生活在这些特殊的生境里。相比于大安的列斯群岛，面积中等的岛屿，比如瓜德罗普岛和圣卢西亚岛上的生境类型和物种数都较少。而一些面积更小的岛屿，比如安提瓜和巴布达，本身就是由珊瑚所组成的。这些干旱的岛上只有一些简单的植被，而鸟类物种就更少了。

　　尽管很多的物种-面积关系可以利用生境多样性来解释，但是情况并不总是如此。一方面，绝大部分的物种并不是极端的生境异化者，因此生境可能并不是限制它们分布的主要因子。另外，在很多物种-面积关系的研究中，生境几乎是均质的，并没有多少生境的变化。但是在相同生境的斑块上，面积大的斑块还是比小的斑块具有更多的物种，这就意味着可能还有其他的因素在影响着物种-面积关系。在下一节里，我们将介绍岛屿生物地理学"平衡模型"来解释物种-面积关系。在本章的后面部分，我们还将介绍第三个假说，即**被动取样模型**（passive sampling model），该模型也能够对物种-面积关系做出解释。

7.1.3　岛屿生物地理学的平衡模型

岛屿生物地理学平衡模型（equilibrium model of island biogeography）因罗伯特·麦克阿瑟（Robert MacArthur）（1930—1972）和爱德华·威尔逊（Edward Wilson）（1929—　　）而为人们所熟知。有时它也被称为"平衡模型"或"麦克阿瑟-威尔逊模型"。该模型假定岛屿上物种的数目取决于如下两个过程的相对大小：岛屿外新物种的迁入和岛屿内现有物种的灭绝（MacArthur and Wilson 1963，1967）。当迁入率和灭绝率相等时，物种数目达到一个平衡。这个概念与第 2 章中介绍的局域种群的平衡点（N），以及第 4 章介绍的集合种群中被占据斑块的比例相似。

平衡模型假定存在一个永久性的大陆物种**源库**（source pool），大陆上的物种可以拓殖到相应的岛屿上。假设大陆源库中有 P 个物种，并假定这些物种的拓殖率和灭绝率相近。**迁入率**（immigration rate）λ_s 为单位时间内拓殖到岛屿上的新的物种数。**灭绝率**（extinction rate）μ_s 为单位时间内从岛屿上消失的物种数。岛屿上物种数目的变化率（dS/dt）即为迁入率与灭绝率之间的差值。因此：

$$\frac{dS}{dt} = \lambda_s - \mu_s \qquad\qquad \text{方程 7.3}$$

下面，我们先给出 λ_s 和 μ_s 的函数。然后，将方程 7.3 设为 0，从而求解平衡时的物种数目。最后，通过修改灭绝和迁入曲线来探讨岛屿面积和隔离程度对物种丰富度的影响。

图 7.3 为该平衡模型的迁入曲线。x 轴为岛屿上的物种数，y 轴为迁入率。**最大迁入率**（maximum immigration rate），I，表示的是在岛屿上没有任何物种的情况下大陆物种的迁入率。随着越来越多的物种迁入岛屿，迁入率逐渐降低。当在岛屿上能找到源库中所有的物种的时候，就不会再有新物种的迁入，所以图中迁入曲线与 x 轴相交于 $S=P$ 处。因此，迁入曲线是一条斜率为负的直线，其最大值为 I，最小值为 0（当 $S=P$ 时）。

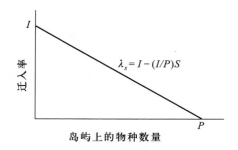

图 7.3 麦克阿瑟–威尔逊模型中的迁入率。随着岛屿上的物种越来越多，迁入率（单位时间物种数目）逐渐下降。

这条直线可以通过方程 $y = a + bx$ 来表示，其中 a 为截距，b 为斜率。针对我们这个模型，截距为 I，斜率为 $-I/P$。因此，迁入率方程为：

$$\lambda_S = I - \left(\frac{I}{P}\right) S \qquad \text{表达式 7.1}$$

下面，看看灭绝率 μ_S 的情况。我们预期 μ_S 随 S 的增大而提高：岛屿的物种越多，物种消失的概率就越大。当岛屿上的物种数与源库中的相等时（$S = P$），此时的灭绝率为**最大灭绝率**（maximum extinction rate），以 E 表示。相反，如果岛屿上没有物种（$S = 0$），那么灭绝率为 0。因此，灭绝曲线也是一条直线，截距为 0，最大值为 E（当 $S = P$ 时）（图 7.4）：

$$\mu_S = \left(\frac{E}{P}\right) S \qquad \text{表达式 7.2}$$

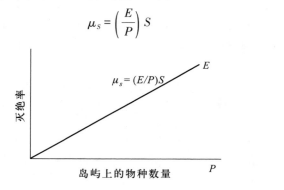

图 7.4 麦克阿瑟–威尔逊模型中的灭绝率 μ_S。随着岛屿上的物种越来越多，灭绝率（单位时间灭绝的物种数目）逐渐升高。

有了迁入率和灭绝率的表达式，我们就可以将它们代入方程 7.3 中：

$$\frac{dS}{dt} = I - \left(\frac{I}{P}\right) S - \left(\frac{E}{P}\right) S \qquad \text{表达式 7.3}$$

当 $\dfrac{dS}{dt} = 0$ 时，岛屿上的物种数目达到平衡：

$$S\left(\frac{I+E}{P}\right) = I \qquad \text{表达式 7.4}$$

因此，平衡时的物种数目 $\hat{S}$ 为：

$$\hat{S} = \frac{IP}{I+E} \qquad \text{方程 7.4}$$

$\hat{S}$ 取决于源库的大小（P）、最大迁入率（I）和最大灭绝率（E）。从图 7.5 中可见，这个平衡时的物种数目即为迁入曲线与灭绝曲线的交点所对应的 x 值。在交点处，新物种的迁入率与岛屿上现有物种的灭绝率正好匹配，从而实现平衡。

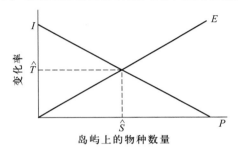

图 7.5 在麦克阿瑟-威尔逊模型中，平衡时的物种数目。迁入率和灭绝率曲线的交点决定着平衡时的物种数目（$\hat{S}$）和周转率（$\hat{T}$）。

这个平衡点是稳定的。如果我们低于 $\hat{S}$，那么我们就在相交点的左侧。在这个区域，迁入大于灭绝，因此物种数目能继续增加。在相交点的右侧，灭绝则大于迁入，因此物种数目下降。

从方程 7.4 中可以看到，平衡时的物种丰富度与源库大小和迁入率正相关，而与灭绝率负相关。在理解这个平衡点时，回想我们在第 4 章介绍的岛屿-大陆集合种群模型（方程 4.4）和第 2 章介绍的逻辑斯谛增长方程（图 2.1）中的相交的出生率和死亡率曲线，它们有很多相似之处。

从图 7.5 中还可以看到这个平衡点存在着一个**周转率**（turnover rate），可从图中的 y 轴上得到。周转率以 T 表示，即在平衡点处单位时间到达岛屿（或从岛屿上消失）的物种数目。T 既可以用灭绝率表示，也可以用迁入率表示，这是因为两者在平衡点处是相等的。从图中可以很容易得到：

$$\frac{\hat{T}}{\hat{S}} = \frac{E}{P} \qquad \text{表达式 7.5}$$

因此：

$$\hat{T}P = \hat{S}E \qquad \text{表达式 7.6}$$

将方程 7.4 代入上式，稍做变换，就可以得到：

$$\hat{T} = \frac{\left(\dfrac{IP}{I+E}\right)E}{P}$$

表达式 7.7

$$\hat{T} = \frac{IE}{I+E}$$

方程 7.5

注意，平衡时的周转率仅与最大迁入率（I）和灭绝率（E）相关，而与源库大小无关（P）。如你所想的，增加最大迁入率或灭绝率都会提高平衡时的周转率。

平衡时岛屿种群的周转是麦克阿瑟–威尔逊模型的一个非常重要的特征。与我们介绍的很多生态学模型不同，麦克阿瑟–威尔逊模型没有预测单个种群的稳定性，它描述的是岛屿种群持续的拓殖和随机的灭绝的过程。尽管总的物种数保持不变，但是岛屿上物种的组成是不断变化的。

到目前为止，我们已经构建了岛屿物种丰富度的平衡模型，但是我们还没有对物种–面积效应做出解释。为此，我们必须引入另外两个有关拓殖物种的种群统计学方面的假定。第一个假定，每个物种的种群大小都与岛屿的面积呈比例。换句话说，不同大小的种群在岛上的种群密度（单位面积内的个体数目）是相同的。第二个假定，种群的灭绝概率随种群大小的缩小而提高。这个假定可以从第 1 章介绍的种群统计随机性模型中推导出来。因为面积大的岛屿上的种群大小通常比较大，所以其灭绝率相比于面积小的岛屿要低。

现在假定有一个大岛屿（A_l）和一个小岛屿（A_s），生境多样性和离源库的距离都完全相同，两者唯一的区别就是面积不同（图 7.6）。因为两个岛屿

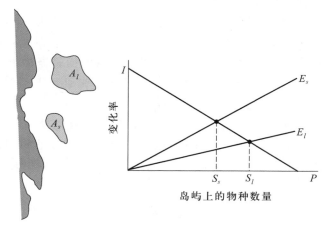

图 7.6 麦克阿瑟–威尔逊模型中的面积效应。较小岛屿上的种群大小较小，灭绝率较高，从而使得平衡时的物种数目较低。E_s 为小岛屿的最大灭绝率，E_l 为大岛屿的最大灭绝率。

与源库的距离是一样的，所以对这两个岛屿来说源库是相同的（P 个物种），这也就意味着两者的迁入曲线是相同的。然而，大岛屿上的最大灭绝率（E_l）比小岛屿上的最大灭绝率（E_s）要低，这是因为大岛屿上的种群大小较大。由于这个面积效应，大岛屿平衡时的物种数目会比小岛屿的高，同时周转率比小岛屿的低。

同样，通过修改迁入曲线，我们可以将距离效应考虑进来。假定两个岛屿的面积和生境条件完全相同，但是离源库的距离不一样（图 7.7）。因为面积是相等的，所以两个岛屿的灭绝曲线是一样的。但是离源库近的岛屿上的最大迁入率（I_n）会比离源库远的岛屿上的最大迁入率（I_f）高。因此，在动态平衡点时，离源库近的岛屿上的物种丰富度和周转率会高于离源库远的岛屿的。

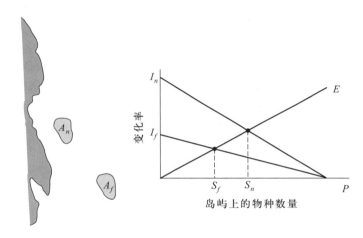

图 7.7 麦克阿瑟–威尔逊模型中的距离效应。离源库较远或完全隔离的岛屿的迁入率低，使得平衡时的物种数目少。I_n 是"近"岛的最大迁入率，I_f 是"远"岛的最大迁入率。

综上，麦克阿瑟–威尔逊模型中的岛屿物种丰富度完全是由岛屿的几何特征所决定的——岛屿的面积决定了灭绝率，离源库的距离或岛屿的隔离程度决定了迁入率。而这两条曲线相交于何处又决定了平衡时的物种数目和周转率。

7.2 模型假设

尽管平衡模型预测了物种丰富度的模式，但是它的假设还是基于种群水平上的。这些假设包括：

（1）源库里的物种（P）具有相似的拓殖率和灭绝率，且均能迁入岛屿之中。这个假设意味着源库中的物种和岛屿上的物种不受进化的影响，因此它们的拓殖率和灭绝率保持不变。和绝大部分的生态学模型一样，平衡模型没有考虑进化机制，也没有考虑历史的限制因素对物种丰富度的影响。

（2）拓殖概率与岛屿的隔离程度或离源库的距离呈负的比例关系。即隔离岛屿的迁入曲线比未隔离岛屿的迁入曲线平缓。在所有其他条件相同的情况下，平缓的迁入曲线降低了平衡时的物种丰富度（参考思考题 7.5.2）。

（3）物种的种群大小与岛屿面积呈正的比例关系。换句话说，每个种群的密度（单位面积内的个体数）在不同岛屿间是不变的。其他的模型（Schoener 1976）假定竞争性相互作用非常重要，因此岛屿的面积大小和物种丰富度同时影响着种群大小。

（4）种群的灭绝概率与种群大小呈负的比例关系。虽然平衡模型没有明确地对种群大小做出预测，但是这个假设引入了种群统计随机性（第 1 章）。在种群大小较小的时候，这种随机性提高了种群的灭绝风险。该假设与假设 3 一起使得小岛屿的灭绝曲线比大岛屿的陡峭，从而形成了物种-面积曲线。

（5）局域种群的拓殖和灭绝与岛屿上的物种组成无关。不同于经典的竞争（第 5 章）和捕食（第 6 章）模型，平衡模型假设一个物种的存在不会影响其他物种的拓殖和灭绝。如果灭绝与物种组成无关，那么岛屿群落是"无相互作用"的。如果拓殖率是独立的，那么岛屿群落也不会经历任何的演替变化，因为此时物种到达和离开的顺序并不重要。

7.3 模型变体

7.3.1 非线性的迁入和灭绝曲线

线性的迁入曲线意味着所有物种具有相同的扩散能力和拓殖能力。但实际情况可能并非如此，那些具有较强扩散和拓殖能力的物种可能比其他物种更早到达岛屿。因此，迁入曲线可能是指数型的，即开始的时候下降很快，而越到后面越慢（图 7.8）。

相似的，线性的灭绝曲线意味着物种之间的灭绝率是彼此独立的。而更为合理的假定可能是随着物种数的增多，物种之间的竞争增强，从而提高了灭绝率。在这种情况下，随着岛屿上物种的积累，灭绝曲线将以指数形式上升（图 7.8）。在课本上，麦克阿瑟-威尔逊模型通常是以这种非线性的形式出现的。不过幸运的是，非线性的曲线并未改变模型的基本预测。

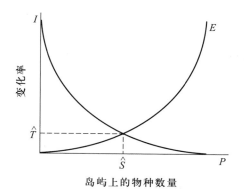

图 7.8 麦克阿瑟-威尔逊模型中非线性的迁入和灭绝曲线。这些曲线可能反映了物种间相互作用对灭绝率的影响，以及拓殖能力上的差异对迁入率的影响。该非线性模型的预测与线性模型（图 7.5）的类似，两者没有本质上的不同。

7.3.2 面积和距离效应

在麦克阿瑟-威尔逊模型中，面积和距离都对灭绝和迁入有影响。但是基本模型只描述了两种机制：面积对灭绝的影响，以及距离对迁入的影响（图 7.9）。在后面的两节中，我们将简单介绍距离会如何影响灭绝（拯救效应），以及岛屿面积会如何影响迁入（靶标效应）。虽然这些改变包含了更多的生物学信息，但也使得预测变得更加困难。最后，我们还会介绍"被动取样"模型。

	面积	距离
迁入	靶标效应	麦克阿瑟-威尔逊基本模型(MW)
灭绝	麦克阿瑟-威尔逊基本模型(MW)	拯救效应

图 7.9 麦克阿瑟-威尔逊模型中的面积和距离效应。基本模型（MW）考虑了面积对灭绝率的影响和距离对迁入率的影响。可以将该模型扩展开来，进一步考虑距离对灭绝率的影响（拯救效应）和面积对迁入率的影响（靶标效应）。

7.3.3 拯救效应

麦克阿瑟-威尔逊模型假设距离或隔离程度只影响迁入率。然而,如我们在第 4 章见到的,隔离同样也会影响灭绝概率。在第 4 章集合种群模型中,被占据斑块比例的提高能够降低局域种群的灭绝概率,我们称其为拯救效应。对于岛屿模型来说,离源库的距离会影响岛屿上物种的灭绝概率,离源库近的岛屿其物种的灭绝概率会低于离源库远的岛屿的,我们把这种差异称为距离的拯救效应(Brown and Kodric-Brown 1977)。图 7.10 描述的是拯救效应对迁入率和灭绝率的影响。模型的基本预测还是一样的,即面积大的岛屿相比于面积小的岛屿会包含更多的物种。然而,原始的麦克阿瑟-威尔逊模型预测在隔离程度高的岛屿上物种周转较慢,因为迁入者较少。相反,在有拯救效应存在的情况下,隔离程度高的岛屿周转可能会更快,因为此时物种的灭绝率提高了。

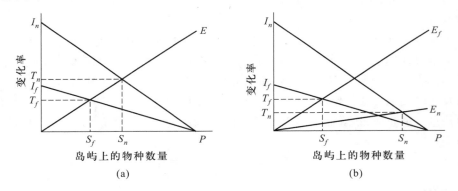

图 7.10 拯救效应体现在减小了"近"岛与"远"岛之间灭绝率的差异。尽管简单的麦克阿瑟-威尔逊模型预测"近"岛的周转率更高(a),但是拯救效应可能会提高"远"岛的周转(b)。T_n 是"近"岛的周转率,T_f 为"远"岛的周转率。

7.3.4 靶标效应

麦克阿瑟-威尔逊模型假定面积只会影响灭绝率。然而,岛屿面积也可能会影响迁入率。如果岛屿是迁徙个体的目的地(岛屿是迁徙个体的目标),那么面积大的岛屿就可能会有更高的迁入率。通过假定大岛屿具更高的迁入率,就可以将这类**靶标效应**(target effect)考虑进模型里面。如同上面的拯救效应一样,靶标效应不会改变大岛屿和小岛屿的物种丰富度模式。如果靶标效应非常强的话,那么模型依然可以预测出物种-面积关系,但是大岛屿的物种周转要比小岛屿的快（图 7.11）。

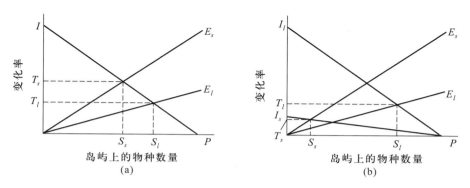

图 7.11　靶标效应体现在增加了大岛与小岛之间迁入率的差异。尽管简单的麦克阿瑟-威尔逊模型预测小岛的周转率更高（a），但是靶标效应可能会提高大岛的周转率（b）。T_s 是小岛的周转率，T_l 为大岛的周转率。

7.3.5　被动取样效应

上面介绍的几点改变都非常直观，包括非线性的迁入率和灭绝率、拯救效应和目标效应，与麦克阿瑟-威尔逊平衡模型一样，都假定岛屿上的物种丰富度取决于迁入和灭绝的相对强弱。但是，对于物种-面积关系来说，是否还有更简单的解释呢？假定岛屿是一个被动的"靶标"，个体随机地在岛屿上累积聚集。此时，即便没有平衡周转或生境效应，我们依然可以看到面积大的岛屿能积累更多的物种。

可以将多个岛屿想象成一系列的靶标。每个岛屿的面积就是靶标的大小，而每个个体即为一支飞镖。不同的物种以飞镖的颜色来表示。现在，无目的地将飞镖抛向靶标。我们自然会预期大的靶标上将会有更多数目的飞镖，相应地也会有更多种的颜色。类似的，如果个体是随机拓殖到岛屿上的话，那么面积大的岛屿就会累积更多的个体和更多的物种。

我们可以用概率论的简单理论来构建这个**被动取样模型**（passive sampling model）（Coleman et al. 1982）。首先，假设共有 k 个岛屿。i 表示第 i 个岛屿。第 i 个岛屿的面积以 a_i 表示。例如，第 5 个岛屿的面积为 100 mi^2，那么 $a_5 =$ 100。同时，假定有 S 个物种。j 表示第 j 个物种。物种 j 的总的多度（所有岛上的个体数之和）以 n_j 表示。如果第 6 个物种在所有岛上的总个体数为 300，那么 $n_6 = 300$。

A 表示所有岛屿的面积之和：

$$A = \sum_{i=1}^{k} a_i \qquad\qquad \text{表达式 7.8}$$

下面定义第 i 个岛屿的比例面积 x_i：

$$x_i = \frac{a_i}{A} \qquad\qquad \text{表达式 7.9}$$

注意，这些比例面积之和为 1：

$$\sum_{i=1}^{k} x_i = 1.0 \qquad\qquad \text{表达式 7.10}$$

x_i 也可以解释为某个个体落到面积为 a_i 的岛屿上的概率。因此，某个个体不会到达某一岛屿的概率为：

$$P(1 \text{ 个个体}) = 1 - x_i \qquad\qquad \text{表达式 7.11}$$

对于物种 j 来说，n_j 个个体都不会到达该岛屿的概率为：

$$P(n_j \text{ 个个体}) = (1 - x_i)^{n_j} \qquad\qquad \text{表达式 7.12}$$

表达式 7.12 表示的是物种 j 没有个体会落到这个岛屿上。因此，物种 j 至少有 1 个个体会落到该岛上的概率为：

$$P(\text{物种 } j \text{ 出现在岛屿 } i \text{ 上}) = 1 - (1 - x_i)^{n_j} \qquad\qquad \text{表达式 7.13}$$

最后，如果对所有物种进行概率求和，那么就可以得到岛屿 i 上的期望物种丰富度 $[E(S_i)]$：

$$E(S_i) = \sum_{j=1}^{s} \left[1 - (1 - x_i)^{n_j} \right] \qquad\qquad \text{方程 7.6}$$

为什么期望的物种丰富度等于这些物种在岛上出现的概率之和？假定每个物种在岛上出现的概率为 0.5。直观上，我们期望有一半左右的物种会出现在该岛上。当然，这个期望值会有一个方差（Coleman et al. 1982），但是因为超过了本书的范畴，所以我们不对该方差进行讨论。

　　与麦克阿瑟-威尔逊模型一样，被动取样模型预测大岛屿比小岛屿有更多的物种。然而，麦克阿瑟-威尔逊模型预测了岛屿上种群的灭绝和周转，但被动取样模型则未涉及任何周转方面的预测。相反，被动取样模型预测个体数多的物种比个体数少的物种有更大的机会在某个岛屿上出现。实际上，如果岛屿非常小，那么稀有物种可能永远都不会出现在这个岛屿上。因此，相比于麦克阿瑟-威尔逊模型，被动取样模型对物种组成的预测能力更强。被动取样模型没有明确地包含距离效应，尽管我们可以将其考虑到模型里面（将靶标的比例面积设为离源库的距离的函数）。

7.4 实例

7.4.1 红树林岛上的昆虫

绝大多数检验平衡模型的工作都是由爱德华·威尔逊（Edward Wilson）和他的学生丹尼尔·辛贝洛夫（Daniel Simberlogg）开展的。他们研究了佛罗里达群岛红树林岛上的昆虫（Wilson and Simberloff 1969；Simberloff and Wilson 1969）。每个岛屿上大概有 1 到几棵红树（*Rhizophora mangle*），这些树生长在较浅的海水中。这些岛屿的节肢动物源库大概有 250 个物种，每个岛屿上生活有 20 到 50 个物种。在佛罗里达基岛有上千个这样的岛屿，面积各异，且距离源库远近不同。

辛贝洛夫和威尔逊选择了 6 个岛屿作为实验控制的对象，在实验开始时对其进行了非常详细的调查。然后用帆布将这些岛屿盖住，并将里面原有的节肢动物用溴甲烷全部杀死。来年，他们再次对这些岛屿进行调查，记录重新拓殖进来的物种。结果支持了平衡模型的预测：250 天以后，绝大部分岛上的物种数目基本恢复到实验处理前的水平（图 7.12）。面积大的、离源库近的岛屿上积累了更多的物种。

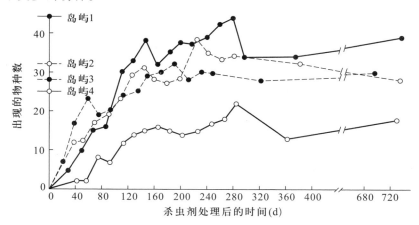

图 7.12 在 4 个经过杀虫剂处理过的红树林岛屿上昆虫的重新拓殖过程。*y* 坐标轴给出了每个岛屿在处理前的物种丰富度。250 天后，绝大部分岛屿上的物种数目基本恢复到处理前的水平。（资料来源：From Simberloff and Wilson 1969）

更为重要的是，调查数据中包含了非常明显的物种组成周转的信息，而这正是麦克阿瑟-威尔逊模型最为基本的预测之一。图 7.13 给出了其中一个岛屿的调查结果。虽然物种数目基本恢复到平衡时的水平，但是物种组成差别很大，周转率大约为每天 0.67 个物种。

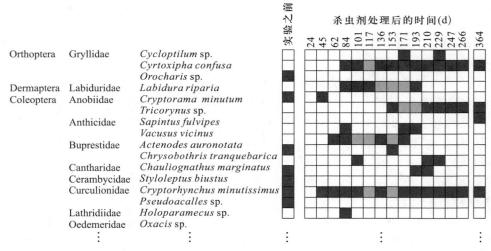

图 7.13　某个红树林岛屿上拓殖和灭绝的情况记录。图中行代表物种，列表示调查时间。该图给出了 90 个拓殖到岛屿上的节肢动物物种中的 16 个。空白的方框表示该物种在此次调查中未被直接观察到，颜色最深的方框表示该物种被直接观察到了，而颜色稍浅的方框表示的是该物种虽然未被直接观察到，但是从其他证据可以推断出该物种存在于该岛屿上。物种组成在不同调查之间的变化很大。（资料来源：From Simberloff and Wilson 1969）

　　然而，1976 年辛贝洛夫对这些红树林数据重新进行了分析，并对如此之高的物种周转率提出了质疑。他指出在分析这类数据时，需要明确区分两个方面的变化：相对隔离的繁殖种群的局域灭绝，和个体在岛屿之间临时的、短期的活动。从原始的调查数据中，他首先剔除了只有 1 到 2 个个体的种群，因为它们不可能是繁殖种群。其次，他剔除了那些本该在岛上繁殖但最后却消失了的种群。校正后的周转率只有 1.5 个物种/年！最后辛贝洛夫总结出的结论是：针对平衡理论的检验需要弄清楚是什么组成了一个真正的"拓殖"。在红树林的昆虫群落里，观察到的周转很大部分是由那些临时性的物种所导致的。

7.4.2　橡树林中的繁殖鸟类

　　尽管迁入和灭绝曲线（图 7.5）是平衡理论的核心，但却很少有野外实验来直接测量它们。凡事都有例外，在橡树林里的一小块地上开展的鸟类种群的长期研究做到了这一点（Williamson 1981）。从 1947 年到 1975 年，一组鸟类学家对英格兰萨里地区的一块 16 公顷的橡树林开展了长期的跟踪调查。以 y 轴表示记录到的灭绝和拓殖的物种数，以 x 轴表示每年出现的物种数（变化范围从 27 到 36 个物种）。迁入率与平衡模型的预测很吻合：估计的最大迁入率为 16 个物种/年，随着迁入物种的增多，迁入率下降，直到 0，此时该橡树林样地里生活着 40 个物种。这比估计的物种数（源库的物种数为 44 个）稍微小些。与麦克阿瑟-威尔逊模型预测的一致，随着 S 的增大，灭绝率下降，但是该趋势在统计上不显著（图 7.14）。

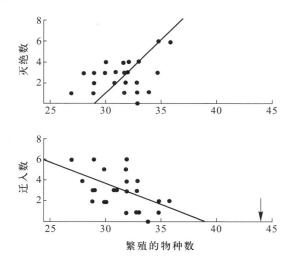

图 7.14 橡树林中在陆上繁殖的鸟类的迁入率和灭绝率（每年迁入或灭绝的物种）。随着物种丰富度的增加，虽然迁入率曲线下降非常明显，但是灭绝率曲线与物种丰富度只呈现较弱的正相关。箭头所指的数值是 44，即估计的源库为 44 个物种。可与图 7.3 和图 7.4 进行比较。（数据来源：From Williamson 1981）

如同 Simberloff（1976）的分析，考虑种群的繁殖状态使得问题复杂了很多。14 个物种每年都在这里繁殖（称为核心物种）。另外 19 个物种没有建立起自己的种群，这里面包括未能识别出繁殖状态的物种（6 个）、只有 1 到 2 对个体的物种（9 个）以及领地比当前样地面积大的物种（4 个）。剩下的 11 个物种经历着频繁的灭绝。

麦克阿瑟-威尔逊模型很好地拟合了这些数据。一方面，平衡模型的基本前提假设得到了支持，包括周转和迁入/灭绝曲线。另一方面，平衡模型对 14 个核心物种每年都在林地里繁殖的这个现象并未做出预测。这类群落结构可能具有一定的代表性——一些物种具有稳定的持续的种群，而另外一些物种的种群是不稳定的，经历着频繁的灭绝和重新拓殖的过程。我们在第 1、2、3、5

和 6 章构建的模型可能更适用于持续性的种群，而在本章和第 4 章构建的模型可能更适用于临时性种群（transient population）。

7.4.3　皮马土宁湖岛上的繁殖鸟类

尽管被动取样模型在 70 多年前就被提出来了（Arrhenius 1921），但直到 20 世纪 80 年代才引起人们的广泛关注。Coleman 等（1982）给出了被动取样模型的数学预测，并用岛屿上繁殖鸟类的数据进行了验证。在俄亥俄州与宾夕法尼亚州交界处的皮马土宁（Pymatuning）湖中有很多的岛屿，人们对岛上的鸟巢和领地开展了详细的调查。这些地方之前是山顶，在 1932 年因修建水库而使它们成为了名副其实的岛屿。岛上保留了落叶林植被，大概能容纳 36 种鸟。

Coleman 等（1982）知道每个岛屿的面积，而且他们能够估计出岛上每个物种的多度。基于这些数据，他们利用被动取样模型预测了岛上的物种丰富度。在图 7.15 中，实线表示的是预测的物种数，虚线代表的是置信区间。绝

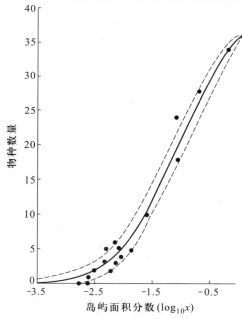

图 7.15　皮马土宁湖岛上在陆上繁殖的鸟类的物种丰富度（观察值和期望值）。x 坐标轴为每个岛屿面积分数（proportional area）的对数。实线为期望的物种丰富度，虚线是基于被动取样模型估计出的置信区间。图中实心圆点为观察到的物种丰富度。从图中可见，观察到的数据与模型预测的结果非常接近。（资料来源：From Coleman et al. 1982）

大多数岛屿的物种丰富度与模型的预测非常接近。实际上，相比于幂函数，被动取样模型更好地预测了岛屿的物种丰富度。

被动取样模型的一个不足之处：它需要所有岛上的所有物种的多度信息，而这些多度信息通常是很难获取的。另外一个不足的地方在于其缺少生物学的解释，尽管前面靶标的比喻在概念上很简单。除了岛屿的面积，实际上还有很多的因素会影响个体的拓殖过程，包括天气和水流的模式、季节性的迁徙、食物资源以及潜在的捕食者和竞争者等。

总之，物种-面积关系是生态学中为数不多的普适性模式之一，尽管对其的解释还不是非常清楚。生境多样性假说、麦克阿瑟-威尔逊平衡模型和被动取样模型之间并不相互排斥。将来需要收集更多的有关生境多样性、种群周转和源库物种结构的数据，从而弄清它们对物种-面积关系的相对贡献。

7.5 思考题

7.5.1 针对图 7.1 中的西印度群岛上的陆地鸟类数据，最好的拟合模型为幂函数：$c = 8.759$，$z = 0.113$。格林纳达岛的面积为 120 mi^2，能容纳 17 种陆地鸟。

a. 按照该幂函数，预测的物种数为多少？

b. 假定岛屿上一半的面积毁于火山喷发。按照该幂函数，该岛屿还能支持多少物种？

7.5.2 你的同事从南太平洋带回了岛屿蜥蜴的数据。"看"，她说，"我的数据显示在小岛上的蜥蜴数比大岛上的多。这推翻了麦克阿瑟-威尔逊平衡模型！"通过设置合适的迁入和灭绝曲线，展示何时在麦克阿瑟-威尔逊平衡模型中会出现上述现象。

7.5.3 假定一个满足麦克阿瑟-威尔逊平衡的岛屿能容纳 75 个物种，源库的物种数为 100。最大的灭绝率（E）为每年 10 个物种。计算最大的迁入率（I）。如果 I 翻倍，那么新的平衡点和周转率是多少？

*7.5.4 下表中是 4 个沙漠岛屿中的 6 种仙人掌，其中多度的数据是假想的：

---

* 拓展题

	岛屿 1（110 ha）	岛屿 2（100 ha）	岛屿 3（10 ha）	岛屿 4（5 ha）
A	3	0	0	0
B	1	0	0	0
C	4	2	3	1
D	2	0	2	2
E	1	0	1	0
F	1	0	0	3

利用被动取样模型，计算每个岛上的期望物种数。期望值与观测值（即上表中的假想值）相差多少？

第8章 演　　替

8.1　基本模型和预测

　　生态学家们在研究群落的时候，经常会将不同的群落做一些比较。比如，我们可能会比较沼泽地和邻近森林里的蚂蚁群落，或者比较山两边的高寒草甸上的野生花卉组成。这些"快照"比较构成了群落生态学的基本研究内容——我们既对群落之间的差别感兴趣，又对导致这些差别的内在原因感兴趣（Wiens 1989）。

　　然而，群落并非总是以我们现在看到的这个样子存在着的，因为它们会随着时间的推移而发生改变。群落的构建过程就是不断的拓殖的过程（Huston 1994）。本章我们将着重介绍群落结构随时间变化的一些细节。

　　通过研究群落的时间动态变化，或许我们能够弄清楚为什么在不同的地方会有不同的群落。比如说，我们不是在繁忙的野外季节去调查 100 个森林样方，而是倾向于坐在某棵树底下对周围的景象观察上 100 年。这种"轨迹"实验可以记录群落的动态变化并揭示导致这些变化的机制（Diamond 1986）。

　　当然，实际上我们很难开展这种长期的"轨迹"实验。虽然古生态学家们通过化石序列和花粉记录成功地重建了历史上的群落（如 Spear et al. 1994），但是从这些研究中得到的群落相对来说非常粗糙，时间尺度通常都是以千年为单位的。在本章中，我们将介绍几种研究群落短期变化（如几年或几十年）的生态学方法。

8.1.1　演替的三个语言模型

　　演替（succession）可以宽泛地定义为群落结构随时间的变化。首先，我们简要地介绍几个在群落演替研究中比较重要的概念，然后构建一个简单的数学模型来描述群落的变化过程。

　　演替始于一个"空"的群落。在火山爆发或冰川退却后的地区发生的演替称为**原生演替**（primary succession）。但自然界中更常见的是**次生演替**

（secondary succession），即在原来有生物群落存在，后来由于干扰使原有群落消亡或受到严重破坏的地方开始的演替。这些干扰"重新调校"了演替过程。实际上，干扰是生态群落的一个普遍性的特征。从树的倒覆、火灾的发生到冰川侵蚀、飓风，所有这些自然干扰都可以启动演替过程。现在分布最为广泛的干扰来自人类的活动，包括砍伐和火烧森林、农业耕种、城市化和索取各类自然和人工资源。如果这些人类活动停止了的话，演替就会重新开始，尽管演替的"轨迹"可能会不尽相同。

干扰后，物种是如何重新进入群落中的？次生演替可以重建之前群落的很多方面。休眠的种子、抵抗力强的卵或幼体以及存活的成体（受到干扰的影响但未死亡）仍然存在于受干扰的斑块中。但是，拓殖者最为常见的来源应该是扩散的个体，包括幼体和成体。这些扩散者来自周围未被干扰的斑块。

较早的时候，针对干扰后的拓殖过程，生态学家观察到两个有意思的现象。第一，演替早期出现的物种与演替后期出现的物种是不同的。这些先锋物种具有的生活史性状使得它们在恶劣的物理环境中能够苗壮成长，包括较高的生育力和扩散潜力、快速的种群增长以及较低的竞争能力，其中很多性状与采用 r 对策的物种的性状相似（第 3 章）。我们将会看到，这些先锋物种在群落中不会持久存在，很快就会被其他的物种所取代。

第二，尽管群落受到干扰的方式不同，且在演替初期看起来差异很大，但是随着时间的推移，这些群落都朝着某个相同的方向发展。比如，分别受风暴、农业开垦和选择性伐木破坏的森林斑块，最终的群落结构都与周边成熟林的结构类似。

这两个观察——先锋物种和干扰后群落结构的趋同——意味着演替过程中物种组成的变化是确定性的，而非随机的。人们已经提出了多个演替模型，其中最著名的（也是最古老的）就是**促进模型**（facilitation model）。在该模型中，一系列的先锋物种拓殖到受干扰的斑块上，且也只有这些物种能在干扰后的恶劣的物理环境中存活下去（Clements 1904）。随着先锋种的生长，它们改变了斑块中的物理环境。在陆地演替中，先锋植物物种能够固定土壤、遮阴和提高土壤的营养物含量。这些改变为后来物种的入侵"铺平了道路"，但同时也使得这些环境不再特别适合先锋物种本身。比如，树木幼苗或许只能在有草类生长的斑块中存活，但是这些草类在树木的阴影下终究会死去。

由于环境条件和竞争相互作用的改变，先锋物种最终会从群落中消失，而被另外的一些物种所替代。这些后来的物种同样会改变环境条件，从而"帮助"其他的物种进入群落中。在经典的促进模型中，该过程的终点即为**顶级群落**（climax community），它们不会再被其他的物种所代替。顶级群落抵抗入侵的能力强，而且能自我维持和更新，除非下一个干扰破坏了这个系统

（Clements 1936）。促进模型核心的一点就是认为演替是按照一个可预测的方向发展的：群落 A（由先锋种组成）被群落 B 所替代，群落 B 又被群落 C 所替代，依此类推，直到顶级群落的出现。这些群落的出现顺序是不能变动的，因为只有前者才能为紧随其后的群落创造合适的环境。

在拓殖的早期，先锋物种存在的证据非常确凿。然而，在演替序列的后期，实际上情况不是非常明朗。绝大多数的生态学家已经摈弃了简单的顶极群落的认识。不同的初始拓殖事件和生境类型、长期的环境变化以及历史和进化方面上的差异等会导致不同的演替终点（Facelli and Pickett 1990）。其他的生态学家认为促进不能解释所有的演替现象（Connell and Slatyer 1977；Huston 1994）。比如，附着在防波堤和岩石上的水生群落（第 2 章 "潮下带海鞘的种群动态"）通常由单个物种组成——藤壶或被囊动物，它们一旦拓殖成功就会独占所有的空间（Sutherland 1974）。

在促进模型中，这些入侵者很显然不是先锋物种。相反，它们牢牢 "抓住" 了这些生存空间，阻止其他物种的侵占（Law and Morton 1993）。在这个**抑制模型**（inhibition model）中，最初的拓殖者抑制了后面的物种，而在促进模型中，先锋种是帮助后来者拓殖的。

最后，我们还应该考虑另外一种观点：初始的拓殖者既不抑制也不帮助后来的物种，即演替的**忍耐模型**（tolerance model）。我们可以将忍耐模型当作一个简单的零假说，其中生物间的相互作用和环境的改变对演替没有明显的影响。然而，在忍耐模型中我们可能依然能够观察到有序的演替，这可能是源于物种生活史和拓殖潜力上的差异（Connell and Slatyer 1977）。虽然有更为复杂的方式来对演替模型进行分类（Noble 1981），但是这里提到的三个模型——促进模型、抑制模型和忍耐模型——涵盖了最重要的生态学机制。

8.1.2　演替的矩阵模型

促进模型、抑制模型和忍耐模型是针对演替的语言模型。然而，我们期望能够构建一个数学模型来描述这些过程，从中得到可供检验的模型预测。为此，我们将介绍群落演替的矩阵模型，即描述群落随时间是如何从一个 "状态" 变为另外一个 "状态" 的。然后，通过设置合适的参数，从该矩阵模型中分别得到促进模型、抑制模型和忍耐模型。

在描述种群和群落的变化方面，矩阵模型虽然简单但却非常强大（Horn 1975；Usher 1979）。实际上，在第 3 章介绍包含年龄结构的种群增长时，我们就已经接触到了这类**马尔科夫模型**（Markov model）[*]。简单的莱斯利矩阵模型和更为高级的基于阶段（stage）的预测模型本质上都是一样的，即矩阵的乘法。本章我们将用矩阵乘法来模拟演替（如果你还不熟悉矩阵乘法，那么请先阅读第 3 章的内容）。

8.1.3　设置演替阶段

首先，我们需要设置一系列彼此互不包含的相互排斥的阶段，以此来表示不同的离散的群落。这些阶段可以是很多物种的集合（比如藻丛和海绵），也可以是个体的集合（比如红枫树和山核桃树）。最终的目的都是要将自然群落分为离散的阶段，从而方便生态学家开展工作。至于这些阶段是否能真正地代表演替的"自然"单元，这不是模型本身所能回答的问题。

有时候，为模型选择阶段意味着同时设定了斑块的空间尺度。比如，如果阶段代表的是单个物种，那么单个斑块就不能太大，以免包含多个物种。而如果阶段是不同的群落类型，那么模型还应该包含一个"空"阶段，代表群落遭破坏后尚未开始演替的状态。不管最终选择了哪些阶段，这些阶段之间都必须是相互排斥的，并且这些阶段一起涵盖了所有可能的群落状态。换句话说，在任何一个时间点上，一个群落要么属于这个阶段，要么属于另外一个阶段。

8.1.4　设定时间步长

一旦设置好了阶段，下一步就是要设定模型的时间步长。不同于我们前面章节中的微分方程，基于阶段的演替模型是以离散的时间为基础的。通常，演替模型的时间步长为 1 年或者 10 年。然而，对于短命的或季节性的群落装配来说，比如海藻或以腐肉为食的昆虫，模型的时间步长可能是几周或是几天。

8.1.5　构建阶段向量

假定某个斑块有 n 个可能的阶段。想象整个景观是由很多个这样的斑块所组成的。可以构建一个**阶段向量**（stage vector）来告诉我们落在每个阶段里的斑块的数目。用黑体 s 来表示该向量。

比如，假定现在有 4 种斑块类型：空斑块、草地、灌丛和森林。假设我们

---

[*] Andrei Andreyevich Markov（1856—1922），俄国数学家，是随机变量序列研究的先驱。变量在将来的状态只依赖于变量在当前的状态，而与之前的历史状态无关。

出去调查了 500 个斑块，各斑块类型的数目如下：

$$s(t) = [250, 100, 80, 70] \qquad \text{表达式 8.1}$$

表达式中的小括号 (t) 表示这是在 t 时刻的阶段向量。因此，有 250 个空斑块、100 个草地斑块、80 个灌丛斑块和 70 个森林斑块。阶段向量里的值必须是非负的实数。零是允许的，意味着某个阶段的缺失。模型将会告诉我们这些数字随时间是如何变化的。模型还会预测出在平衡状态时各斑块类型的分布情况。

8.1.6 构建转移矩阵

现在介绍矩阵模型的核心——**转移矩阵** (transition matrix)。该矩阵与第 3 章中预测种群增长的莱斯利矩阵是一样的。然而，在转移的解释上和允许的矩阵元素的输入值上会有一些重要的区别。

如果模型有 n 个阶段，那么转移矩阵 A 将是一个具有 n 行和 n 列的方阵。这个矩阵行和列的标签即为斑块类型的名字。矩阵的每一列代表当前时刻 (t) 的斑块状态，而每一行代表下一时刻 ($t+1$) 的斑块状态。矩阵中的每个元素值代表斑块从当前状态（列）变为下一状态（行）的转移概率。因此，对于 4 阶段的演替，转移矩阵有 4 行 4 列共 16 个输入值。这里是一个比较典型的矩阵：

		时间 t 时的状态			
		空地	草地	灌木	森林
时间 $t+1$ 时的状态	空地	0.65	0.23	0.25	0.40
	草地	0.15	0.70	0.25	0.10
	灌木	0.00	0.07	0.25	0.15
	森林	0.20	0.00	0.25	0.35

表达式 8.2

矩阵里的元素 p_{ij} 表示阶段 j 在下一时刻变为阶段 i 的概率。比如，从草地（列）变为空地（行）的概率为 0.23，而从森林变为草地的概率为 0.10。

阶段转移并非一定是对称的。例如，尽管从草地变为空地的概率是 0.23，但是从空地变成草地的概率却是 0.15。矩阵对角线上的元素表示的是斑块维持状态不变的概率。

从这个例子中，我们可以看到演替转移矩阵的两个一般性的特征。① 矩阵中所有的数值都是正值，且在 0.0 到 1.0 之间。这是很容易理解的，因为这些值表示的是变化的概率，而概率是不可能大于 1.0 或小于 0.0 的。② 注意矩阵中每列的所有数值之和为 1.0。为什么？正如我们前面所讲到的，模型中的阶段划分是相互排斥的，并且这些阶段代表了所有可能的情况。因此，所有事件发生的概率之和也必然为 1。

8.1.7 循环图

转移矩阵可以用一个循环图来表示。模型中的每个阶段以一个圆圈代表。用一条单向的箭头来连接两个阶段，同时将转移的值写在箭头的上方。如果转移概率的值为 0.0，那么就无需画上箭头。表达式 8.2 中的转移矩阵可用图 8.1 来表示：

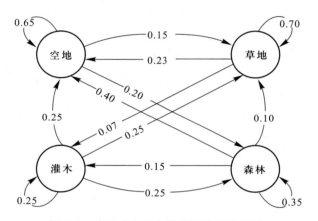

图 8.1　表达式 8.2 中转移矩阵的循环图。

8.1.8 预测群落变化

转移矩阵包含了斑块在不同阶段间变化的所有信息。这个矩阵就是一套概率"规则"，决定了演替的格局，而不论演替的起始点在哪里。下一步就是要将这些规则应用到阶段向量 s 上。如果 t 时刻的阶段向量是已知的，那么我们就可以应用转移矩阵得到 $t+1$ 时刻的阶段向量：

$$s(t+1) = As(t) \qquad\text{方程 8.1}$$

在我们这个例子里，草地斑块在 t 时刻的数量是 100。那么在 $t+1$ 时刻，草地斑块的数目是多少？通过方程 8.1 即可得到。具体来说，在 $t+1$ 时刻草地斑块有 4 个可能的来源：分别由之前的空斑块、灌丛和森林斑块转化而来，以及未发生转移的之前的草地斑块本身。从我们的矩阵里可以得到：

草地斑块$(t+1)=(0.15)(250)+(0.70)(100)+(0.25)(80)+(0.10)(70)$
$$=134.5 \qquad \text{表达式 8.3}$$

这个表达式里的第一项表示在 250 个空斑块中，有 15% 会转变为草地斑块$[(0.15)(250)]$。同理，有 25% 的灌丛斑块$[(0.25)(80)]$和 10% 的森林斑块$[(0.10)(70)]$也将转变为草地斑块。此外，再加上未发生转移的草地斑块$[(0.70)(100)]$。因此，草地斑块由 t 时刻的 100 个变为 $t+1$ 时刻的 134.5 个。

其他的转移如下：

干扰斑块$(t+1)=(0.65)(250)+(0.23)(100)+(0.25)(80)+(0.40)(70)$
$$=233.5$$

灌丛斑块$(t+1)=(0.00)(250)+(0.07)(100)+(0.25)(80)+(0.15)(70)$
$$=37.5$$

森林斑块$(t+1)=(0.20)(250)+(0.00)(100)+(0.25)(80)+(0.35)(70)$
$$=94.5 \qquad \text{表达式 8.4}$$

因此，我们起始的阶段向量为：
$$s(0)=[250, 100, 80, 70] \qquad \text{表达式 8.5}$$

经过 1 步之后，该向量变成：
$$s(1)=[233.5, 134.5, 37.5, 94.5] \qquad \text{表达式 8.6}$$

尽管斑块状态发生了变化，但总的斑块数是保持不变的（500）。现在我们有了 $t+1$ 时刻的阶段分布，将其作为模型的输入，进而预测模型在下一时刻的阶段分布情况：

$$s(t+2)=As(t+1) \qquad \text{方程 8.2}$$

在模型的每一步，通过转移矩阵与当前阶段向量的乘积来得到下一时刻的状态分布。我们将会看到，虽然这些数值刚开始时是变化着的，但是这种变化最终会停止。

8.1.9　确定平衡点

虽然阶段向量里的数值是不断变化的，但是记住转移矩阵 A 在这个过程中是保持不变的。如果继续这个矩阵相乘的过程，那么我们很快就能得到如下的平衡状态：
$$s(t)=[223.03, 164.70, 31.52, 80.75] \qquad \text{表达式 8.7}$$

一旦到达这个平衡状态，这些数值就不再发生变化，无论我们再进行多少次的矩阵乘法运算。更为有意思的一点是：初始的斑块分布不会影响这个平衡阶段向量的大小。换句话说，不同的起始条件会得到相同的平衡阶段向量。

　　比如，假定景观中只有空斑块。那么初始阶段向量为：

$$s(0) = [500, 0, 0, 0] \qquad \text{表达式 8.8}$$

图 8.2 给出的是在这两个不同的初始阶段向量下的演替轨迹。从图 8.2a 中可以看到，大概 5 步之后，初始向量就转变为平衡状态时的向量。如果所有的斑块都为空（图 8.2b），那么我们会得到完全相同的平衡向量。因此，平衡不受

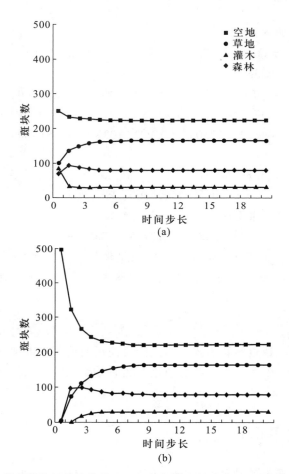

图 8.2　两个初始斑块向量的演替轨迹。（a）初始向量为 $s(0) = [250, 100, 80, 70]$。（b）初始向量为 $s(0) = [500, 0, 0, 0]$。这两个模型的转移矩阵 A 即为表达式 8.2。在该转移矩阵下，不论初始向量是怎么样的，最终均收敛于一个相同的平衡状态。

起始条件的影响 *。相反地，平衡状态完全是由转移矩阵 **A** 所决定的。

我们已经知道平衡向量不依赖于初始斑块向量，而仅受转移矩阵的影响。通过计算转移矩阵的特征向量，我们就可以得到该平衡向量。不幸的是，手算求特征向量非常困难（除了非常小的矩阵）。

更合适的方法是直接对矩阵乘法进行编程，这在计算机上通过电子制表软件是很容易实现的（参考 Donovan and Welden 2001）。同时，通过修改这种"电子计算器"还可以在模型中考虑其他的因素。本章中所有的例子都是采用这种乘法的手段来计算的。

8.1.10 阶段向量和转移矩阵：两种解释

让我们认真地思考一下阶段向量和转移矩阵是如何定义和解释的。在我们前面介绍的例子中，阶段向量代表了景观中处于某个特定状态的斑块的数目。在这种情况下，转移矩阵中的元素描述了能从一个状态变为另一个状态的斑块在总斑块中（具特定状态的斑块总数，而非景观中所有的斑块）所占的比例。

然而，我们也可以在单个斑块的水平上来解释这个模型。此时，转移矩阵代表了一个斑块从一个状态变为另一个状态的概率。那么阶段向量代表着什么呢？起始向量中代表当前斑块状态的值为 1，其他的均为 0。平衡时，阶段向量表示的是斑块处于每个状态下的时间的比例。因此，在平衡时，16%（80.75/500）的斑块将是森林，同时任何单个的斑块 16%的时间是处于森林的状态下的。

需要记住的一点是：尽管达到了平衡，但是该系统却不是静止的。斑块在不断地发生周转，不停地在不同的状态间变化。不变的是这些状态出现的频率。最后，我们如果要将这个模型外推至景观中的一系列的斑块的话，就需要假设这些斑块是彼此相似的。

8.2 模型假设

简单的演替矩阵模型——它的遍历行为——依赖于下述假设：

---

* 数学家们称这种收敛的特征为遍历（ergodicity）。如果系统的最终行为不依赖于初始条件，那么该系统就具有遍历性（Caswell 2001）。所有简单的演替矩阵模型都具有这种遍历的行为。另外一个与之紧密相关的特征是同质性（homogeneity）。如果矩阵的元素不随事件而发生变化，那么该转移矩阵就是同质的。最好将同质性理解为模型的简化的前提假设，而将遍历性理解为该前提假设的一个数学结果。在本章的后面，我们讨论的一些矩阵不是同质的，因此可能也就不是很遍历的。

（1）群落可以用离散的状态来表示。这些状态能将群落分成明显不同的类型。状态之间是相互排斥的，并涵盖了所有可能的群落状态。因此，无论群落如何变化，都可以将其纳入某个状态之中。

（2）离散且均匀分隔的时间。模型假设时间是离散的，时间步长的设置对于所研究的系统是合适的。

（3）同质的转移矩阵。转移矩阵不随时间而发生改变。虽然向量元素在不断变化，但是转移矩阵本身是不变的。

（4）无空间结构。转移概率不依赖于斑块的空间分布。换言之，变化概率不依赖于邻近斑块。

（5）无密度依赖。当某个斑块类型很多或很少时，其转移概率不会发生改变。

（6）无穷多的斑块。模型计算中涉及了"分数斑块"，因此模型不会因斑块数目小而受到影响（参考"种群统计随机性"）。

（7）无时滞。阶段向量的变化只依赖于当前的斑块状态，而不依赖于任何之前的状态，也不依赖于当前状态是如何实现的。

8.3 模型变体

一些作者认为上面的这些假设太过严格，而且非常不符合实际。因此，演替的矩阵模型用处不大（Facelli and Pickett 1990）。与此前一样，通过改变那些被认为对模型非常重要的假定，可以判断出复杂性的引入会如何影响模型的解释和结果。但是首先还是让我们回到演替是如何发生的这一基本点上来。

8.3.1 再论演替模型

我们已经知道如何构建一个矩阵模型来描述群落在不同状态间的变化。我们也看到这类矩阵模型存在一个独一无二的平衡向量，该平衡向量只受转移矩阵的影响而与斑块状态的初始分布无关。

现在我们回到前面讨论的有关演替的三个语言模型上：促进模型、抑制模型和忍耐模型。这三类模型对应的转移矩阵会是什么样子的？我们通过给空斑块–草地–灌丛–森林矩阵模型设置合适的系数来进行说明。

8.3.2 促进模型

对于促进模型，我们假定群落变化的次序为：从空斑块到草地，到灌丛，再到森林，森林代表着顶级群落。同时，回想促进模型的"规则"：阶段是不能够被跳过的，每个阶段必须依次发生，从而"帮助"群落进入下一个阶段。针对这个模型，一个可能的转移矩阵如下：

		时间 t 时的状态			
		空地	草地	灌木	森林
时间 $t+1$ 时的状态	空地	0.10	0.10	0.10	0.01
	草地	0.90	0.10	0.00	0.00
	灌木	0.00	0.80	0.10	0.00
	森林	0.00	0.00	0.80	0.99

表达式 8.9

在这个例子中，对于任何一个斑块，我们假定干扰总有 10% 的可能性重置系统。然而，"顶级"的森林群落受干扰重置为空斑块的可能性会低一些，设其为 1%。在草地和灌木斑块中，我们假定其保持不变的可能性为 10%，这也就意味着剩余的 80% 都会转变到下一个阶段。

该促进模型是通过矩阵中一系列特殊搭配的零值来实现的，通过这种搭配使得斑块在序列中按序运动变化。图 8.3a 为其对应的循环图。

8.3.3 抑制模型

对于抑制模型，我们假定三个群落状态（草地、灌丛和森林）之间的替代是有一定限制的，即只有在因干扰而释放出空间的情况下。一个可能的转移矩阵如下：

		时间 t 时的状态			
		空地	草地	灌木	森林
时间 $t+1$ 时的状态	空地	0.10	0.10	0.10	0.10
	草地	0.30	0.90	0.00	0.00
	灌木	0.30	0.00	0.90	0.00
	森林	0.30	0.00	0.00	0.90

表达式 8.10

在这个矩阵中，不管初始条件如何，干扰都有 10% 的可能性重置系统。而一旦群落建立起来就会保持不变，除非有干扰将其破坏掉。受干扰后，空斑块转变为任何一种状态的机会都相等（30%），而继续为空斑块的可能性为 10%。图 8.3b 为其对应的循环图。

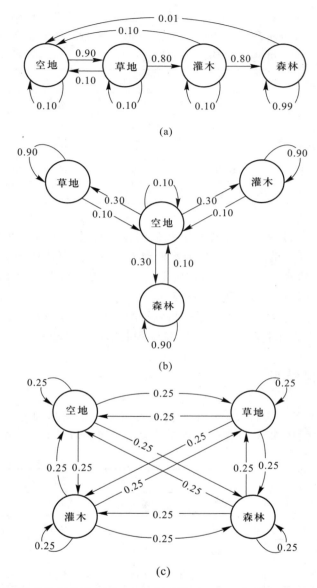

图 8.3 简单演替模型的循环图。(a) 促进模型；(b) 抑制模型；(c) 忍耐模型。

8.3.4 忍耐模型

对于忍耐模型，我们假定所有状态间的转变机会都是均等的，包括空斑块。其转移矩阵如下，其中矩阵的元素是相等的：

		时间 t 时的状态			
		空地	草地	灌木	森林
时间 $t+1$ 时的状态	空地	0.25	0.25	0.25	0.25
	草地	0.25	0.25	0.25	0.25
	灌木	0.25	0.25	0.25	0.25
	森林	0.25	0.25	0.25	0.25

表达式 8.11

在该模型中，每个群落既不抑制也不促进其他群落的进入。因此，状态间的所有转变都以相等的可能性发生。图 8.3c 为其对应的循环图。

8.3.5　模型比较

为了比较这些不同转移矩阵的预测，我们假定最初的系统是由 1000 个空斑块所组成的。三个模型的轨迹差别很大。抑制模型和忍耐模型大概 1 步之后就达到了平衡状态，而促进模型大概需要 20 步才能达到平衡（图 8.4）。

正如我们前面所指出的，这些模型都是可遍历的，都能很快地达到它们的特征平衡点。我们如果知道转移矩阵的元素，那么就能很容易地预测出其对应的平衡状态。但是反过来却不成立。基于平衡分布，实际上我们是不能够推断出一个唯一的转移矩阵的，因为很多个不同的矩阵都可以导致相同的模式。此外，我们如果试图从自然界中的斑块状态分布来构建转移矩阵的话，那么就意味着假定这个系统已经处于稳定的平衡状态了。

看起来区分促进模型、抑制模型和忍耐模型的最好方法就是直接比较其转移矩阵的结构了。换句话说，模型的假设可能比模型的预测差别更加明显（Connell et al. 1987）。然而，构建一个转移矩阵并用它去预测群落的阶段分布确实有助于我们理解演替变化是如何发生的，如同我们即将看到的 McAuliffe（1988）关于沙漠植被变化的工作。

8.3.6　其他模型

通过改变模型的假设和引入更多的复杂性，我们基本的矩阵模型可以产生很多非常有意思的变化。这里我们只泛泛地介绍一些可能的情况，而不深入具体的细节。如果演替过程是有"记忆力"的，那么转移可能不仅仅依赖于当前的状态，还可能受之前群落状态的影响。如同包含时滞的种群增长模型（第 2 章），这个矩阵模型可呈现出复杂的瞬时动态，Tanner 等（1996）有关珊瑚礁动态的研究即为一例。

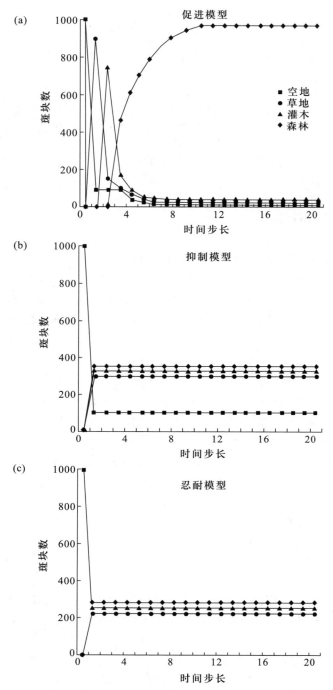

图 8.4 简单演替模型中斑块的变化情况。在每个模型中，初始向量为 $s(0) = [1000, 0, 0, 0]$。（a）促进模型；（b）抑制模型；（c）忍耐模型。

　　另外一种可能是：转移矩阵本身不是常数，而是随时间变化的。比如，矩阵中的每个元素都是从一个概率分布（由平均值和方差所决定）中抽取而来的，如同随机指数增长模型（第 1 章）。在这种情况下，模型不再存在一个简单的平衡状态，而是收敛于一个"平均"分布（Caswell 2001）。

　　此外，矩阵的元素也有可能随时间而发生有方向性的改变，反映的是长期的环境变化如全球变暖或氮沉降的增加。在这些模型中，群落装配可能永远都不会达到平衡状态，而按一定规律变化的不同的转移矩阵持续改变着阶段向量（Doak and Morris 1999）。

　　如果要在演替模型中考虑空间结构的话，那么就需要采用完全不同的数学知识来描述群落的变化。转移矩阵与阶段向量的相乘是远远解决不了问题的。取而代之的是，我们需要模拟每个单个的斑块并跟踪其状态的变化。在这类模型中，状态转移的规则可能受邻近的斑块状态的影响。比如，某个简单的规则可能是这样的：斑块转变为某一状态的概率与邻近斑块中处于该状态的斑块数目呈比例（Molofsky 1994）。这样的规则描述了一个现实中的情景：到达某个斑块中的绝大部分的个体都是从附近的斑块扩散过来的。这些所谓的**元胞自动机模型**（cellular automata model）可以产生非常复杂的动态 *，导致局域灭绝、斑块化和席卷整个生境景观的空间"波"（Wolfram 1984；Durrett and Levin 1994）。最后，**基于个体的模型**（individual-based model）能跟踪个体的出生、生长和死亡过程，能考虑扩散、促进作用、增长和抑制等生态学机制。这些具更高现实性的模型已被用来拟合有关温带森林演替的大型数据（Botkin 1992；Pacala et al. 1996）。

　　所有这些模型都能产生复杂的有趣的模式。然而，针对这些模型，收集数据来估计其模型参数是一件非常困难的事。因此，有些模型的提出仅仅是出于理论研究的兴趣。在后面的两个例子中我们将会看到，即便是最简单的演替矩阵模型，模型参数的估计依然是件体力活并需要足够的创造力。

8.4　实例

8.4.1　沙漠植被的马尔科夫动态

　　如果你"决定开始那段加州之旅"，开车穿过索诺兰沙漠和莫哈维沙漠，

---

* 这种动态类似于日本古老的"围棋"游戏，下棋者用自己的棋子包围对手的棋子从而将其吃掉。

你将会发现几千公顷的空地，主要生长着拉瑞阿属植物（*Larrea*）和豚草属植物（*Ambrosia*）。尽管沙漠景观看起来是静态的，但实际上它是一个动态的系统，经历着缓慢的演替变化。McAuliffe（1988）构建了一个简单的只包含 3 个状态的马尔科夫模型，来描述拉瑞阿属植物、豚草属植物和空地之间的转变。

因为沙漠植物死后腐烂非常缓慢，所以通过非常仔细的野外调查有可能估计出死亡率和斑块的转移情况，同时通过测量灌木茎的年轮可以估测生长情况。在索诺兰沙漠中，针对位于亚利桑那州（尤马县）圣路易斯周围的群落，McAuliffe（1988）综合利用多种数据构建了该沙漠群落的转移矩阵。图 8.5 就是他估计的圣路易斯点的转移矩阵。矩阵的时间步长为 1 年，描述了三个状态间（空地、拉瑞阿属植物和豚草属植物）的转移情况。

		时间 *t* 时的状态		
		空地	豚草属植物	拉瑞阿属植物
时间 *t* + 1 时的状态	空地	0.99854	0.031	0.0016
	豚草属植物	0.0013	0.96842	0.0000
	拉瑞阿属植物	0.00016	0.00058	0.9984

图 8.5　位于索诺兰沙漠里圣路易斯实验点沙漠植物群落的转移矩阵。（资料来源：From McAuliffe 1988）

如你所看到的，该矩阵与我们前面介绍的任何一个理想的矩阵模型（促进、抑制和忍耐模型）都不相似。然而，拉瑞阿属植物很少侵占空地，拉瑞阿属植物的幼苗几乎总是生长在豚草属植物的冠层下面。虽然这是一种典型的促进作用，但是其并没有如促进模型所预测的那样导致有序的物种替代的发生。同时，因为这个系统的变化很慢，拉瑞阿属植物不能立即替代豚草属植物，所以在该模型中这个转移概率设为了 0（1 年为时间步长）。矩阵的所有对角元素的值都接近于 1.0。我们将会看到，这点对该系统的动态有非常重要的影响。

除了估计转移矩阵，McAuliffe（1988）还测量了景观中每种斑块状态所占据的比例。然后，他利用构建的转移矩阵来预测在平衡时每个状态的频度。注意这里有两类数据：为构建转移矩阵而间接测量的状态变化情况，以及为估计阶段向量而直接测量的斑块占据情况。

观察到的阶段向量和通过转移矩阵预测的平衡时的阶段向量之间的吻合程度如何？结果还是很好的（图 8.6）。不过，模型预测拉瑞阿属植物应该占据 9.9% 的斑块，而实际观察值仅为 2.8%。McAuliffe（1988）认为密度依赖的死亡可能导致了拉瑞阿属植物的盖度小于模型的预测值。

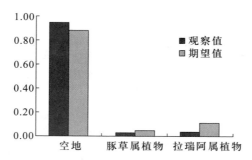

图 8.6 圣路易斯沙漠植物群落斑块状态的频度分布（观察值和期望值）。（资料来源：From McAuliffe 1988）

从该预测模型中，我们也可以了解到一些其他的信息，比如沙漠群落受人类干扰后如何恢复。在沙漠里，小尺度的人类干扰，包括采集仙人掌和 ATV（一种全地形车）爱好者们的活动，而大尺度的干扰则包括建立大型的军事基地和漫无边际的房屋开发。我们可以利用 McAuliffe（1988）的模型来看看拉瑞阿属植物和豚草属植物的盖度需要多长时间才能恢复到平衡水平（从 100%的空地开始演替）。图 8.7 为这两个物种的轨迹，从 1000 个空斑块开始演替。

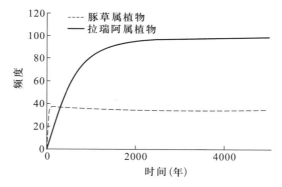

图 8.7 模拟拉瑞阿属植物和豚草属植物斑块的变化情况。图 8.5 中给出了相应的转移矩阵。初始向量由 1000 个空斑块所组成。

所需时间极其漫长，超过了 2000 年。之所以到达平衡如此缓慢，是因为转移矩阵的对角元素的值都接近于 1.0。换言之，从一年到下一年状态发生改变的斑块非常少。导致的结果就是干扰（自然的或是人类的）之后的恢复非常缓慢。

8.4.2 珊瑚演替模型

生态学家需要长期的数据来估计转移矩阵和构建符合实际的演替模型。从

1962 年开始，生态学家约瑟夫·康奈尔（Joseph Connell）和他的同事们对位于澳大利亚大岛礁苍鹭岛上的珊瑚群落进行了长期的调查，在岛上他们设置了 3 个 1 m² 大小的永久性珊瑚样方。每次调查时，他们先对样方进行拍照，然后将 20×20 方格叠加到照片上，从中可以测量出方格的状态转移。大概每 19 个月对样方进行一次调查，这样总共观察到了 19200 次转移。

Tanner 等（1996）利用这些数据构建了多个演替矩阵模型。首先，他们对记录到的 72 个珊瑚物种和 9 个海藻物种进行了归类：6 类硬珊瑚、1 类软珊瑚和 1 类海藻。加上空地，在他们的矩阵中总共有 9 个状态。随后，他们构建了 4 类不同的矩阵模型：

模型 1：一阶马尔科夫模型。这个模型与我们在本章介绍的基本演替模型是一样的。从观测数据中估计出 9×9 的转移矩阵，然后将该矩阵与含 9 个元素的阶段向量相乘。因为群落中没有明显的竞争优势种，所以转移矩阵中为 0 的元素比较少（参考思考题 8.5.1）。因此，该模型与忍耐模型比较相似。

模型 2：二阶马尔科夫模型。转移概率可能不仅依赖于斑块的当前状态，还受到斑块的前一状态的影响。比如，从海藻到空地的转变，依赖于斑块之前的状态是海藻–海藻还是软珊瑚–海藻。换句话说，该转移概率既依赖于当前的状态（海藻），又依赖于之前的状态（软珊瑚或海藻）。因此，该系统具有一个针对时间步长的"记忆"。

模型 3 和 4：半马尔科夫模型。这些模型与二阶马尔科夫模型相似。然而，转移概率依赖于斑块被占据的绝对时间。每个物种都有各自的"等待时间"，一旦超过了这个时间，斑块状态就会发生改变。在模型 3 中，等待时间（从 1 到 11 个时间步长）的分布是从数据中估计出来的。而在模型 4 中，等待时间即为 2 个时间步长。这些模型既考虑了组分物种不同的生活史特征，又考虑了一个非常重要的事实，即瞬态物种占据斑块的时间是有限的。

这些模型的预测会有什么不同呢？对于软珊瑚而言，两个半马尔科夫模型预测的占据率要高于一阶和二阶模型所预测的值。模型越复杂，系统到达平衡状态所需的时间就越长。然而，复杂模型的预测结果与一阶模型的却惊人地相似（图 8.8）。Tanner 等（1996）认为两个原因导致了这种相似性。第一，珊瑚栖息地和海藻的周转非常快，使得只有很小部分的栖息地能够存活足够长的时间。第二，这些珊瑚群落频繁地遭受热带飓风的干扰。这两点都使得历史因素的影响趋于最小化。

虽然急需类似这样的长期研究，但是上面的这些结果意味着基本的马尔科夫模型可能依然是一个有用的预测工具，即便其并没有考虑历史效应和物种的生活史差异。

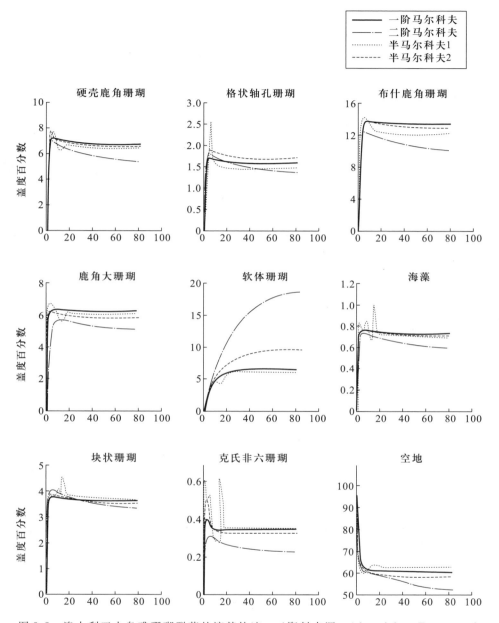

图 8.8　澳大利亚大岛礁珊瑚群落的演替轨迹。（资料来源：Adapted from Tanner et al. 1996）

8.5 思考题

8.5.1 下表是 Tanner 等（1996）研究最简单（一阶）的马尔科夫模型测量的转移矩阵：

t+1 时的状态	t 时的状态								
	硬壳鹿角珊瑚	格状轴孔珊瑚	布什鹿角珊瑚	鹿角大珊瑚	软体珊瑚	海藻	块状珊瑚	克氏非六珊瑚	空地
硬壳鹿角珊瑚	0.354	0.046	0.032	0.032	0.000	0.071	0.025	0.039	0.059
格状轴孔珊瑚	0.021	0.314	0.005	0.004	0.003	0.014	0.000	0.000	0.014
布什鹿角珊瑚	0.066	0.030	0.478	0.082	0.016	0.090	0.076	0.105	0.091
鹿角大珊瑚	0.049	0.016	0.038	0.439	0.009	0.057	0.031	0.053	0.039
软体珊瑚	0.001	0.005	0.005	0.004	0.835	0.005	0.011	0.000	0.014
海藻	0.009	0.036	0.007	0.004	0.000	0.033	0.015	0.000	0.007
块状珊瑚	0.015	0.003	0.013	0.014	0.006	0.052	0.340	0.000	0.032
克氏非六珊瑚	0.002	0.005	0.001	0.001	0.000	0.000	0.000	0.224	0.004
空地	0.482	0.544	0.421	0.421	0.131	0.678	0.501	0.579	0.741

a. 从格状轴孔珊瑚转变为布什鹿角珊瑚的概率是多少？

b. 哪个阶段（除了空斑）最有可能被空斑所替代？

c. 在这个群落中哪些转移从未被观察到？

*8.5.2 假定现在有 900 个斑块，起始群落为每个状态各 100 个斑块。那么 1 步之后每个状态的斑块数是多少？（接上题）

---

* 拓展题

第 9 章　物种多样性测定

9.1　前言

　　群落生态学非常重要的一项工作就是记录物种多样性的模式和这些模式在时空上的变化（Rosenzweig 1995）。通过这些数据来研究群落是如何组织的，以及如何减缓在急速增长的人口压力下生物多样性的丧失。比如，在大的空间尺度上，热带地区比温带地区有更多的植物和动物物种（Hillebrand 2004）。在小的空间尺度上，营养物输入水平的不同（Huston 1980）和有无顶级捕食者（Sergio et al. 2005）都会导致群落物种丰富度和均匀度的不同。对此，生态学家们提出了多种解释机制（Rohde 1992）。

　　绝大部分生态学教科书都列出了很多种物种多样性的模式和解释这些模式的假说，以及相应的实例研究。本章我们将探讨一个更基础的问题：如何量化物种多样性？我们在用科学的方法去研究某些事物之前，首先需要去量化它，而这在生物多样性的研究中却不是那么容易的一件事。

林地漫步

　　假设我们现在在新英格兰的林地里，随机地从林冠层和较低的植被层上采集了 100 只蚂蚁（Ellison et al. 2007）。我们将蚂蚁标本保存在装满乙醇的小瓶子中，在瓶子上贴上标签，写上采集的日期、生境类型、研究地点的经纬度和海拔（用 GPS 或地形图；Agosti et al. 2000）。回到实验室后，通过解剖显微镜观察这些标本，与已有的手册、分类知识以及网络资源（antbase. org；Agosti and Johnston 2005）进行对照，从而对这些标本进行分类鉴定到物种的水平（Coovert 2006；Fisher and Cover 2007）。对于生态学家来说，鉴定物种是一件非常困难的事情（Gotelli 2004），所以我们有可能得花上几天的时间去附近的自然历史博物馆。通过与博物馆中馆藏的标本进行比较，以及咨询馆内相应的分类学专家，从而对我们采集的标本进行正确的分类。

　　当我们完成了这些鉴定工作之后，我们就可以将获得的数据做成一个表格，表格中的每一行代表一个物种。表格的第一列为种名和属名，第二列为采集到的个体的数目（表 9.1）。基于这些数据，可以画出**等级多度图**（rank abundance graph）。我们首先将物种按照个体数从多到少的次序排序，将这些物种按这个顺序放在 x 轴上。然后我们在每个物种上画上一个柱子。柱子的高度即为该物种的多度（y 轴）（图 9.1）。

表 9.1　假想的生物多样性数据，这是在生物多样性调查中最简单的一类数据。尽管这是一套假想的数据，但是物种列表和各物种在表中的排序来源于在纽约栎树林中开展的野外调查（资料来源：Ellison et al. 2007）

蚂蚁物种	收集到的个体数
红蚂蚁（*Aphaenogaster rudis*）	45
黑褐蚁（*Formica neogagates*）	32
Myrimica punctiventris	12
Myrmica sculptilis	3
Formica subsericea	2
Stenamma impar	2
切胸蚁（*Temnothorax longispinosus*）	1
玉米毛蚁（*Lasius alienus*）	1
遮盖毛蚁（*Lasius umbratus*）	1
小蜜蚁（*Prenolepis imparis*）	1

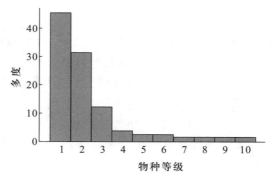

图 9.1　表 9.1 中的数据对应的等级多度图。图中柱子代表着不同的物种。柱子的高度是该物种的多度。

　　这个等级多度图包含了生物多样性的所有的重要信息，从中可以观察到生物多样性的两个组成部分——物种丰富度和物种均匀度。**物种丰富度**（species richness）是指样本中的物种数目，即图中柱子的数目（本例中为 10）。**物种均匀度**（species evenness）是指柱子的相对高度。在均匀程度最高的样本中，所有物种的多度水平应该是相等的。在本例中，最均匀的分布应该是每个物种都有 10 个个体，而最不均匀的分布情况可能是第一个物种有 90 个个体，而其他的 9 个物种各 1 个个体。虽然这两个分布都包含有 10 个物种和 100 个个体，但是第一种情况看起来更丰富多彩些，因为其物种均匀度更高。

绝大部分的样本通常都落在这两种极端的情况之间。在本例中，两个最丰富的物种分别有 45 和 32 个个体，而 4 个最稀少的物种各有 1 个个体。这种模式具有一定的代表性：绝大多数的样本通常都是由少数的几个物种所主宰的，因为这少数的几个物种的多度或生物量占据了群落总多度或生物量的大部分。而其他物种的个体数会少很多——一些物种可能只有 1 到 2 个个体。相应的等级多度图就会呈现出一条长的右尾，代表的即为这些稀有种的多度（McGill et al. 2007）。本章后面我们将会看到，这些稀有物种包含了非常重要的有关"失踪的物种"的信息：物种如此稀少，以至于没有出现在某个特定的样本中。

9.2 组织生物多样性数据

为了构建一个定量描述生物多样性的框架，我们需要一个概念模型，即在自然界中多样性是如何组织的？我们的模型代表的群落是由离散的单个有机体所组成的。每个有机体属于一种"类型"，通常为一个物种。另外，个体也可以在更高的分类单元上进行分组，如属或科的水平。对于化石群落组成，这是标准的做法，因为通常不可能将那些化石标本鉴定到物种的水平。此外，我们也可以在分类水平上量化生物多样性，而非个体水平。比如，不是去数有多少个个体，而是去数有多少个物种，然后将它们归入属或其他的分类单元。还有其他一些不是基于进化关系的分类方法，比如营养级状态（生产者、消费者）、功能状态（啃食者、滤食者）和生长型（灌木、乔木）等。但不管是怎么分类的，每个个体都只会被记数一次，也只会出现在分类系统的一个类别之中。

为了引入一些数量标记，假定样本中有 S 个物种的 N 个个体。我们对这些物种进行排序，从 $i=1$（个体数最多的物种）到 S（个体数最少的物种）。n_i 表示序列中第 i 个位置上的物种的多度：

$$N = \sum_{i=1}^{S} n_i \qquad\qquad \text{方程 9.1}$$

以 p_i 表示物种 i 在群落中所占的比例：

$$p_i = \frac{n_i}{N}$$

方程 9.2

这些 p_i 值之和为 1.0：

$$1.0 = \sum_{i=1}^{s} p_i$$

表达式 9.1

对于绝大多数有性繁殖的动物物种来说，上面介绍的框架从识别、分类到记录个体数是没有问题的。然而，有很多植物和无脊椎动物物种存在着无性繁殖，比如草类（克隆生长和繁殖）和珊瑚。对于这些有机体来说，我们没有办法数出离散的"个体"，所以它们的物种多样性通常是通过相对盖度或生物量来测量的。不幸的是，对于本章所介绍的模型，我们无法利用相对盖度或生物量数据来计算多样性，因为这些模型是基于离散个体的。在本章的结尾部分，我们将介绍另外一种量化生物多样性的方法，专门针对不基于个体的测量数据。

9.2.1 多样性糖罐

可以将群落所在的环境或生境想象成一个大的糖罐，里面装满了各种颜色的果冻豆（Longino et al. 2002）。每个果冻豆代表一个个体，不同的颜色代表群落中不同的物种。糖罐中总计有多少果冻豆，有多少种颜色的果冻豆以及每个颜色的果冻豆各有多少个，这些对应着群落中总计有多少个个体，有多少个物种以及每个物种的相对多度是多少。

不幸的是，自然界这个糖罐太大了，以至于我们无法对其中的所有东西都进行记数。取而代之的是，我们只能从糖罐中抽取一些样本，然后基于这些样本来推断整个糖罐的情况。当我们比较两个群落时，类似于我们从每个糖罐中抓上一把果冻豆，然后基于这两把果冻豆来判断两个糖罐的异同。

当我们试图从抓取的果冻豆中来推断生物多样性时，我们面临着两个问题。第一，抓取的果冻豆（个体）越多，果冻豆的颜色（物种）就越多；除非我们对用于估计物种数目的个体有着严格的记数，否则所得到的结果可能会误导我们，尤其是当我们期望较多个体的样本会比较少个体的样本包含更多的物种时。因此，如果取样的两个群落的个体数目不同，那么我们不一定能够得到"较大样本会包含较多物种"的结论。

第二，群落中不同物种的相对多度是不同的，也就是说，我们几乎永远都不会发现物种多度完全相等的群落。在绝大部分的群落中，少数物种的多度很多，而多数物种的多度则较少。换言之，糖罐中少数几种颜色的果冻豆非常多，而其他颜色通常只有少数几个果冻豆（甚至只有一个）。如果我们只抓取一小把果冻豆，那么我们最大的可能就是抓到了个体数目最多的那种颜色。而如果我们想要那些稀有的颜色，那么我们就得一次多抓一些果冻豆（或者多抓几次）。

9.2.2　人工松树林中的步甲虫

一项来自北欧的研究可以更清楚地说明上述问题。通过放置一系列的捕获装置，Niemelä 等（1988）对两个不同年龄段（小于 20 年和 20~60 年之间）的人工松树林中的步甲虫进行了取样调查。表 9.2 中的第 2 列和第 3 列表示的是从这两类生境中采集到的步甲虫的个体数目。

表 9.2　在北欧幼龄林和老龄林中，利用捕获装置收集到的步甲虫物种的个体数。表格中空的地方表示未收集到该物种的个体。第 4 列给出了一个随机抽样的结果，即从幼龄林中随机抽取 63 个个体。（资料来源：**Niemelä et al. 1988**）

步甲虫物种	幼龄林	老龄林	从幼龄林样本中随机抽取
Calathus micropterus	48	29	11
Pterostichus oblongopunctatus	23	9	6
Notiophilus biguttatus	3	1	
Carabus hortensis	2		1
Carabus glabratus	15	1	6
Cychrus caraboides	6	1	2
Amara brunnea	2		1
Trechus secalis	30	15	12
Leistus terminatus	3	1	1
Amara familiaris	1		
Amara lunicollis	7		
Bembidion gilvipes	2		1
Bradycellus caucasicus	1		
Calathus melanocephalus	3		1
Carabus nitens	1		
Carabus violaceus	1		
Cicindela sylvatica	10		2

续表

步甲虫物种	幼龄林	老龄林	从幼龄林样本中随机抽取
Cymindus vaporariorum	3		1
Harpalus quadripunctatus	7		
Harpalus sp.	1		1
Leistus ferrugineus	1		
Miscodera arctica	13		5
Notiophilus aestuans	2		2
Notiophilus germinyi	9		1
Notiophilus palustris	9		1
Pterostichus adstrictus	23		5
Pterostichus cupreus	1		1
Pterostichus diligens	1	2	
Pterostichus niger	7		
Pterostichus strenuus	4	4	1
Synuchus vivalis	4		
总个体数（多度）	243	63	63
总物种数（物种丰富度）	31	9	30

从这些数据里可以看到几个非常有趣的模式。首先，在这两个生境中，存在着大量的稀有物种，在表中只有 1~2 个个体。我们将会看到，这些**单个体种**（singleton）和**双个体种**（doubleton）对于估计群落中的总物种丰富度非常重要。其次，存在着一些个体数非常多的物种。在小于 20 年的松林中，4 种最常见的物种（*Calathus micropterus*、*Trechus secalis*、*Pterostichus oblongopunctatus* 和 *Pterostichus adstrictus*）占据了样本总个体数的 51%｛100%×〔(48 + 30 + 23 + 23)/243〕｝。而在另外一个松林里，两种最常见的物种（*Calathus micropterus* 和 *Trechus secalis*）占据了总个体数的 70%｛100%×〔(29 + 15)/63〕｝。

在种植时间短的松林里，总共收集到 31 个物种，而在种植时间长的松林里，只有 9 个物种；感觉年幼的种植林能够容纳更多的步甲虫物种。这个感觉可靠吗？前者 31 个物种来自 243 个个体，而后者 9 个物种则来自 63 个个体。因此，认为能从种植时间短的松林里发现更多的物种可能并不具有说服力，因为从幼林中收集到的个体数几乎是种植时间长的松林的 4 倍。

同时要注意，老龄林的物种组成是幼龄林物种组成的子集：老龄林中出现的所有物种都能在幼龄林中找到，而幼龄林中的很多物种在老龄林中却未被发现。

这些模式意味着一个简单的零假说：幼龄林和老龄林的总物种数目是相等的。这两个样本中的物种丰富度的差别可能仅仅反映的是所收集的步甲虫个体数目上的差异。换句话说，来自老龄林的数据代表着"从同一个糖罐中抓取的一小把果冻豆"（相对于一大把）。那么我们如何检验这个零假说呢？

9.3 稀疏化

糖罐的比喻给我们提供了比较两类种植林中步甲虫多样性的思路。假定我们从这两个松林中都只采集63个个体，此时，基于63个个体的比较就是有效的。在这种情况下，多度就不可能成为影响物种丰富度的潜在因素了。我们虽然无法回到松树林中重新取样，但是可以从幼龄林的243个数据中随机抽取63个，然后观察这63个个体中包含了多少个物种。

按照表9.2，我们可以在糖罐中放入243颗果冻豆，然后从中随机抓出来63颗，看看其中有多少种颜色（物种）。或者，我们也可以写一段很短的计算机程序。程序采取"**不可放回抽样**"（sampling without replacement）（同一个个体最多只能被抽取一次）的方式随机抽取个体。表9.2中的第4列为该抽样的一个例子。从中可见，该抽样包含了20个物种，虽然少于此前幼龄林样本中的31个物种，但是还是多于老龄林样本中的9个物种（两者的个体数目都是63）。随机抽取一个小样本，然后从小样本中获取物种丰富度的期望值（或任何其他的多样性指标），即为**稀疏化**（rarefaction）。

当然，每次抽取得到的物种数可能会不同。我们如果将这个抽取的过程重复1000次，就可以得到该物种丰富度的柱状图，如图9.2所示。需要注意的是，尽管我们每次取样的时候都是无放回的，但是一旦取样完成，就会把这些个体又重新放回糖罐中，为下一次取样做好准备，即"**可放回抽样**"（sampling with replacement）。图9.2中的物种丰富度的变化范围从13到28。换句话说，在1000次的模拟中，其中一次模拟得到的物种丰富度仅为13，而另一次模拟得到的物种丰富度则为28。因此，表9.2中第4列的例子具有一定的代表性，即20个物种。从1000次模拟中得到的物种丰富度的平均值为19.92，95%的随机抽样所得到的物种数在16到24之间。

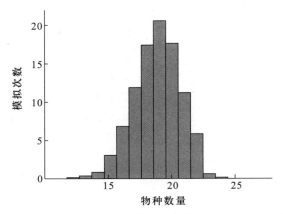

图 9.2 经过 1000 次随机抽取的物种丰富度的分布情况。从表 9.2 中第 2 列即幼龄林的数据中随机抽取了 63 个个体。表 9.2 中第 4 列是一次随机抽取的结果。该直方图的变化范围从 13 到 28 个物种。平均值为 19.92 个物种，置信区间的上下限分别为 24 和 16 个物种。可以看到，所有这些值都明显高于老林 63 个个体所对应的 9 个物种（表 9.2 第 3 列）。

注意这个 **95％置信区间**（95％ confidence interval）（从 16 到 24）并不包括数值 9（老龄林中 63 个个体所包含的物种数）。换言之，从幼龄林中随机抽取 63 个个体，而这 63 个个体只包含 9 个物种的可能性非常小。因此，通过这个比较，我们就能得到"幼林中有更多的物种"的结论。基于这些数据，我们就可以拒绝零假说（幼龄林和老龄林的物种数目没有差异）。

9.3.1 扩展稀疏化曲线

在步甲虫的例子中，为了与老龄林数据进行有效地比较，我们从幼龄林的 243 个个体中随机抽取了 63 个个体。然而，实际上，我们可以构建一条基于所有可能多度的**稀疏化曲线**（rarefaction curve）。此时，稀疏化曲线的 x 轴为多度（个体数目），y 轴为 S（物种数目）。

即便不采用计算机模拟，我们也已经知道了这条曲线上的两个点的位置。第一个点就是观察到的样本本身，包含 S 个物种和 N 个个体，位于曲线右上角的某处。第二个点接近于坐标轴。无论什么样的多样性数据以及哪种分类方法，如果我们只有一个个体的话，那么此时其对应的物种数也必然是一个。因此，稀疏化曲线必然以 [1,1] 点为其中的一个端点（表示 x 轴上的一个个体，对应着 y 轴上的一个物种），位于曲线的左下角。而在这两点之间，稀疏化曲线是通过从原始样方中抽取小样方来构建的。

图 9.3 给出了幼龄林和老龄林内步甲虫的稀疏化曲线。该图是通过计算机

模型得到的：基于表 9.2 中的原始样本，从中随机抽取一定数目的个体，从而获得相应的物种数目。对于幼龄林的数据，我们在图中加了其对应的 95% 置信区间。

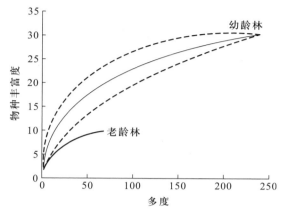

图 9.3 步甲虫的稀疏化曲线（数据参考表 9.2）。靠上面的实线表示的是幼龄林数据的稀疏化结果，靠下面的实线表示的老龄林数据的稀疏化结果。对于幼龄林数据，我们同时给出了 95% 置信区间（图中的两条虚线）。（资料来源：Adapted from Gotelli and Graves 1996）

9.3.2 稀疏化的假设

如果要用稀疏化模型比较来自不同群落的样本，那么就需要满足如下假设：

（1）群落是保持不变的，并且是封闭的。换句话说，我们假定"糖罐是封闭的"，因此它里面的内容物不受个体迁移的影响。但是如我们将会看到的，有些时候糖罐会发生"渗漏"，糖罐里总的物种丰富度不是保持不变的。

（2）抽样对于比较两个或更多个群落是足够的。因为所有的稀疏化曲线最后都收敛于 [1,1] 点，所以我们可能不太容易区分不同的稀疏化曲线，尤其是当抽取的个体数较少的时候。而在实际操作中，很难确定抽样是否足够，因为我们不知道原始样本与稀疏化曲线的渐近线相隔多远。在这个方面，渐近物种丰富度估测器（参考本章的后面部分）会有助于我们做出判断。

（3）不同群落的个体是通过相同的方法采集的。任何一种取样方法都有偏差。比如，我们是不能有效地比较通过如下两种方法获得的昆虫多样性的：陷阱法和粘贴法。然而，针对同一个研究地点，我们可以利用稀疏化来比较这两种取样方法的效率（比如 Ellison et al. 2007）。将陷阱法和粘贴法获得的数据放在一起，也可以比较两个点的多样性，但是前提是这两种方法的使用在这两个点上是完全相同的。

（4）个体的空间分布是随机的。如果物种的个体在空间上是聚集分布的，那么基于个体的稀疏化方法会高估物种的数目。

（5）抽样彼此独立且随机。这个假设在取样研究里是最有可能不被满足的。取样的基本单元很少是单个的个体。相反，我们是用陷阱、样方调查、渔网、土壤柱或其他的取样单元来捕获多个个体的，虽然这些个体之间是彼此独立的。正如我们将会看到的，可以扩展稀疏化模型，从而使其适用于基于样本的调查数据，同时这也有助于克服在小的空间尺度上由个体的聚集分布所带来的问题（假设 4）。

（6）比较的样本在分类上是"相似的"。如果两个样本的稀疏化曲线完全相同，但是这两个样本中没有任何一个物种是相同的，那么我们可能就无需去推断这两个样本是否是来自同一个群落的。稀疏化能够估计物种的丰富度，也能考虑物种的相对均匀度，但是无法直接量化或比较两个群落的组成。基于群落间相同物种数的期望值和观测值，相似性指数可以用来直接评价两个群落的组成（Chao et al. 2005）。

9.3.3　基于个体和基于样本的稀疏化

本章例子里的生物多样性取样都是基于单个有机体的，因此相应的统计方法也是基于个体随机抽样的。然而，现实中生物多样性的数据很少是以这种方式获得的。研究的单元通常是陷阱框、样方、计点法、渔网、食物诱饵或者其他的一些取样单元，通过它们来吸引或捕获多个个体。

问题是，虽然样本代表着重复的独立的统计单元，但是包含生物多样性信息的是样本里的个体（Gotelli and Colwell 2001）。本章的例子描述的是**基于个体的稀疏化**（individual-based rarefaction），其中个体是从一个大的样本中随机抽取的。然而，更为典型的数据常常是由很多个样本所组成的，每个样本又包含着多个个体和物种。对于这类数据，可以用**基于样本的稀疏化**（sample-based rarefaction）来分析，其中我们随机抽取的是某个样本而非个体，然后从这些随机抽取的样本中就可以得到物种的数目。

在基于样本的稀疏化分析中，我们通常不去记数样本中的个体，而是记录某个物种在样本中有无出现。基于样本的稀疏化同样能产生一条稀疏化曲线，但是 x 轴代表的是样本的数目，而不再是个体的数目。同样，基于样本的稀疏化曲线的原点也不再在[1,1]处，因为单个的样本里通常不止一个物种。

虽然基于样本的稀疏化采用样本作为重复的单元，但是依然存在一个潜在的问题，即多度的差异。假定我们利用基于样本的稀疏化曲线来比较两个生境。比如说我们要估计 100 个样本的物种数目的期望值。如果一个生境中的每个样本的个体数都比另外一个生境中的高，那么我们依然不能用基于样本的稀疏化来比较这两个生境的多样性，因为两者具有不同的多度水平。解决的办法是将基于样本的稀疏化曲线的 x 轴（样本数目）重新转化为个体的多度（Gotelli and Colwell 2001）。因此，稀疏化曲线会向左或向右移动，这取决于给定数目的样本所对应的平均个体数的期望值。

偶尔的情况下，在使用基于样本的稀疏化的时候，我们可以放松上述第 4 个假设——个体的空间分布是随机的。样本保留了个体空间分布的异质性信息，因此每个样本中的多样性是可以被合适地估测出来的。在本章的剩余部分里，我们还是关注基于个体的稀疏化。而有关基于样本的稀疏化，大家可以参考 Colwell 等（2004）。

9.3.4 计算稀疏化曲线和方差

当我们计算稀疏化曲线的时候，我们想知道的是给定数目的个体所对应的平均的或期望的物种丰富度。正如我们前面所看到的，随机样本之间通常都存在着一定的变化，因此伴随每个平均值的还有方差和置信区间。

稀疏化曲线和方差可以通过三种不同的方法来获得。第一种，如前面步甲虫的例子，我们可以用计算机模拟从原始样本中随机抽取个体的过程。

第二种计算稀疏化曲线的方法是利用统计取样理论，直接计算物种数的期望值和方差，而不求助于计算机模拟（Heck et al. 1975）。

最后，通过下述方程（Brewer and Williamson 1994），可以得到稀疏化曲线的不错的近似：

$$E(S_m) \approx S - \sum_{i=1}^{s} (1-p_i)^m \qquad \text{方程 9.3}$$

S 为物种数，p_i 为物种 i 在原始样本中所占的比例。$E(S_m)$ 是从原始样本中（N）随机抽取的 m 个个体所对应的物种数的期望值。

仔细比较本章的方程 9.3 和岛屿生物地理学那章的方程 7.6。在那一章，我们构建了一个被动取样模型（Coleman et al. 1982）来预测岛屿上的物种数目。在被动取样模型中，个体被想象成飞镖，物种被想象成飞镖的颜色，而岛屿被想象成靶标。飞镖随机地撞击靶标，每个岛屿随机地聚集一部分个体。方程 9.3 所采用的推导方式与方程 7.6 的类似，但是是以小样本（从原始样本中抽取的）中所包含的总的个体数为基础的。实际上，我们可以说岛屿被动取样模型就是一个简单的稀疏化曲线，其将所有岛屿上的所有个体和所有物种放在了一起。被岛屿"抽到"的总个体数与岛屿的相对面积呈比例。

推导稀疏化曲线的方差方程超过了本书的范畴。然而，我们应该注意在基于个体的稀疏化方法中，方差（和置信区间）在最大和最小多度的时候均收敛于 0。当只有一个个体时，我们所能得到的总是一个物种，因此方差为 0。而在最大多度时，即为原始样本的总个体数时，毫无悬念地，我们总能得到 S 个物种，因此方差也为 0。

然而，原始样本本身是更大群落的一个随机抽样。我们如果从同一个群落中再抽取 N 个个体，却不一定还能得到 S 个物种。Colwell 等（2004）推导出了基于样本的稀疏化曲线的方差表达式。网络上很多免费的软件包都可以计算基于个体和基于样本的稀疏化曲线及其对应的方差（Colwell 2004；Gotelli and Entsminger 2007）。

9.4 物种丰富度和物种密度

当生态学家们谈论"物种丰富度"时，他们实际上说的是"**物种密度**"（species density）——一次标准的取样努力所收集到的物种数（Simpson 1964）。这个标准化的取样努力可以以时间（寻找动物所花费的小时数）、空间（调查的样方面积）或其他一些主观但连续的取样单元（比如单位时间内每个陷阱框所捕获到的物种数）来定义。

我们倾向于将物种丰富度看作是给定数目的个体所对应的物种的期望值。换句话说，我们所指的物种丰富度是以基于取样得到的个体数来标准化的。这个区别非常重要，因为物种密度实际上包含了两个方面的内容：物种丰富度和取样面积内有机体的总密度或总多度（James and Wamer 1982）。这种关系可以从如下表达式中不同项的单位上看出端倪：

$$多样性 \quad 物种密度 = 物种丰富度 \times 总密度$$

$$单位 \quad \frac{物种数}{面积} = \frac{物种数}{个体数} \times \frac{总个体数}{面积} \qquad 表达式 9.2$$

因此，物种密度既受物种丰富度的影响（标准化的个体数所对应的物种数），又受研究面积内个体的总密度的影响（单位面积或其他取样单元内的个体数）。尽管绝大多数生态学家感兴趣的是物种密度，但是有机体的总密度决定了样本中的个体数目，且能对物种密度的测量产生很大的影响。

然而，有机体的总密度受调查者所采用的取样方法的影响。因此，当我们要比较来自不同群落且按不同的取样方法所获得的多样性时，就要特别小心了。即便取样方法具有可比性，但总密度还受其他取样条件的影响，比如空气的温度或云层的厚度，这些会影响动物的运动和取样的效率。最后，总密度可能还受重要的生物学因子的影响。比如，相比于低营养物输入的生境，高营养物输入的生境可能有更多的生物量和多度。稀疏化是一种非常重要的生物多样性分析方法，因为其能将物种密度分成物种丰富度和总密度两个组分。

9.5 渐近物种丰富度估测器

稀疏化通过**插值**（interpolation）来标准化物种丰富度数据：我们通过稀释观察的数据来确定在更小的样本内会有多少个物种出现。然而，一个同等重要的问题是：在研究区域内总的物种数是多少（Colwell and Coddington 1994）？我们如果能够抽取足够多的个体，那么最终就能得到物种丰富度的渐近值，后面的取样也就不会再有新物种的发现。为了估计这个渐近值，我们可以采用**外推法**（extrapolation）做出推断。

渐近估测器利用生物多样性样本中的信息来估计群落内未被当前样本所覆盖的物种数。换句话说，我们利用一小把果冻豆的数目和颜色来估计整个糖罐中的果冻豆有多少种颜色。

*Chao*1 指数（Chao 1984）是一个非常强大且简单的渐近估测器，利用样本中稀有物种的频度信息来估计"失踪"物种的最小数目。假定我们现在观察到 N 个个体，物种数为 S_{obs}。设 f_1 = 单个体种的数目（样本中只有 1 个个体的物种），f_2 = 双个体种的数目（样本中只有 2 个个体的物种）。直观上，样本中这类"稀有"物种越多，群落中未被发现的物种也就越多。*Chao*1 估测器通过下式估计物种的总数：

$$S_{est} = S_{obs} + \left(\frac{(f_1)^2}{2f_2} \right) \qquad \text{方程 9.4}$$

这里的 S_{est} 为估计的物种数，S_{obs} 为观察的物种数，比例 $(f_1)^2/(2f_2)$ 是未被发现的物种数。比如，对于老龄松树林里的步甲虫数据（表 9.2，第 3 列），总共观察到 9 个物种，其中 4 个物种只有 1 个个体（$f_1 = 4$），1 个物种只有 2 个个体（$f_2 = 1$）。因此，估计出的总物种数为 17，其中 8 个为未被发现的物种（没有在样本中出现）。因多种原因，*Chao*1 指数是一个趋于保守的估计值，因此其估计出的是未被发现的物种的最小值。该指数的修改版本可用于基于样本的数据，同时也可以计算方差和置信区间；详情参考 Colwell（2004）。

那么需要多少取样努力才能达到 S_{est}？虽然现在已经有方程可以回答这个

问题（Gotelli et al. 待发表*），但是方程9.4给了我们一个启发：当样本内所有的物种都至少有 2 个个体的时候，就达到了这个渐近值。从方程 9.4 中可见，当单个体种的数目（f_1）为 0 时，$S_{est} = S_{obs}$，此时再无未被发现的物种了。不幸的是，为了实现这个目标可能需要很多额外的取样工作。随着个体的累积，当原先样本中的那些单个体种不止是一个个体的时候，之前未被发现的物种将开始出现。这些新的物种一开始也是单个体种的，即只有 1 个个体，而这将会需要更多额外的取样来使得这些新的单个体种变成双个体种。

即便是对那些取样工作做得很好的动物群落，为了获取所有的稀有物种也得成倍地扩大最初的取样面积，甚至更多。在一些情况下，渐近值可能永远都不会达到。在哥斯达黎加的拉塞尔瓦热带森林里，经过 10 年的详细调查后，还能不断地发现新的未被描述的蚂蚁和其他节肢动物（Longino et al. 2002）。问题不在于特定的多样性估测器，而在于取样的框架。在拉塞尔瓦采集到的很多稀有种可能是从其他地方迁移过来的，它们并不在这个地方繁殖。换句话说，生物多样性的糖罐是有"漏隙"的，此时假设 1 不再成立。如果物种库随时间而发生变化，那么渐近估测器可能也是不准确的，因为在之前取样中采集到的单个体种可能永远都不会在后面的取样中再出现（Magurran 2007）。

9.6   物种均匀度

现在我们来考虑如何测量物种的均匀度。人们已经提出了十几种物种多样性指数和图形方法（Magurran 2004），绝大部分都是利用等级多度曲线中的 p_i 值。其中最著名的可能是香农-维纳指数：

$$H' = - \sum_{i=1}^{s} p_i \ln(p_i) \qquad \text{表达式 9.3}$$

对于给定的物种数 S 和个体数 N，该指数越高，相对多度就越均匀。

然而，在使用这些指标如香农-维纳指数来量化物种均匀度时，存在着一些问题和挑战：

（1）绝大多数多样性指数都是基于观测到的 p_i 值的。然而，这些 p_i 值对个体数目的大小非常敏感。一个极端的例子，无论多度等级分布的形状是什么样子的，如果我们只采集了 1 个个体，那么 $p_1 = 1.0$，同时所有其他物种的 $p_i = 0.0$。而随着采集的个体数量增多，p_i 的估计值会发生变化，因为此时稀

* Gotelli, N. J., A. Chao and R. K. Colwell. 2009. Sufficient sampling for asymptotic minimum species richness estimators. *Ecology* 90: 1125–1133.

有种开始在样本中出现。因此，绝大多数多样性指数（包括物种丰富度）的估计值受采集到的个体数目的影响。通过考虑稀有物种的欠抽样（under-sampling），Chao 和 Shen（2003）修正了香农-维纳指数。

（2）绝大多数指数都没有为多样性给出容易理解的"单位"。Jost（2007）提供了一种简单的方法，可将这些多样性指数转化为以"有效物种"为单位的指标。

（3）绝大多数指数都无法与统计取样模型联系在一起。

下面我们将介绍一个简单的多样性指数，即 Hurlbert（1971）的**异种相遇概率**（probability of an interspecific encounter，*PIE*），该指数克服了前面所提到的多样性指数的不足。同时，我们还将看到，这个指数与稀疏化曲线有着非常重要的理论联系。

PIE 指数回答了一个简单的问题：从一个样本中随机抽取的两个个体分别代表两个物种的概率是多少？一个极端，如果样本中所有的个体都属于同一个物种，那么毫无疑问 *PIE* = 0.0，因为样本中再没有其他的物种。另外一个极端，如果样本中所有物种的相对多度都是均匀分布的，并且样本中有无穷多个物种，那么 *PIE* = 1.0，因为被抽取的下一个个体总是代表着一个新的物种。1.0 是 *PIE* 理论上的最大值，而对于实际的群落，由于物种数是有限的，所以 *PIE* 的值总是小于 1.0。

我们可以通过简单的概率法则推导出 *PIE* 的数学表达式。首先，我们知道 p_i 值代表的是物种 i 在总个体数中所占的比例。我们也可以将 p_i 理解为从样本中随机抽取的一个个体是物种 i 的概率。因此，随机抽取（可放回的取样）的两个个体同属于物种 i 的概率是：

$$P(两个个体都是物种 i) = (p_i)(p_i) = (p_i)^2 \qquad 表达式 9.4$$

然而，这个表达式只是针对一个物种的。为了考虑群落中的所有物种，我们需要将这些概率相加在一起：

$$P(两个个体属于同一物种 i) = \sum_{i=1}^{s} (p_i)^2 \qquad 表达式 9.5$$

那么，两个个体代表不同物种的概率则为：

$$P(两个个体属于不同物种) = PIE = 1.0 - \sum_{i=1}^{s} (p_i)^2 \qquad 表达式 9.6$$

最后，基于 N（样本中总的个体数），我们再乘以一个小的偏差校正因子：

$$PIE = \left(\frac{N}{N-1}\right)\left(1.0 - \sum_{i=1}^{s} (p_i)^2\right) \qquad 方程 9.5$$

一旦样本量较大（$N > 20$）时，偏差校正因子对 *PIE* 的值基本没有影响。

利用方程 9.5，可以得到表 9.2 中的幼林的 *PIE* 值为 0.92，而老林的则为 0.72。

PIE 优于其他的多样性指数，其原因主要如下：第一，*PIE* 的测量是以概率为单位的，因此针对多样性的差异或变化的解释易于理解。第二，*PIE* 不同于很多其他的多样性指数，其对样本量不敏感。图 9.4 给出的是一个看起来类似于稀疏化的结果：从老龄林和幼龄林中多次随机抽取小样本，然后计算 *PIE* 的平均值。你可以看到平均值是不变的，虽然估计值在样本量较小时变化很大。

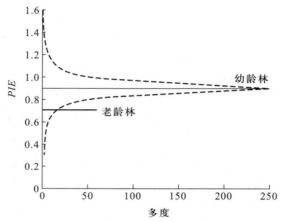

图 9.4　多样性指数 *PIE*（异种相遇概率）的稀疏化曲线。该指数（参考方程 9.5）测量的是两个随机抽取的个体分属于两个物种的可能性。图中每条实线代表的是 1000 次模拟的结果。不同于物种丰富度，该指数不依赖于样本量的大小。同时，表示幼龄林和老龄林的曲线基本上不受抽取的个体数目的影响。图中虚线为幼龄林的理论上的 95% 置信区间。尽管该理论置信区间在图中被画成了一个对称分布，但是实际上 *PIE* 的值是不能超过 1.0 的。（资料来源：Adapted from Gotelli and Graves 1996）

最后，*PIE* 与稀疏化曲线有着重要的概念上的联系：*PIE* 代表了稀疏化曲线在其原点处的斜率（Olszewski 2004）。稀疏化曲线的原点在 [1,1] 处（1 个个体，1 个物种）。曲线斜率 b 可通过下式计算：

$$b = \frac{\Delta \gamma}{\Delta X} = \frac{\Delta\ 物种数}{\Delta\ 个体数}$$

表达式 9.7

在稀疏化曲线靠近原点的地方，其斜率代表着每增加 1 个个体所带来的新的物种的数目。如果群落中所有的个体都属于同一个物种，那么稀疏化曲线应该是水平的，其斜率为 0.0。如我们前面所描述的，当群落中只有一个物种的时候，*PIE* 的值也为 0.0。在另外一个端点，稀疏化曲线理论上最陡峭的斜率可以达到 1.0，即每增加 1 个个体总是能增加 1 个新的物种。类似的，在最丰富多样的群落里，*PIE* 也为 1.0，因为新增加的个体为新物种的概率是 1.0。

　　如同稀疏化曲线与 *PIE* 的关系，物种丰富度和所有测量物种均匀度的指标之间也是紧密相连的。物种均匀度影响着稀疏化曲线的形状，而个体数和物种数影响着分布的相对均匀度。尽管物种丰富度和物种均匀度代表着生物多样性的两个不同的方面，但是它们并非是彼此完全不相关的。

　　用 *PIE* 来测量物种均匀度还有一个优点：即便采集的数据是百分盖度或生物量，我们同样可以得到 *PIE* 值。假定我们调查了一个 0.25 m² 的草地样方。虽然我们不能数清有多少棵草，但是我们可以在样方上放置一个 100 个点的网格，然后记录每个网格中出现的物种（亦或是空斑）。从这些数据中我们可以得到：

$$p_i = \frac{\text{遇到物种 } i \text{ 的总点数}}{\sum\limits_{i=1}^{s} \text{遇到物种 } i \text{ 的总点数}} \qquad\qquad \text{表达式 9.8}$$

注意，如果没有观察到空斑的话，表达式 9.8 中的分母等于 100。利用这些 p_i，我们就可以计算出 *PIE* 的值。

　　假如你测量的是每个物种的生物量而不是多度或盖度，那么同样可以得到 *PIE* 值。在这种情况下：

$$p_i = \frac{\text{物种 } i \text{ 的生物量}}{\sum\limits_{i=1}^{s} \text{物种 } i \text{ 的生物量}} \qquad\qquad \text{表达式 9.9}$$

然而，因为我们不再是随机抽取个体，所以在这两种情况下 *PIE* 的解释会稍微有些不同：*PIE* 代表的是空间上两个随机选择的点落在两个不同物种上的概率（百分盖度）。而针对生物量的 *PIE*，代表的是两块随机选择的动（植）物体的组织来自两个不同物种的概率（生物量）。

　　需要强调的是，除非调查的是离散的个体，否则是不能使用稀疏化模型的。然而，我们即便不能针对百分盖度或生物量数据直接计算稀疏化曲线，但依然可以得到代表稀疏化曲线斜率的 *PIE* 值。

9.7　总结

　　生物多样性的量化和比较是群落生态学研究中的基础工作。然而，物种丰富度的估计通常具有一定的挑战性，因为很多物种的多度都太少，所以很难在生物多样性调查中被发现。同时，物种的数目和相对均匀度对采集到的样本中个体的数目非常敏感。本章介绍了三类统计工具，有助于我们克服这些挑战：

（1）稀疏化，用来比较包含相同个体数目样本的物种丰富度。

（2）渐近估测器 *Chao*1，为生物多样性调查中未被发现的物种的数目提供了一个最小估计。

（3）*PIE*，异种相遇概率，测量了从群落中随机抽取的 2 个个体代表着 2 个物种的可能性。

生物多样性数据的统计分析虽具挑战但发展迅速（Mao and Colwell 2005）。当前或最近比较热门的研究主题包括：基于相似性和物种组成的群落比较（Chao et al. 2005）、获取渐近物种丰富度所需的取样努力（Gotelli et al. 待发表 *）和生物多样性局域和区域组分的分离（Jost 2007）。有很多免费的软件可以用来分析生物多样性数据，包括 EstimateS（Colwell 2004）、SPADE（Chao and Shen 2006）和 EcoSim（Gotelli and Entsminger 2007）。

9.8　思考题

9.8.1　利用表 9.1 中的蚂蚁数据，针对 50 个个体的随机样本，计算 *Chao*1、*PIE* 和期望物种数。

＊ Gotelli, N. J., A. Chao and R. K. Colwell. 2009. Sufficient sampling for asymptotic minimum species richness estimators. *Ecology* 90：1125-1133.

附　　录

　　虽然很多生态学课程都要求学生具备一定的微积分方面的知识，但是我却发现学生很难将他们在微积分课上学到的东西与种群增长的生态学模型结合在一起。该附录解释了构建生态学模型的过程以及如何利用微积分来实现这一点。

构建种群模型

　　先说重要的。当构建种群模型时，我们真正想要做的是什么？我们的目标是要写出一个方程或者函数，来告诉我们种群在将来某个时间 t 时的大小 N：

$$N = f(t) \hspace{6em} \text{表达式 A.1}$$

给定一个时间 t，该函数就能预测出种群在 t 时的规模。很明显，除了 t，我们还需要其他的信息来构建这个函数，因为种群大小依赖于很多的因素。本书正文的部分主要说明的是该模型的生物和物理细节。

导数：种群的变化速率

　　尽管我们的目标是要得到一个类似表达式 A.1 的函数，但是这并不是构建一个种群模型的开始。因为直接模拟影响种群大小的因素非常困难。代之，模拟影响种群增加或降低的因素相对会容易一些。

　　因此，我们要明确区分如下两个概念：种群大小（N）和种群当前增长率（dN/dt）。种群大小是指种群中所有个体的总和，它的测量单位为个体数。增长率是种群的"变化速率"，即单位时间内种群大小的变化，其测量单位为个体数/单位时间。

　　那么我们如何测量种群的增长率呢？假设我们调查了一个鹦鹉种群，在种群中记录到了 500 只鸟。一年以后我们又回到这个地方再次展开调查，发现有 600 只鸟。那么种群增长率可以通过下面的式子来计算，即种群大小的变化除以变化所花的时间：

$$\text{种群增长率} = \frac{(600-500)}{(1-0)} = 100 \text{ 只鸟/年} \hspace{3em} \text{表达式 A.2}$$

这个结果是个平均值。同是，只要种群在这一年里是按照一个不变的速率增长的，这个平均值就是合适的。然而，种群增长率有可能随时间发生变化。换句话说，如果我们是在繁殖季节去测量的，那么种群增长率可能会远远大于100只鸟/年。但如果我们是在非繁殖季节去测量的，那么种群增长率有可能为0，甚至有可能是负的，因为个体的死亡或迁出。

打个比方，假设你在旅行途中，你可以通过计算汽车驶过的距离和驶过这段距离所花的时间来得到汽车的平均行驶速度。然而，在旅行过程中，有时候车的速度与这个平均值会差别很大，比如在交通拥挤的地方。

因此，最好是在一个很短的时间区间里来计算速率。假定我们测量了 t 时的种群大小，很快我们又测量了第二次（$t+x$ 时）。那么计算种群增长率的方程为：

$$\text{种群增长率} = \frac{(N_{t+x} - N_t)}{N_t} \qquad \text{表达式 A.3}$$

任何函数的导数即为在一个无穷小区间上测量到的速率。换言之，x 非常小，以至于接近于 0。将其写成连续的微分方程的形式，即为：

$$\text{种群增长率} = dN/dt \qquad \text{表达式 A.4}$$

dN 为短时间 dt 内种群大小的变化。从图上看，dN/dt 即为前面 $f(t)$ 函数的斜率。因此，如果做出种群大小 N 和时间 t 的图形的话，那么我们就会发现 t 时的种群增长率实际上就是函数在 t 时的切线（图 A.1）。注意这条线的斜率不是一个常数，而是随着时间发生变化的。

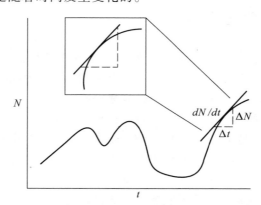

图 A.1　种群大小（N）随时间（t）的变化。在任一时间点，曲线在该点处的切线的斜率即为种群增长率 dN/dt。

一定要弄清楚种群大小（N）和种群增长率（dN/dt）之间的差异。种群大小总是一个非负的数，而种群增长率有可能是正值、负值或零，取决于种群是增加的、下降的还是保持不变的。通常较大种群的增长率较低，反之亦然。

第 2 章我们曾详细介绍了这类密度依赖的种群增长模型。

模拟种群增长

定义了种群增长率后，下一步要做的就是要将种群增长的更多细节考虑到模型里面。当你在阅读这本书的时候，你会发现种群增长率是由很多项组成的，其中一些项是正值，能提高种群大小，另外一些是负值，降低了种群大小。

模型中的每一项都有自己的假设。构建新模型的方式就是逐渐放松或改变这些假设，然后修改方程以反映出这些变化。比如，方程 1.1 是种群指数增长的微分方程：

$$dN/dt = rN \qquad\qquad \text{方程 1.1}$$

如同我们在第 1 章解释的，方程 1.1 的假设之一为该种群没有个体的迁入或迁出。我们现在可以放松这个假设，修改方程 1.1 从而包含个体的迁移过程。

当我们模拟种群增长时，我们需要谨慎决定增长因子是常数还是依赖于种群大小的。比如，每年有固定数目的鹦鹉（c）从该种群中迁出。c 与时间或种群大小无关。其单位为迁出个体/年。

因此，种群增长的新模型为：

$$dN/dt = rN - c \qquad\qquad \text{方程 A.1}$$

还有其他的方式可以描述迁出过程。比如，g 表示每员或每个个体的迁出率。g 的单位为个体数/（个体·时间）。因此，种群的迁出率为 gN。该种群增长模型为：

$$dN/dt = rN - gN \qquad\qquad \text{方程 A.2}$$

你将会看到，这两个模型的预测结果差别非常大。

求平衡解

有了种群增长方程，下一步就是要求该方程的平衡解。我们感兴趣的是我们的种群何时不再增长。换言之，在那一点上，种群大小既不增加也不下降。数学上，这个平衡点对应着 $dN/dt = 0$ 时的种群大小。注意，有可能不止一个平衡点，即不止一个种群大小满足这个条件。回到方程 A.1，我们将其设为 0，然后求解：

$$0 = rN - c \qquad\qquad \text{表达式 A.5}$$

$$c = rN \qquad \text{表达式 A.6}$$

$$N = c/r \qquad \text{方程 A.3}$$

方程 A.3 给出了方程 A.1 的解，种群指数增长，同时有个体的迁出（按常数迁出）。方程 A.3 意味着当种群大小为 c/r 的时候，种群停止增长。

方程 A.2 的平衡解要复杂一些。在该模型中，同样种群还是指数增长的，但是按比例迁出。将方程设为 0，求解：

$$0 = rN - gN \qquad \text{表达式 A.7}$$

$$rN = gN \qquad \text{表达式 A.8}$$

$$r = g \qquad \text{方程 A.4}$$

注意，在这个解中没有 N。换句话说，种群停止增长不依赖于某个特定的种群大小。相反，当迁出率（g）与种群的瞬时增长率（instantaneous rate of increase）（r）相等的时候，种群的增长率为 0。不管种群的规模如何，只要这两个常数相等，种群即停止增长。回想一下，瞬时增长率（r）是瞬时出生率（b）和瞬时死亡率（d）的插值（第 1 章）：

$$b = g + d \qquad \text{表达式 A.9}$$

换句话说，当出生率等于迁出率和死亡率之和时，种群即停止生长。如果 b 大于 $g + d$，那么种群将指数增加，如果 b 小于 $g + d$，种群将指数下降。

分析平衡时的稳定性

虽然我们找到了模型的平衡解，但是还有非常重要的一步需要去完成，那就是分析平衡解的稳定性。如正文中所描述的，针对一个平衡点，可能有三种可能的情况：稳定、不稳定和中性稳定。

为了理解稳定的概念，想象一个种群处于平衡状态，因此影响种群增长的消极和积极的因素是平衡的。现在我们对种群施加干扰，增加或减少几个个体。此时种群不再平衡，会发生什么？如果种群能回到刚才的大小，那么该平衡点就是稳定的。如果种群继续偏离刚才的大小，那么该平衡点就是不稳定的。最后，如果种群停在了变化后的水平上，那么该平衡点就是中性稳定的。

严格意义上说，该方法依赖于种群的局域稳定性，因为我们的干扰相对来说是比较小的。如果干扰非常强烈的话，种群不一定会回到之前的局域的稳定平衡点上。如果干扰使得种群更接近于另外一个稳定的平衡点，那么种群就有可能会在这个新的平衡点处停下来。

如何从数学上来检验平衡点的稳定性？最简单的方法就是先求解出该平衡解，如我们刚才所做的。然后，我们稍微提高种群大小（相对于平衡时的种群大小），使用这个提高后的 N 值去解增长方程。如果此时的种群增长率为正值，那么意味着种群会继续偏离平衡点，因此该平衡点是不稳定的。反之，如果种群增长率为负值，那么该平衡点可能是稳定的。最后，如果此时的种群增长率为 0，那么即为中性的平衡点。这是提高种群大小的情况。同时，我们也应该稍微降低种群大小。在这种情况下，如果种群增长率为正值，则是稳定的平衡点；如果是负值，则是不稳定的平衡点；如果为 0（$dN/dt=0$），则是中性的平衡点。

对于简单的增长方程，我们也可以通过图形的方式来分析其稳定性。为此，我们将方程中的正和负的增长项都除以 N，这样这些项表示的就是每员增长率（每个个体）。然后，以种群大小 N 为 x 轴，以 y 轴来表示正负增长项（即两条线：一条表示正增长，另外一条表示负增长）。如果两条线不相交，那么种群就不存在平衡点，因为出生率和死亡率永远都不会相等。如果两条线相交于图中种群大小大于或等于 0 的区域，那么该相交点即为该方程的一个平衡点。该相交点对应的 x 轴上的值即为平衡时的种群大小。如果两条线相交于多个地方，那么就意味着有多个平衡点。如果两条线完全重叠，那么所有的种群大小都是平衡点。

与前面通过求解方程的方式得到的结果比对，可以证实两条线的交点是否是平衡点。下面，针对稍微偏移平衡点的种群，我们看看它们的出生率曲线和死亡率曲线。如果出生率曲线在死亡率曲线的上面，那么种群将会增加。如果出生率曲线在死亡率曲线的下面，种群将会下降。我们可以通过水平箭头来表示这些提高或降低，箭头的起点所对应的种群大小（x 轴）接近平衡点处的种群大小。从这些图形中，我们能很快判断出平衡点是否稳定。记住如果种群既不增加也不降低，那么该平衡点是中性稳定的。这种情况下，出生率曲线和死亡率曲线是相同的。

图 2.1 就是这类分析的例子，表示的是逻辑斯谛增长模型中每员出生率和死亡率与种群大小之间的关系。在逻辑斯谛模型中，随着种群增加，每员出生率下降，而每员死亡率上升。这两条线相交于平衡点处。

正如第 2 章所解释的，该平衡点对应着环境容纳量 K。K 是个稳定的平衡点。当种群大小小于 K 时，因为每员出生率大于每员死亡率，所以种群增长。当种群大小大于 K 时，因为每员死亡率大于每员出生率，所以种群下降。

现在我们来分析方程 A.2，其中包含一个不变的每员迁出率（$dN/dt=rN-gN$）。在这种情况下，平衡解是 $r=g$（方程 A.4）。为了分析该平衡点的稳定性，我们将种群大小 N 放在 x 轴上，y 轴表示方程中使种群增加或降低的每员率。方程中的增长项为 rN，其每员率即为 $rN/N=r$。类似的，方程中的降低项为 gN，对应的每员率为 g。如果 r 和 g 不相等，那么两条线将相互平行，永不

相交 （图 A. 2）。如果 r 大于 g，种群将指数增长，如果 r 小于 g，种群将指数下降。在这两种情况下，种群都不会有平衡点。

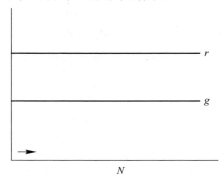

图 A.2 　内禀增长率 （r） 和迁出率 （g） 与种群大小 （N） 的函数关系。因为这两条线永远不相交，所以不存在一个平衡的种群大小使得 $dN/dt=0$。

　　然而，如果 r 等于 g，那么两条线相互重叠，代表着中性平衡。在这种情况下，不管种群大小如何，都会满足 $r=g$ 的条件。如果种群受干扰，种群大小高于或低于平衡值时，那么种群将会停留在一个新的 $r=g$ 的点上。因此，这是一个中性的平衡点。

　　下面我们准备分析方程 A. 1 的平衡，这是更为复杂一些的情况。在该模型中，种群指数增长，同时有固定数目 c 个个体的迁出。平衡解为 $N=c/r$ （方程 A.3）。

　　为了分析这个平衡点的稳定性，与之前一样，画出影响种群增长的两个组成部分（正、负项，对应着使种群增加和降低）。那么，增长项 rN 的每员率为 $rN/N=r$。

　　你可能也想按照这个方法试图画出迁出率 c 的直线来。回想一下，每个增长项必须按照每员率画在图中。这就意味着你要画的是 c/N，很显然，这是双曲线。

　　考虑两种情况。第一，瞬时增长率 （r） 小于 0。在这种情况下，两条曲线不会相交，因此没有平衡点 * 。这是非常直观的。如果种群指数下降，同时还有个体不断迁出，那么种群只会继续下降直至为 0。

　　然而，如果内禀增长率是正值，表示 r 的直线将位于 x 轴的上方，且与 c/N 的曲线相交于 c/r 处（种群大小），这是一个平衡点 （图 A.3）。那么这个

　　＊ 严格来说，在 $N=0$ 时存在着一个平衡点。实际上，绝大多数的模型都存在这样一个平衡点。零平衡点可能是稳定的也可能是不稳定的，取决于小种群是增长的还是萎缩的。如附录所解释的，方程 A.1 的零平衡点是稳定的。一些种群模型的平衡点甚至是负值。虽然数学家对这些负的平衡点感兴趣，但很显然生态学家对其是不会有兴趣的。

平衡点是否稳定？在相交点的左边，c/N 的曲线位于 r 线的上方，因此种群下降。在相交点的右边，反过来了，因此种群上升。换句话说，任何干扰使得种群都是远离平衡点的。因此，该种群有一个不稳定的平衡点。如果种群下降，即便是稍稍小于这个平衡点，迁出将会超过增长，致使种群下降至 0。如果种群稍稍高于这个平衡点，那么种群将开始持续增长。

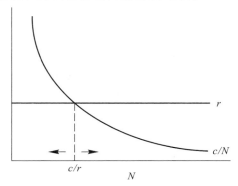

图 A.3　内禀增长率（r）和常数迁出率（c）与种群大小（N）的函数关系。因为图中曲线是基于每员的基础上的，所以迁出率以 c/N 表示的。两条曲线在 $N = c/r$ 处相交。由于种群增长率在交点的右边是正值，而在交点的左边是负值，因此该平衡点是不稳定的。

　　因此，在一个指数增长的种群（正的 r 值）中引入常数迁出率，会使得种群的平衡点不稳定。这个平衡点代表的是种群存活所需的最小规模，因为如果种群大小低于这个平衡点，该种群就会下降至 0。

　　上面的分析展示了可以使用图形和数值的方法来求解简单种群增长模型的平衡点，并判断平衡点的稳定性。这些分析也说明了为什么我们在陈述模型的条件时需要特别小心。模拟迁出率是一个常数率（c）还是一个每员常数率（g）对模型的预测影响非常大。问题 2.5.3 给出了另外一个更为复杂的例子，其中的种群增长模型有两个平衡点，一个是稳定的，另外一个是不稳定的。

　　对于那些多物种相互作用的模型（第 5 章），这里所介绍的方法就行不通了，因为一个物种的平衡种群大小依赖于另外一个物种的种群大小，反之亦然。这时，生态学家经常用状态-空间图来分析模型的平衡状态。在状态-空间图中，画出的是物种的等值线：两个物种的多度分别以 x 轴和 y 轴来表示。第 5 章有详细的介绍。对于简单的模型，这些图形中的等值线为线性的。然而，对于非线性模型而言（比如第 1 章介绍的有些复杂的模型），并不总是能从状态-空间图中推断出种群的动态。这时，就需要更为复杂的数学工具了。在这方面，Roughgarden（1998）对这些方法进行了很好的介绍。同是，一些计算机数学程序，如 *Mathematica* 和 *Matlab*，可以通过数值方法来求解方程并分析它们的稳定性。

积分：预测种群增长

来看看到目前为止我们都做了哪些事情。首先，采用数学方法描述了决定种群增长率（dN/dt）的不同组成部分，进而模拟了种群的增长。其次，通过将种群增长方程设为 0，从而求解出方程的平衡点。最后，我们采用简单的图形和数值分析来判断平衡点是稳定的、不稳定的还是中性的。

本书中的很多章节都是以类似于上面的方法来介绍种群模型的。虽然给出了种群增长的微分方程以及求解方程所需的代数运算，但实际上并不需要微积分的知识。

那么，在模拟种群增长时我们真的不需要微积分吗？回想一下在本附录开始时我们提出的目标：推导出一个函数来告诉我们种群在将来某个时间 t 时的种群大小。到目前为止，我们所推导出的方程仅能告诉我们种群的增长率（dN/dt）（在给定时间或给定种群大小的情况下）。

因为积分是微分的反向运算，所以对增长方程进行积分可以预测种群大小。因此，可以将积分的规则应用于增长方程，从而得到预测种群大小的表达式。举个例子，下面是对指数增长方程 $dN/dt = rN$ 进行积分的步骤：

$$dN_t/dt = rN_t \qquad\qquad \text{方程 1.1}$$

$$dN_t = rN_t dt \qquad\qquad \text{表达式 A.10}$$

$$dN_t/N_t = rdt \qquad\qquad \text{表达式 A.11}$$

回想一下，因为导数 $d\ln(x)/dx = 1/x$，所以 $dx/x = d\ln(x)$。因此，

$$d\ln(N_t) = rdt \qquad\qquad \text{表达式 A.12}$$

两边同时积分：

$$\ln N_t - \ln N_0 = rt - rt_0 \qquad\qquad \text{表达式 A.13}$$

稍做改变：

$$\ln(N_t/N_0) = r(t - t_0) \qquad\qquad \text{表达式 A.14}$$

$$N_t/N_0 = e^{r(t-t_0)} \qquad\qquad \text{表达式 A.15}$$

$$N_t = N_0 e^{r(t-t_0)} \qquad\qquad \text{表达式 A.16}$$

将 $t_0 = 0$ 代入上式：

$$N_t = N_0 e^{rt} \qquad\qquad \text{方程 1.2}$$

从数学上来说，虽然这两个方程说的是一回事，但是一个的输出是种群增长率

（方程 1.1），而另外一个的输出为种群大小（方程 1.2）。

　　另外一个用到微积分的地方是将离散的方程转化为连续的方程。比如，方程 1.5 描述的是有限增长率 λ 和瞬时增长率 r 之间的关系：

$$e^r = \lambda \qquad\qquad \text{方程 1.5}$$

这个推导过程是基于如下事实的。当 n 趋近于无穷时：

$$\left(1 + \frac{x}{n}\right)^{\frac{n}{x}} \to e \qquad\qquad \text{表达式 A.17}$$

底数 e 为常数（$e \approx 2.718$），是为了纪念瑞士数学家莱昂哈德·欧拉（Leonhard Euler）（1707—1783）的。生态学里的欧拉方程（方程 3.13）就是他提出来的。如在第 1 章解释的，如果时间步长无穷小，那么离散增长因子 r_d 就等于瞬时增长率 r。同时，我们还知道 $\lambda = (1 + r_d)$。设 $r = x/n$，那么：

$$e = (1 + r)^{\frac{1}{r}} \qquad\qquad \text{表达式 A.18}$$

$$e = (\lambda)^{\frac{1}{r}} \qquad\qquad \text{表达式 A.19}$$

两边同时进行 r 的幂运算：

$$e^r = \lambda \qquad\qquad \text{方程 1.5}$$

因此，掌握微积分知识能使我们更易于理解种群增长模型，但是对于本书而言这不是必需的。随着我们试图去构建更合理的生态学模型，写出复杂的方程是件非常容易的事情，然而要想得到该复杂方程的解析解却非常困难，以至于不得不通过数值的方式来进行分析。虽然基本模型有很多不符合实际的假设，但是其预测非常简单且能够通过实验来检验。本书所介绍的方程是现代种群生态学和群落生态学的基础，因此应该将其理解透彻。

思考题参考答案

第1章

1.5.1　重新排列方程1.3：

$$r = \frac{\ln(2)}{t} = \frac{\ln(2)}{50} \text{年} = 0.01386 \text{ 个体}/(\text{个体·年})$$

$N_0 = 54$ 亿，$t = 7$ 年。从方程1.2中我们可以得到：

$$N_7 = 5.4[e^{(0.01386)(7)}] = 59.5 \text{ 亿}$$

1.5.2　因为出生的为400，死亡的为150，同时没有迁入。利用表达式1.1：

$$N_{t+1} = 3000 + 400 - 150 = 3250$$

通过表达式1.15可得：

$$\lambda = N_{t+1}/N_t$$

因此，$\lambda = 3250/3000 = 1.0833$

利用方程1.6将 λ 转换为 r：

$$r = \ln(1.0833) = 0.0800 \text{ 个体}/(\text{个体·月})$$

从方程1.2中，我们可以得到6个月后的种群大小为：

$$N_6 = 3000[e^{(0.0800)(6)}] = 4848 \text{ 只}$$

1.5.3　首先，将种群大小转化为对数，即4.605，5.063，5.753，5.986和6.677。然后，将这些值沿时间的变化画出来：

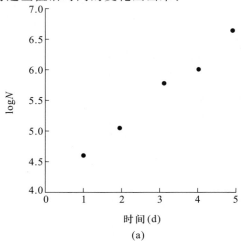

(a)

因为资源是无限的，所以我们可以沿这 5 个点画出一条直线。尽管这些点不是全都落在这条直线上，但是这条线很好地代表了种群的增长：

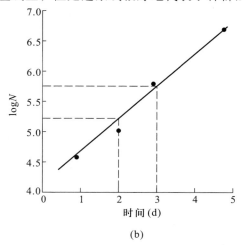

(b)

最后，通过测量这条线的斜率来估计 r 值。斜率即为（$\Delta y/\Delta x$）。通过图中的虚线，我们可以得到（5.7 − 5.2）/（3 − 2）= 0.5。因此，该种群的 r 估计值为：

$$r = 0.5 \text{ 个体}/\text{（个体·天）}$$

1.5.4　因为这是个一年生的物种，所以我们需要采用离散种群增长模型（时间步为 1 年）。如果种群每年增长 12%，那么 $r = (1 + 0.12) = 1.12$。从方程 1.5 可得到：

$$r = \ln(\lambda) = \ln(1.12) = 0.113 \text{ 个体}/\text{（个体·年）}$$

最后，我们用方程 1.3 来计算近似倍增时间：

$$t_{double} = \ln(2)/r = \ln(2)/0.113 = 6.1 \text{ 年}$$

因为方程 1.3 是针对连续增长种群的，所以这只是个近似解。

1.5.5　对于小种群来说，可以采用方程 1.15 来计算灭绝概率。在未受干扰的情况下，由 50 个个体组成的种群的灭绝概率为：

$$P(\text{灭绝}) = \left(\frac{d}{b}\right)^{N_0} = \left(\frac{0.0020}{0.0021}\right)^{50} = 0.087$$

如果购物超市建起来后，那么

$$P(\text{灭绝}) = \left(\frac{d}{b}\right)^{N_0} = \left(\frac{0.0020}{0.0021}\right)^{30} = 0.231$$

因此，建设购物超市会使得物种灭绝风险从不到 9% 提高至约 23%。

第 2 章

2.5.1 为了解决这个问题，首先我们需要确定种群大小 N。从图 2.3a 可知，在逻辑斯谛模型中，最大种群增长率出现在 $N=K/2$ 处，因此蝴蝶的种群大小为 $N=250$。将这些代入方程 2.1 中：

$$\frac{dN}{dt} = rN\left(1-\frac{N}{K}\right) = 0.1(250)\left[1-\left(\frac{250}{500}\right)\right] = 12.5 \text{ 个体／月}$$

2.5.2 对于一个按逻辑斯谛方程增长的种群来说，我们知道最大种群增长率出现在 $N=K/2$ 处，因此在本题中 K 为 1000 条鱼。如果再增加 600 条鱼，那么总的种群大小将是 1100。从方程 2.1 中，我们可以得到：

$$\frac{dN}{dt} = (0.005)(1100)\left[1-\left(\frac{1100}{1000}\right)\right] = -0.55 \text{ 条鱼／天}$$

此处的增长率是负值，因为增加的 600 条鱼使得种群大小超过了容纳量。

2.5.3 本题中死亡率是一个线性方程，如同简单的逻辑斯谛方程一样，死亡率随海龟种群大小增加而增大。然而，出生率方程是二次型的；包括了一个 N^2 项。该二次型方程意味着阿利效应的存在：出生率随种群大小先上升然后下降。如果我们对 N 取不同的数值，然后把这些值代入出生率和死亡率方程中，就可以得到下图。

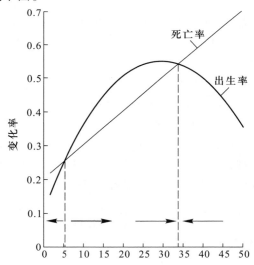

注意，表示出生率的曲线和表示死亡率的直线相交于两点。这两个点代表着两个不同的种群平衡密度。其中一个交点处的种群大小约为 34 只海龟。在该平衡点的右边，死亡率大于出生率，种群大小下降，如图中箭头所示（箭头指向左边）。如果种群大小小于 34，出生率大于死亡率，种群大小上升，如图中箭头所示（箭头指向右边）。因此，这个相对较大的平衡点是稳定的。

另外一个平衡点出现在种群大小约为 6 的位置处。如果种群大小大于 6，出生率超过死亡率，种群将继续上升直至到达 34 的平衡点处。然而，如果种群大小小于 6，死亡率超过出生率，该种群大小将会下降至 0。因此，这个平衡点是不稳定的。通过将阿利效应引入出生率方程中，我们得到了使种群能续存下去的最小种群大小（6）。这个结果不同于简单逻辑斯谛模型的结果。在逻辑斯谛模型中，只要种群大小小于容纳量，种群总是增长的。关于稳定和不稳定平衡点的讨论，大家可以参考附录。

2.5.4　我们可以比较如下两个种群的增长率：一个种群高于容纳量 x 个个体，另外一个种群低于容纳量 x 个个体。对于第一个种群，$N = K + x$。代入方程 2.1：

$$\frac{dN}{dt} = r(K+x)\left(1 - \frac{K+x}{K}\right)$$

对于第二个种群，$N = K - x$，因此其增长为：

$$\frac{dN}{dt} = r(K-x)\left(1 - \frac{K-x}{K}\right)$$

为了确定哪个种群的增长率大，我们可以进行如下的处理：

$$r(K+x)\left(1 - \frac{K+x}{K}\right) \overset{?}{\longleftrightarrow} r(K-x)\left(1 - \frac{K-x}{K}\right)$$

将 r 约掉，将上式中的 1 以 K/K 代替：

$$r(K+x)\left(\frac{K}{K} - \frac{K+x}{K}\right) \overset{?}{\longleftrightarrow} r(K-x)\left(\frac{K}{K} - \frac{K-x}{K}\right)$$

进而得到：

$$(K+x)(-x) \overset{?}{\longleftrightarrow} (K-x)(x)$$

左边的项是个负值，因为该种群大于容纳量。此处，因为我们需要比较的是种群增长的强度，所以两边取绝对值，得到如下的式子：

$$(K+x) > (K-x)$$

从这个结果中我们可以看到，高于容纳量的种群的下降速度要快于低于容纳量的种群的上升速度。

2.5.5　如果出生率是密度依赖的，而死亡率是非密度依赖的，那么：

$$b' = b - aN$$
$$d' = d$$

将这两个式子代回方程 2.1：

$$\frac{dN}{dt} = (b - aN - d)N$$

$$\frac{dN}{dt} = [(b - d) - aN]N$$

将 $(b-d)$ 视作 r：

$$\frac{dN}{dt} = rN\left(1 - \frac{aN}{r}\right)$$

因为 a 和 r 都是常数，所以我们可以将 K 定义为 r/a，从而得到逻辑斯谛方程：

$$\frac{dN}{dt} = rN\left(1 - \frac{N}{K}\right)$$

大家可以将其看作是方程 2.5 的一个特例，其中常数 c 等于 0，因为此处的死亡率是非密度依赖的。

2.5.6   因为这是一个具有季节性波动的增长较缓慢的种群，所以我们可以采用方程 2.7，其中平均容纳量为 500，振幅为 250。因此，平均种群大小为：

$$\sqrt{(500)^2 - (250)^2} = 433$$

由于种群增长比较缓慢，我们期望该种群对于容纳量季节性波动的响应比较迟缓，从而使得种群大小不会有太大的变化。

第 3 章

3.5.1   如图：

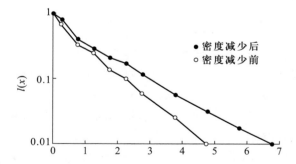

3.5.2a　生命表计算如下：

x	$S(x)$	$b(x)$	$l(x)=$ $S(x)/S(0)$	$g(x)=$ $l(x+1)/l(x)$	$l(x)b(x)$	$l(x)b(x)x$	初始估计 $e^{-rx}l(x)b(x)$	校正估计 $e^{-rx}l(x)b(x)$
0	500	0	1.00	0.8	0.00	0.00	0.000	0.000
1	400	2.5	0.80	0.1	2.00	2.00	0.965	0.946
2	40	3.0	0.08	0.0	0.24	0.48	0.056	0.054
3	0	0.0	0.00		0.00	0.00	0.000	0.000
			$R_0=$ $\sum l(x)b(x)$	= 2.24 后代	$\sum = 2.48$		$\sum = 1.021$	$\sum = 1.000$

$G=\dfrac{\sum l(x)b(x)x}{\sum l(x)b(x)}$	= 1.107 年
r（估计）$= \ln(R_0)/G$	= 0.729 个体/（个体·年）
估计 r 值校正项	= 0.020
r（欧拉）	= 0.749 个体/（个体·年）

3.5.2b　稳定年龄分布和生殖价分布如下，其中 $r = 0.749$：

			稳定年龄分布		生殖价分布			
x	$l(x)$	$b(x)$	$l(x)e^{-rx}$	$c(x)$	$e^{rx}/l(x)$	$e^{-ry}l(y)b(y)$	$\sum e^{-ry}l(y)b(y)$	$v(x)$
0	1.00	0.0	1.000	0.716	1.000	0.000	1.000	1.000
1	0.80	2.5	0.378	0.271	2.644	0.946	1.000	0.143
2	0.08	3.0	0.018	0.013	55.909	0.054	0.054	0.000
			$\sum = 1.396$					

3.5.3　特定年龄的存活率和繁殖按下表计算：

x	i	$l(x)$	$b(x)$	$P_i = l(i)/l(i-1)$	$F_i = b(i)P_i$
0		1.00	0.0		
1	1	0.80	2.5	0.80	2.00
2	2	0.08	3.0	0.10	0.30
3	3	0.00	0.0	0.00	0.00

莱斯利矩阵如下：

$$A = \begin{bmatrix} 2.0 & 0.3 & 0 \\ 0.8 & 0 & 0 \\ 0 & 0.1 & 0 \end{bmatrix}, \text{初始种群向量为 } n(0) = \begin{bmatrix} 50 \\ 100 \\ 20 \end{bmatrix}$$

利用方程 3.8 和 3.10，得到：

$$n_1(1) = (2)(50) + (0.30)(100) + (0)(20) = 130$$

$$n_2(1) = (0.8)(50) = 40 \qquad n(1) = \begin{bmatrix} 130 \\ 40 \\ 10 \end{bmatrix}$$

$$n_3(1) = (0.1)(100) = 10$$

使用新的种群向量，重复上述计算，得到：

$$n_1(2) = (2)(130) + (0.30)(40) + (0)(10) = 272$$

$$n_2(2) = (0.8)(130) = 104 \qquad n(2) = \begin{bmatrix} 272 \\ 104 \\ 4 \end{bmatrix}$$

$$n_3(2) = (0.1)(40) = 4$$

第 4 章

4.5.1a　因为本题中的拓殖者是外源的，同时灭绝是独立发生的，所以集合种群可以通过岛屿-大陆模型来描述（方程 4.3）。通过求解方程 4.4，我们可以得到平衡解为：

$$\hat{f} = \frac{p_i}{p_i + p_e} = \frac{0.2}{0.2 + 0.4} = 0.33$$

4.5.1b　如果没有大陆种群，那么拓殖完全就是内源的。此时，集合种群可通过方程 4.5 来描述（内源拓殖，独立灭绝），通过求解方程 4.6，得到平衡解为：

$$\hat{f} = \left(1 - \frac{p_e}{i}\right) = \left(1 - \frac{0.4}{0.2}\right) = -1$$

因为该平衡点小于 0，所以岛屿种群将会完全灭绝。因此，岛屿种群的续存是依赖于大陆种群的。

4.5.2　如果所有的青蛙都在一个池塘里，那么其续存概率为（1-0.1）= 0.9。如果将种群分到三个池塘中，我们可以采用方程 4.2，其中 $p_e = 0.50$。此时，青蛙至少能在一个池塘中续存下去的概率为：

$$P_x = 1 - (p_e)^x = 1 - (0.50)^3 = 0.875$$

因此，短期来看，将所有青蛙放在一个池塘中的续存概率（0.9）要稍微高于将青蛙散布到三个池塘中（0.875）。但从长远来看，最好的策略取决于青蛙种群的动态。如果分开的种群能够快速增长到 100 只青蛙或更多，那么将青蛙散布到不同池塘中的做法可能是值得一试的。

4.5.3　因为集合种群有繁殖体雨和拯救效应，所以其动态可以通过方程 4.7 来描述：

$$\frac{df}{dt} = (p_i)(1-f) - ef(1-f)$$
$$= (0.3)(1-0.4) - (0.5)(0.4)(1-0.4)$$
$$= 0.18 - 0.12$$
$$= 0.06$$

因为增长率大于 0，所以集合种群是增大的。同时，通过方程 4.8 可以得到平衡时所占斑块的比例：

$$\hat{f} = \frac{p_i}{e} = \frac{0.3}{0.5} = 0.6$$

因为 40% 的斑块被占据了，所以 $f = 0.4$。这个值低于平衡点处的值，表明集合种群处在扩张阶段。

第 5 章

5.5.1　下图即为状态-空间图，其中星号表示的为初始种群大小：

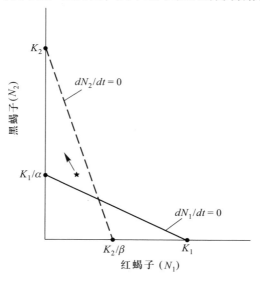

这些等值线定义了一个不稳定的平衡。从初始密度开始，在短期内黑蝎子种群增加而红蝎子种群降低。最终，红蝎子将会灭绝而黑蝎子将续存下去（种群大小为其容纳量 K_2，即 150）。

5.5.2　为了回答这个问题，我们需要用到表 5.1 中的不等式。共存需要：

$$\frac{1}{\beta} > \frac{K_1}{K_2} > \alpha$$

$$\frac{1}{0.5} > \frac{K_1}{100} > 1.5$$

$$2 > \frac{K_1}{100} > 1.5$$

对于物种 1 而言，要满足上述不等式从而确保共存的话，需要的最小容纳量为 151 个个体。

如果物种 1 在竞争中占据上风的话，要求：

$$\frac{1}{\beta} < \frac{K_1}{K_2} > \alpha$$

$$2 < \frac{K_1}{100} > 1.5$$

此时，物种 1 的容纳量必须大于 200 个个体。

5.5.3　如下图。图中箭头代表的是"捕食者"成为竞争中的胜者时"猎物"等值线变化：

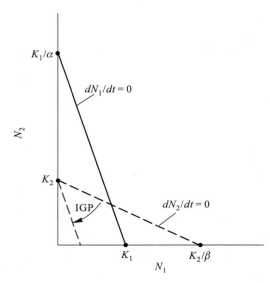

第 6 章

6.5.1　从方程 6.3 可得到猎物等值线的解为 0.1/0.001 = 100 只蜘蛛, 捕食者等值线的解为 0.5/0.001 = 500 只苍蝇。将等值线和初始种群画到图中, 即为下图:

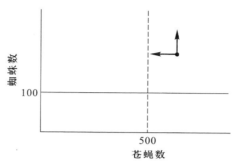

因为现在我们是在猎物等值线的上方, 意味着捕食者太多, 所有苍蝇种群将会下降。然而, 我们同时也在捕食者等值线的右边, 因此存在着足够多的猎物使得蜘蛛种群得以增加。

6.5.2　从方程 6.5 我们首先得到 q 缺失值:

$$10 = \frac{2\pi}{\sqrt{0.5q}}$$

$$100 = \frac{4\pi^2}{0.5q}$$

$$50q = 4\pi^2$$

因此, $q = 0.7896$。如果 q 变为原来的两倍且 r 为 0.5, 那么循环的周期为:

$$\frac{2\pi}{\sqrt{(0.5)(2)(0.7896)}} = \frac{6.283}{0.889} = 7.07 \text{ 年}$$

因此, 循环周期下降到大约 7 年。

6.5.3　状态-空间图如下:

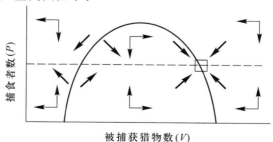

从该图中可以很容易看出右边的平衡点是稳定的，此时捕食者和猎物可以共存。然而，左边的平衡点是不稳定的，如果猎物种群低于某最小值时，捕食者将会促使其灭绝。注意该分析与包含阿利效应的单物种逻辑斯谛模型的相似之处（参考思考题2.5.3）。但是，不要将状态-空间图与单物种密度依赖的出生率和死亡率的图相混淆。

6.5.4a　因为 $k = 1/h$，所以可以得到：

$$D = \frac{1}{ah}$$

$$aD = \frac{1}{h}$$

$$aD = k$$

$$a = \frac{k}{D} = \frac{100}{5} = 20$$

6.5.4b　从方程6.8中可得：

$$\frac{n}{t} = \frac{kV}{D+V} = \frac{100(75)}{5+75} = \frac{7500}{80} = 93.8$$

第 7 章

7.5.1a　将这些值代入方程7.1，得到 $S = (8.759)120^{0.113} = 15.04$，这个结果接近于观察到的丰富度（17 个物种）。

7.5.1b　如果有效面积减为一半，那么预测到的物种丰富度将为 $S = (8.759)60^{0.113} = 13.9$。就是说，如果该方程非常精确的话，大约会出现 14 个物种（预测的物种丰富度）。这个预测可能是完全错误的，你能说出几个原因吗？

7.5.2　平衡同时依赖于迁入和灭绝曲线。因此，如果大面积岛屿（A_1）的隔离程度很高，那么其上的物种有可能会少于小面积岛屿（A_2）的。

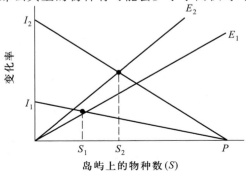

7.5.3　首先，我们采用方程 7.4 来求解 I。通过一些变化，可将方程 7.4 写成如下形式：

$$\hat{S} = \frac{IP}{I+E}$$

$$\hat{S}(I+E) = IP$$

$$\hat{S}E = IP - I\hat{S}$$

$$I = \frac{\hat{S}E}{P - \hat{S}}$$

从而得到 $I = (75)(10)/(100-75) = 30$，即每年迁入 30 个物种。假定迁入率倍增的话，即 $I = 60$，从方程 7.4 中，我们可以得到平衡时的物种丰富度 $(100)(60)/(60+10) = 85.7$。利用方程 7.5，新的周转率为 $(60)(10)/(60+10) = 8.57$，即每年 8.57 个物种。

7.5.4　基于方程 7.6 的计算非常繁琐，因此这里我们只以岛屿 1 为例。首先，我们必须计算 x_1，即岛屿 1 的相对面积。从表达式 7.9 可得：

$$x_1 = \frac{a_1}{A} = \frac{110}{110 + 100 + 10 + 5} = 0.489$$

下面就可以利用表达式 7.13 来得到 6 个物种的出现概率。记住该表达式中的 n_j 是每个物种总的多度，可从矩阵的每行之和得到：

物种 A　　$1 - (1-0.489)^3 = 0.867$

物种 B　　$1 - (1-0.489)^1 = 0.489$

物种 C　　$1 - (1-0.489)^{10} = 0.999$

物种 D　　$1 - (1-0.489)^6 = 0.982$

物种 E　　$1 - (1-0.489)^2 = 0.739$

物种 F　　$1 - (1-0.489)^4 = 0.932$

利用方程 7.6，我们即可得到岛屿 1 的期望物种丰富度为：

$E(S_1) = 0.867 + 0.489 + 0.999 + 0.982 + 0.739 + 0.932 = 5.008$

如果我们对所有的 4 个岛屿都进行上述计算，那么可以得到下表的结果：

	S 观察值	S 期望值
岛屿 1	6	5.008
岛屿 2	1	4.835
岛屿 3	3	1.020
岛屿 4	3	0.540

从表中可见，期望物种丰富度与实际观测值拟合得并不好。比如，在面积第二大的岛屿上我们只观测到 1 个物种，但是预测的结果是约 5 个物种。这表明随机的个体替代无法很好地模拟观测的物种丰富度数据。

第 8 章

8.5.1a　0.030。

8.5.1b　藻类（因为它转移到空斑的概率最大：$p_{ij} = 0.678$）

8.5.1c

软体珊瑚 → 硬壳鹿角珊瑚

软体珊瑚 → 海藻

软体珊瑚 → 克氏非六珊瑚

海藻 → 克氏非六珊瑚

块状珊瑚 → 格状轴孔珊瑚

块状珊瑚 → 克氏非六珊瑚

克氏非六珊瑚 → 格状轴孔珊瑚

克氏非六珊瑚 → 软体珊瑚

克氏非六珊瑚 → 海藻

克氏非六珊瑚 → 块状珊瑚

8.5.2　你可以采用本章所讲的矩阵乘法来回答这个问题。然而，如果仔细地看看这组特殊的数值，那么你可能会发现一个更简单的方法。把矩阵每行的数相加，再乘以 100，你就可以得到每个状态的斑块数。

状态	在 $t = 1$ 时的斑块数
硬壳鹿角珊瑚	65.8
格状轴孔珊瑚	37.5
布什鹿角珊瑚	103.4
鹿角大珊瑚	73.1
软体珊瑚	88.0
海藻	11.1
块状珊瑚	47.5
克氏非六珊瑚	23.7
空地	449.8

你知道为什么会这样吗？你能将这个技巧应用到其他的情况吗？

如果你是观测者，你注意到你的斑块数的总和是 899.90，而非实际的 900.00。这之间的差异源自矩阵的列之和并不刚好等于 1.00（如经过四舍五入处理）。

第 9 章

9.8.1

物种	收集的个体数（n_i）	p_i	p_i^2	$1-p_i$	$(1-p_i)^m$
Aphaenogaster rudis	45	0.4500	0.2025	0.5500	0.0000
Formica neogagates	32	0.3200	0.1024	0.6800	0.0000
Myrimica punctiventris	12	0.1200	0.0144	0.8800	0.0017
Myrmica sculptilis	3	0.0300	0.0009	0.9700	0.2181
Formica subsericea	2	0.0200	0.0004	0.9800	0.3642
Stenamma impar	2	0.0200	0.0004	0.9800	0.3642
Temnothorax longispinosus	1	0.0100	0.0001	0.9900	0.6050
Lasius alienus	1	0.0100	0.0001	0.9900	0.6050
Lasius umbratus	1	0.0100	0.0001	0.9900	0.6050
Prenolepis imparis	1	0.0100	0.0001	0.9900	0.6050
总和	100	1.0000	0.3214		3.3681

要回答这个问题，首先需要得到上面的表格，因为你需要这个表格里的数据来计算多样性指数。

*Chao*1：在这组数据中，有 4 个单个体种（*Temnothorax longispinosus*，*Lasius alienus*，*L. umbratus* 和 *Prenolepis imparis*），两个双个体种（*Formica subsericea* 和 *Stenamma impar*）。因此，$f_1=4$，$f_2=2$。从方程 9.4 可得：

$$S_{est} = S_{obs} + \frac{(f_1)^2}{2f_2}$$

因此，

$$S_{est} = 10 + \frac{(4)^2}{2(2)} = 14$$

这意味着至少还有 4 个物种未被观察到。

PIE：从方程 9.5 可得：

$$PIE = \left(\frac{N}{N-1}\right)\left[1.0 - \sum_{i=1}^{s}(p_i)^2\right]$$

因此，

$$PIE = \left(\frac{100}{100-1}\right)(1.0 - 0.3214) = 0.6855$$

换言之，对于两只随机选择的蚂蚁，它们属于不同的物种的可能性约为 69%。

$E(S_m)$：对于一个随机选择的 $m = 50$ 个个体的小样本来说，期望的物种丰富度可通过方程 9.3 来计算：

$$E(S_m) = S - \sum_{i=1}^{s}(1 - p_i)^m$$

因此，$E(S_{50}) \approx 10 - 3.3681 = 6.6319$

就是说，该随机样本的期望物种丰富度为 6~7。

术 语 汇 编

α　参考"竞争系数"。[5] 参考"捕获效率"。[6]*

αV　参考"功能反应"。[6]

β　参考"竞争系数"。[5] 参考"转化效率"。[6]

βV　参考"数量反应"。[6]

λ　参考"有限增长率"。[1]

λ_S　参考"迁入率"。[4]

μ_S　参考"灭绝率"。[4]

σ_x^2　参考"方差"。[1]

σ_N^2　参考"种群大小方差"。[1]

σ_r^2　参考"r 方差"。[1]

$1-N/K$　参考"环境容纳量的剩余部分"。[2]

95% 置信区间（95% confidence interval）　对于一个随机变量来说，95% 置信区间涵盖了 95% 的在一系列随机取样中所得到的值。

Ⅰ型功能反应（type Ⅰ functional response）　随着猎物多度的增加，单位捕食者在单位时间内消耗的猎物的数量线性增加。斜率为 α，即捕获效率。Ⅰ型功能反应是建立在洛特卡-沃尔泰勒捕食者-猎物方程基础之上的，其使得捕食者-猎物动态趋于稳定。然而，Ⅰ型功能反应是不符合实际情况的，因为其假定捕食者总是能不断提高它们的进食率。[6]

Ⅰ型存活曲线（type Ⅰ survivorship curve）　一类存活曲线，年轻个体的存活概率相对较高而年老个体的存活率相对较低。很多哺乳动物（包括人类）服从Ⅰ型存活曲线。[3]

Ⅱ型功能反应（type Ⅱ functional response）　随着猎物多度的增加，单位捕食者在单位时间内消耗的猎物的数量呈一条渐近线的模式。曲线的形状由最大进食率（k）和半饱和常数（D）决定。Ⅱ型功能反应使得该系统趋于不稳定，因为随着猎物多度的增加，需要更多的捕食者来控制猎物种群。[6]

Ⅱ型存活曲线（type Ⅱ survivorship curve）　一类存活曲线，个体的存

活概率在不同年龄间保持不变。较少有物种服从 Ⅱ 型存活曲线。参考思考题 3.5.1 中的例子。[3]

Ⅲ型功能反应（type III functional response） 随着猎物多度的增加，单位捕食者在单位时间内消耗的猎物的数量呈一条渐近线的模式。曲线呈现 S 形，即在猎物多度较低时，进食率加速提高，而当猎物多度较高时，进食率加速下降。在猎物多度较低时，能稳定捕食者-猎物系统，而当猎物多度较高时，会使得该系统趋于不稳定。[6]

Ⅲ型存活曲线（type III survivorship curve） 一类存活曲线，年轻个体的存活概率相对较低而年老个体的存活率相对较高。很多植物和无脊椎动物服从 Ⅲ 型存活曲线，它们能产生很多后代个体，但只有少数能存活下来。[3]

A 参考"转移矩阵"。[3，8]

阿利效应（Allee effect） 随着种群大小增加，瞬时出生率（b）上升或者瞬时死亡率（d）下降的现象，即为阿利效应。在绝大部分种群中，种群大小的增加会降低出生率，提高死亡率。这类负效应是种群密度依赖机制的具体体现。然而，在某些情况下，种群的增长受种群大小的正的影响。如果群体中的个体能更有效地捕获猎物，寻找配偶，防御捕食者、寄生物和疾病，那么这种正的效应就可能会发生。伴随着种群大小的增加，所有这些活动都能够提高种群的增长率。但是，随着种群大小的进一步增加，最终种群的增长率会逆转。阿利效应可以使得简单模型呈现出复杂的动态，比如最小可持续种群大小的问题（参考思考题 2.5.3）。"阿利效应"这个词是为了纪念生态学家瓦尔德尔·阿利（Warder Allee）（1885—1955）的，他在具重要影响的《动物生态学原理》（Allee et al. 1949）一书中使得这一概念为人所知。[2]

B 参考"出生率"。[1]

b 参考"瞬时出生率"。[1]

b(x) 参考"生育力"。[3]

靶标效应（target effect） 岛屿面积对物种迁入率的影响。在最初的平衡模型里，假定岛屿面积只影响灭绝率。然而，如果面积大的岛屿能够接收更多的繁殖体，那么相比于小面积的岛屿来说，这些大岛屿上物种的灭绝率会更低而迁入率会更高。[7]

半饱和常数（half-saturation constant，D） 在 Ⅱ 型和 Ⅲ 型功能反应中，捕食者进食率为其最大值（k）一半时的猎物种群的多度。单位为猎物数目。[6]

半马尔科夫模型（semi-Markov model） 一类马尔科夫模型，其中转移概率依赖于某斑块位于某特定状态的绝对时间。[8]

倍增时间（doubling time）　种群大小翻倍所需要的时间。如果种群是指数增长的，那么其将在一定时间后实现翻倍。此时的倍增时间为 $\ln(2)/r$，ln 表示自然对数，r 为瞬时增长率。[1]

被动取样模型（passive sampling model）　有关物种-面积关系的统计模型，其中不涉及生境多样性或小岛屿上的灭绝。模型将岛屿视为面积不等的被动的靶标，并假定每个物种的个体在群岛上是随机分布的。在没有任何生物学因子的情况下，该模型可产生期望的物种-面积关系。[7，9]

被占斑块比例（fraction of sites occupied，f）　被种群所占据的有效斑块的比例。其变化范围从 0（区域灭绝）到 1（景观饱和）。[4]

遍历（ergodicity）　是一些生态学模型的数学特性。所谓遍历的系统是指一个系统最终的行为不依赖于初始状态。[8]

捕获效率（capture efficiency，α）　单个捕食者对猎物种群的每员增长率的影响：

$$\left(\frac{1}{V}\frac{dV}{dt}\right)\left(\frac{1}{P}\right)$$

捕获效率 α 的单位为猎物数/（猎物·时间·捕食者）。[6]

不可放回抽样（sampling without replacement）　一类统计模型，其中抽样单元在被抽取后不再放回抽样空间中。在这类模型中，抽样空间的大小随着抽样的进行逐渐减小。[9]

不稳定平衡（unstable equilibrium）　一种平衡状态，但是当受到干扰后，系统无法回到干扰前的状态。在不稳定平衡中，受到干扰后，种群将不会回到原先的平衡点的位置。相反，种群会达到一个不同的但更稳定的平衡点。[5]

$c(x)$　参考"稳定年龄分布"。[3]

出生率（birth rate）　在较短的时间区间内，种群中出生个体数目的变化。其单位为出生的个体数/时间。[1]

处理时间（handling time，h）　捕食者捕获和吃掉一猎物所需要的时间。[6]

垂直生命表（vertical life table）　存活概率 $[g(x)]$ 是通过比较邻近年龄组中种群的相对规模来间接估计的。其假定种群已达到了静态年龄分布。[3]

次生演替（secondary succession）　原来的植物群落由于干扰大部分消失后所发生的演替。[8]

促进模型（facilitation model）　一类演替模型。一组物种通过改变环境从而有助于其他物种的进入。经典促进模型的终点是一个能自我更新的顶级群落。[8]

　　存活概率（**survival probability，$g(x)$，P_i**）　　年龄为 x 的个体的存活概率 $g(x)$ 定义如下：年龄为 x 的个体能存活到 $x+1$ 步的概率。可以通过存活力来计算：$g(x)=l(x+1)/l(x)$。年龄组为 x 的个体的存活概率 P_i 定义如下：位于年龄组 i 的个体能存活到 $i+1$ 步的概率。同样可以通过存活力来计算：$P_i=l(i)/l(i-1)$。这个公式只适用于具繁殖后普查的脉冲出生种群。在莱斯利矩阵中，存活概率是那些位于次对角线上的元素。[3]

　　存活力（**survivorship schedule，$l(x)$**）　　存活力给出了任意个体从出生存活到年龄 x 的可能性。按照定义，刚出生个体的存活率为 100%，因此 $l(0)$ 总是等于 1.0，同时最后一个年龄组的存活率为 0.0。在这两者之间，存活率随着年龄组的增大而降低（或保持不变）。[3]

　　D　参考"死亡率"。[1] 参考"半饱和常数"。[6]

　　d　参考"瞬时死亡率"。[1]

　　dN/dt　参考"种群增长率"。[1]

　　达林顿规则（**Darlington's rule**）　　以生物地理学家 Philip J. Darlington 的名字命名。该法则认为在洋岛上，物种数目的倍增伴随着 10 倍岛屿面积的增加。[7]

　　单次生殖（**monocarpic**）　　整个生活史过程中只繁殖一次的植物。参考"终生一胎的"（semelparous）。[3]

　　单个体种（**singleton**）　　在生物多样性样本中，只有一个个体的物种。[9]

　　岛屿-大陆模型（**island-mainland model**）　　一种集合种群模型，其中斑块的局域灭绝是相互独立的，拓殖是通过繁殖体雨（propagule rain）来实现的。在群落水平上，该模型等同于岛屿生物地理学平衡模型。[4]

　　岛屿生物地理学平衡模型（**equilibrium model of island biogeography**）由 Robert H. MacArthur（1930—1972）和 Edward O. Wilson（生于 1929 年）提出，描述了岛屿物种丰富度是由新物种的拓殖和岛屿本地物种的灭绝所共同决定的。[7]

　　等级多度图（**rank abundance graph**）　　生物多样性数据的图形表达形式。图形的 x 坐标轴是物种的等级（秩），从多度最多的物种到多度最小的物种。y 坐标轴是每个物种的多度。图中的每条柱子代表着一个物种，柱子的高度表示物种的多度。此处的多度也可用物种的生物量或者百分盖度来代替。[9]

　　递归方程（**recursion equation**）　　在离散增长方程中，模型在一个时间点上的"输出"是下一个时间上的"输入"。递归方程总是可以通过迭代的方式来求解。对于一些递归方程，可能存在着数学解。[1]

顶级群落（climax community）　　是经典的促进模型的终点，顶级群落多样性高、能够自我更新且相对稳定。干扰可以破坏掉顶级群落，从而重启演替进程。[8]

多次生殖（polycarpic）　　整个生活史过程中可繁殖多次的植物。参考"反复生殖"（iteroparous）。[3]

多年生植物（perennial）　　能够存活两个或多个生长季的植物。[3]

E　　参考"灭绝率"。[4] 参考"最大灭绝率"[7]

二阶马尔科夫模型（second-order Markov model）　　在二阶马尔科夫模型中，转移矩阵中的元素不仅受当前群落状态的影响，还受前一步群落状态的影响。这类模型一定程度上考虑了群落发展顺序的影响。[8]

F_i　　参考"繁殖力"。[3]

f　　参考"被占斑块比例"。[4]

繁殖后普查（post-breeding census）　　待所有个体都繁殖了之后所开展的种群普查。[3]

繁殖力（fertility，F_i）　　处于年龄组 i 的雌性个体所产生的雌性后代的数目。莱斯利矩阵中的第一行即为繁殖力系数。繁殖力可以通过 $F_i = b(i)P_i$ 来计算。年龄为 i 的雌性的繁殖力被 P_i 消减，即处于年龄组 i 的个体的存活率。这是显而易见的，因为雌性只有自己存活下来才能产生后代。该公式仅适用于具繁殖后普查的脉冲出生种群。[3]

繁殖体雨（propagule rain）　　拓殖概率不受集合种群中被占斑块比例的影响。繁殖体雨可由下述两种方式产生：来自集合种群外部的较大规模的拓殖者源，或不断产生新的繁殖体的种子库。[4]

反复生殖（iteroparous）　　生活史过程中不止一次繁殖后代的有机体即为反复生殖的有机体。对于一个反复生殖的个体来说，对应于生殖年龄，繁殖力表应该包含两个或多个非 0 的元素。[3]

方差（variance，σ_x^2）　　方差描述了平均值的不确定性。可通过下式计算：

$$\sum (x - \bar{x})^2 / (n - 1)$$

$\bar{x}$ 为平均值，n 为样本量。观测越不可预测，方差越大。需要注意的是，平均值和方差描述的是一组观察的不同方面。平均值表示的是观察的中心趋势，而方差表示的是观察值偏离中心趋势的程度。具较大平均值的种群其方差可能很小，反之亦然。[1]

封闭种群（closed population）   在一个封闭种群中，没有个体的迁入或迁出。因此，能够影响封闭种群大小的唯一因素即为出生和死亡。[1]

富足悖论（paradox of enrichment）   捕食者−猎物模型预测猎物种群容纳量的增加会使得猎物与捕食者之间的共存趋于不稳定。富足悖论的产生需要驼峰型的猎物等值线和垂直的捕食者等值线。[6]

G   参考"世代时间"。[3]

g(x)   参考"存活概率"。[3]

干扰竞争（interference competition）   通过降低竞争者的（资源）利用效率来达到竞争的目的。比如动物间的领地竞争和行为干扰，植物间的化感作用。[5]

功能反应（functional response，αV）   捕食者捕获的猎物与猎物本身的数量呈函数关系。单位为捕获的猎物/（捕食者·时间）。[6]

功能团内捕食（intraguild predation，IGP）   竞争者之间利用共同的有限资源，同时竞争者之间存在着相互作用，比如捕食者和猎物。功能团内捕食在自然界中很常见，其可以逆转或加强物种间竞争性相互作用的结局。[5]

h   参考"处理时间"。[6]

化感（allelopathy）   植物间的化学干涉性竞争，通过释放有毒物质（通常为芳香族物质）到土壤中实现。[5]

环境容纳量的剩余部分（unused portion of the carrying capacity，$1-N/K$）   在逻辑斯谛增长模型中，该术语表示容纳量中未被当前种群（种群大小为 N）所利用的比例。当种群大小接近于 0 时，种群增长最快，而当种群大小接近于容纳量时，种群增长最慢。当种群大小超过容纳量时，该比例为负值。[2]

环境随机性（environmental stochasticity）   环境条件变化所导致的不确定性。在模型中，针对种群增长，环境可以通过一系列不可预测的好/坏年份来表示。具体到指数增长模型中，这种不确定性是通过 r（瞬时增长率）的平均值和方差来表示的。在具环境随机性的指数增长模型中，如果 r 的变异即方差超过其平均值太多，种群将面临灭绝。与之形成对比的是，在一个确定性的指数增长模型中，只要 r 大于 0，种群就不会有灭绝的风险。[1]

混沌（chaos）   混沌是一种由完全确定性的模型所产生的种群大小不可预测的波动的现象。混动波动源自种群增长的离散模型，而这类模型具有强烈的密度依赖和很大的内禀增长率。混沌动态并非是由环境中的随机变化所导致的，尽管混沌种群对于初始条件非常敏感。[2]

I　参考"迁入率"。[4]　参考"最大迁入率"。[7]

IGP　参考"功能团内捕食"。[5]

基于个体的模型（individual-based model）　一类生态学模型，其中模拟了种群内个体的出生、增长、扩散和死亡过程。这类模型更贴近于自然但对计算机的计算能力要求很高。[8]

基于个体的稀疏化（individual-based rarefaction）　在稀疏化模型中，从生物多样性调查得到的所有个体中随机抽取一部分个体。在基于个体的稀疏化曲线上，x 坐标轴的单位为个体数目。[9]

基于样本的稀疏化（sample-based rarefaction）　一种稀疏化模型，其中生物多样性调查数据是由多个样本组成的，然后从中抽取部分样本。通常情况下，不记录所抽取样本中的物种多度，只记录物种的有或无。对于基于样本的稀疏化曲线，x 坐标轴的单位是样本的数目。[9]

集合种群（metapopulation）　通过迁入和迁出而联系在一起的几个局域种群。局域种群间个体的运动能够影响局域种群的动态，因此集合种群中斑块（局域种群占据）的生长和续存不同于单个隔离种群的生长和续存。[4]

阶段向量（stage vector）　在长度为 n 的向量里，向量元素代表着演替模型中某一特定状态的斑块数目。在平衡状态时，该阶段向量要么代表着位于各阶段的斑块的相对数目，要么代表着单个斑块在各阶段所经历的相对时间。[8]

进食率（feeding rate，n/t）　捕食者捕获猎物的效率。单位为捕获的猎物/（时间·捕食者）。[6]

净繁殖率（net reproductive rate，R_0）　雌性个体所产生的雌性后代的平均数目。其单位是后代的个体数，可以通过繁殖力和存活力来计算：$R_0 = \sum l(x)b(x)$。[3]

竞争排除法则（principle of competitive exclusion）　竞争排除法则讲的是"完全相同的竞争者是不能够共存的"。换言之，共存物种之间在资源利用等方面必然存在着差异，这类差异体现在竞争系数 α 和 β 上。需要注意的是，该法则假定资源是有限的。如果资源是无限的，那么竞争者可以很愉快地共存在一起，即便它们利用完全相同的资源。[5]

竞争系数（competition coefficient，α）　在洛特卡-沃尔泰勒竞争模型中，α 是物种 2 对物种 1 的种群增长率的每员影响，其是相比于物种 1 对于自身的影响的。因为它是无标量的常数，α 是一个没有单位的数字。[5]

竞争系数（competition coefficient，β）　在洛特卡-沃尔泰勒竞争模型中，β 是物种 1 对物种 2 的种群增长率的每员影响，其是相比于物种 2 对于自身的影响的。因为它是无标量的常数，β 是一个没有单位的数字。[5]

竞争性相互作用（competitive interactions）物种间相互影响对方的种群增长率和压制对方的种群大小。[5]

静态年龄分布（stationary age distribution）各年龄个体的绝对和相对数目均保持不变。静态年龄分布式稳定年龄分布的一个特例，即瞬时增长率 r 等于 0.0。[3]

静态生命表（static life table）参考"垂直生命表"。[3]

局域灭绝（local extinction）集合种群中单个种群的消失。[4]

局域灭绝概率（probability of local extinction，p_e）在一个时间段内，单个局域种群灭绝的可能性。该概率依赖于局域种群的规模和种群增长率，以及所占斑块的特点，比如斑块的面积和所包含的资源量。[4]

局域拓殖概率（probability of local colonization，p_i）在一个时间段内，集合种群中某个空斑块被占据的可能性。[4]

距离效应（distance effect）物种数目随离拓殖者库的距离的增加而降低。[7]

K 参考"容纳量"。[2]

k 参考"最大进食率"。[6]

可放回抽样（sampling with replacement）一类统计模型，其中抽样单元在随机抽取后可再放回抽样空间中。在这类模型中，抽样空间的大小保持不变。[9]

库种群（sink populations）该种群中，局域出生率小于局域死亡率，且迁入率大于 0。源种群的续存依赖于外部个体的迁入。库种群是个体的净输入方。[4]

l(*x*) 参考"存活力"。[3]

莱斯利矩阵（Leslie matrix）针对具年龄结构的种群增长模型，该矩阵给出了对应的出生率和死亡率参数。矩阵的第一行代表着每个年龄组的繁殖力，次对角线元素代表着从一个年龄组到另一个年龄组个体的存活概率。莱斯利矩阵是由种群生态学家帕特里克·莱斯利（Patrick H. Leslie）发展出来的。[3]

离散差分方程（discrete difference equation）一类数学模型，其中时间是离散而非连续的。在种群生态学中，离散差分方程将种群在当前时间点（N_t）的大小与在下一个时间点（N_{t+1}）的大小联系在一起。如果中间的时间间隔无穷小，那么离散差分方程就等同于连续微分方程。[1]

离散增长因子（**discrete growth factor**，r_d）　在离散的种群指数增长模型中，每一时间步上种群按照一个常数比例增长，该常数比例即为离散生长因子。如果该时间步无穷小，此时 r_d 等同于 r，即连续的种群指数增长模型中的瞬时增长率。r_d 同时也等于 $\lambda - 1$，此处的 λ 为有限增长率。[1]

连续微分方程（**continuous differential equation**）　描述种群增长率的理想方程，其中紧邻的两次种群测量间的时间间隔无限短。将种群增长以连续微分方程的方式表示出来使得我们可以使用微积分的规则来求解方程。[1]

连续种群增长（**continuous population growth**）　在连续增长的种群中，出生和死亡是稳定发生的，因此种群大小的轨迹是一条完美的平滑曲线。[1]

流动出生模型（**birth-flow model**）　在一个具年龄结构的种群中，特定年龄组内个体的出生是连续的，不同于脉冲出生模型。[3]

逻辑斯谛增长模型（**logistic growth model**）　考虑了资源限制和密度依赖的种群增长模型，具体体现在对瞬时出生率和/或瞬时死亡率的影响上。逻辑斯谛增长模型是由 Pierre F. Verhulst（1804—1849）引入到生态学中的。从中产生的 S 形曲线表明种群先是加速增长，然后减速增长。种群大小最终会达到容纳量 K，这反映了环境中有效的资源量。如果种群开始的大小高于该容纳量，那么种群大小将会下降直到 K。当瞬时出生率和瞬时死亡率均不依赖于密度时，逻辑斯谛增长模型即变为指数增长模型。因此后者是前者的特例。逻辑斯谛种群增长模型为 $dN/dt = rN(1 - N/K)$。[2]

马尔科夫模型（**Markov model**）　演替或种群增长的矩阵模型。转移矩阵乘以一个向量从而得到种群或群落的阶段变化。[3，8]

马尔萨斯参数（**Malthusian parameter**）　参考"瞬时增长率"。该词是为了纪念 Thomas R. Malthus（1766—1834）的。Malthus 在其著名的《人口论》（1798）中讨论了人口指数增长对人类意味着什么。[1]

脉冲出生模型（**birth-pulse model**）　在一个具年龄结构的种群中，个体是脉冲式地集中出生。

每员（**per capita**）　每员。每员率可以通过某个量除以种群内个体的数目（N）或乘以 $1/N$ 得到。[1]

密度不依赖（**density-independent**）　种群过程不受当前种群密度或大小的影响。如果瞬时出生率和死亡率（b 和 d）是不依赖于密度的，那么种群将会以指数形式增长，因为出生率和死亡率是保持不变的，不论种群大小如何。[2]

密度依赖模型（**density-dependent model**）　模型中瞬时出生率和死亡率（b 和 d）是受种群的密度或大小影响的。这类模型主要是基于以下的认识：

拥挤会降低出生的个体数目和提高死亡的个体数目，因此提供了一个有效的控制种群增长的"刹车"。[1]

面积分数（proportional area） 某个岛屿的比例面积等于该岛屿的面积除以群岛内所有岛屿的面积之和。在被动取样模型中，岛屿的比例面积代表了随机扩散的繁殖体到达该岛屿的概率。[7]

面积效应（area effect） 物种数目随岛屿面积的增大而增加。[7]

灭绝率（extinction rate，E，μ_s） 在集合种群中，灭绝率 E 是指被占斑块在单位时间内灭绝的概率。在岛屿生物地理学平衡模型中，灭绝率 μ_s 是指在单位时间内岛屿本地物种的灭绝数目。[4]

N 参考"种群大小"。[1]

$\overline{N}$ 参考"平均种群大小"。[1]

n/t 参考"进食率"。[6]

内禀增长率（intrinsic rate of increase） 参考"瞬时增长率"。[1]

内部拓殖（internal colonization） 在集合种群模型中，繁殖体仅来源于被占据的斑块。因此，如果存在区域性灭绝的话，拓殖将会停止，因为没有可供拓殖的繁殖体。[4]

内推法（interpolation） 在原始数据的范围内估计参数数值。稀疏化是内推法的一个很好的例子。[9]

年龄（age） 个体自其出生后所经历的时间即为该个体的年龄。新生个体的年龄为 0，而非 1。个体的年龄以带括号的变量表示。因此，$f(6)$ 表示年龄为 6 的个体。[3]

年龄组（age class） 将处于一定年龄区间的个体划分为一个年龄组。在年龄组 i 中的个体的年龄从 $i-1$ 到 i。因此，第一个年龄组中的个体同时包含刚刚出生的个体和即将满 1 岁的个体。年龄组的编号从 1 开始，但年龄的编号从 0 开始。个体所处的年龄组以带下标的变量表示。比如，f_6 表示处于第六个年龄组的个体。

欧拉方程（Euler equation） 是瑞士数学家莱昂哈德·欧拉（Leonhard Euler）（1707—1783）最先提出来的，基于种群的繁殖力 [$b(x)$] 和存活率 [$l(x)$] 表，欧拉方程给出了瞬时增长率（r）的精确解。欧拉方程如下：

$$1 = \int_0^k e^{-rx} l(x) b(x)$$

进化生物学家 Ronald A. Fisher（1890—1962）利用欧拉方程推导出了不同年龄个体的生殖价表达式。[3]

p_e　参考"局域灭绝概率"。[4]

p_i　参考"局域拓殖概率"。[4]

P　参考"源库"。[7]

P_i　参考"存活概率"。[3]

P_n　参考"续存概率"。[4]

P_x　参考"区域续存概率"。[4]

平均 r（mean $\bar{r}$）　平均瞬时增长率。该平均值代表了在变化的环境中每员增长率的中间趋势。在包含环境随机性的模型中，平均值 r 用于预测种群大小的平均值和方差。[1]

平均值（mean，$\bar{x}$）　算术平均值是一个概率分布或一系列数字的平均值或中间趋势。平均值是测量中间趋势的最常用的指标，但并非唯一。其他的包括中位数（位于一系列按序排列的数字的中间那个数）和众数（样本中出现次数最多的数）。此外，还有几何平均数和调和平均数。在特定的生态学分析中，所有这些指标都是有用的，代表了种群增长的不同方面。[1]

平均种群大小（mean population size，$\overline{N}$）　种群大小的中间趋势。在一个随机增长模型中，平均种群大小是多次模型结果的平均值。[1]

q　参考"死亡率"。[6]

迁出（emigration）　个体离开当前所在种群迁到另外一个地方。迁出和死亡是种群大小下降的两种方式。[1]

迁入（immigration）　个体从其他地方进入该种群。迁入和出生是种群提高规模的两种途径。[1]

迁入率（immigration rate，I，λ_s）　在集合种群模型中，迁入率 I 为单位时间内被成功占据的斑块比例。在岛屿生物地理学平衡模型中，迁入率 λ_s 是指单位时间内到达岛屿的新的物种数目。这里的"新"物种是指那些存在于物种库但并未出现在岛屿上的物种。[4]

区域灭绝（regional extinction）　集合种群中所有的局域种群都灭绝了。[4]

区域续存概率（probability of regional persistence，P_x）　在给定时间段内，x 个斑块中至少有一个斑块会持续下来的可能性。如果所有的斑块都是相同的，且具有相同的局域灭绝概率 p_e，那么区域续存概率为 $P_x = 1-(p_e)^x$。[4]

权衡（tradeoffs）　在生活史理论中，生物可利用的资源是有限的，投入到某一功能或性状上的量多，必然会减少投入到另一项上的量。[3]

确定性模型（deterministic model）　模型中参数是常数且不随时间变化。在一个确定性模型中，没有机会事件或者不确定性因素。如果初始条件不变，那么确定性模型总是能产生相同的结果。[1]

R_0　参考"净繁殖率"。[3]
r　参考"瞬时增长率"。[1]
r_d　参考"离散增长因子"。[1]
$\bar{r}$　参考"平均 r"。[1]
$r-K$ 选择（$r-K$ selection）　作为一度非常受欢迎的理论，$r-K$ 选择假定种群密度是决定有机体生活史性状的主要选择力量。长期维持在较低密度水平的种群被认为是 r 选择的，进化被认为倾向于单次生殖，其 r 较大，很多后代的存活率很低，满足Ⅲ型的存活曲线，成年个体的体型相对较小。长期处于较高密度的种群被认为是 K 选择的，进化被认为倾向于多次生殖，其 r 较小，一些后代的存活率高，满足Ⅰ型的存活曲线，成年个体的体型相对较大。[3]
r 方差（variance in r，σ_r^2）　瞬时增长率方差。该方差测量的是 r 的变异，反映了种群增长的时间变化。在环境随机性模型中，如果 r 的方差与平均值 r 相差太多，那么会提高种群的灭绝风险。[1]
忍耐模型（tolerance model）　一类演替模型，其中现有物种对演替过程中后到的物种没有影响。可以将忍耐模型看作是无效模型，进而用其检验抑制演替模型或正效应模型。[8]
容纳量（carrying capacity，K）　按照逻辑斯谛方程的形式增长，一个种群所能支持的最大的个体数目。这种限制反映了环境中空间、食物和其他资源的有效性。容纳量的单位是个体数目。[2]

$S(x)$　参考"同生群存活数"。[3]
s　参考"阶段向量"。[8]
生育力（fecundity schedule，$b(x)$）　生育力给出了年龄为 x 的雌性个体单位时间内所产生的平均后代数。生育力总是一个非负的实数。如果雌性是处于繁殖前或繁殖后的阶段，那么这些雌性的生育力可能为 0。[3]
生殖价（reproductive value，$v(x)$）　描述某一年龄的雌体平均能对未来种群增长所做的贡献。按照定义，新生个体 $[v(0)]$ 的生殖价为 1.0。年龄为 x 的个体的生殖价可以通过下面的式子得到：

$$v(x) = \frac{e^{rx}}{l(x)} \sum_{y=x+1}^{k} e^{-ry} l(y) b(y)$$

注意求和符号下的下标增加了 1。[3]
时滞（time lag）　种群对影响种群增长的因素的一种延迟响应。如果时滞为 0，那么种群增长只依赖于种群的当前大小，比如连续微分方程。然而，如果时滞不为 0，比如说为 5 年，那么种群增长不仅仅依赖于种群的当前大小，还依赖于 5 年前种群的大小。时滞的存在使得种群动态复杂化。[2]

　　世代不重叠（non-overlapping generations）　种群中母体在后代出生之前即死亡。世代不重叠的种群通常没有年龄结构，因此可以通过离散差分方程来描述。[1]

　　世代时间（generation time，G）　世代时间为子代从母体出生到子代再产子的平均时间。基于存活率和繁殖力表，通过下面的式子计算：

$$G = \frac{\sum l(x)b(x)x}{\sum l(x)b(x)}$$

单位为时间。[3]

　　数量反应（numerical response，βV）　捕食者种群的每员增长率是猎物数目的函数。单位为 $(1/P)(dP/dt)$。[6]

　　衰老（senescence）　过了繁殖年龄后，个体年龄增大和生理机能的衰退。[3]

　　双个体种（doubleton）　在一个生物多样性样本中，只有两个个体的物种。[9]

　　水平生命表（horizontal life table）　一类生命表，其中存活力 $[l(x)]$ 是通过直接跟踪一组个体从出生到死亡的整个过程而得到的。[3]

　　瞬时出生率（instantaneous birth rate，b）　种群的每员出生率，即每个个体在一个较短时间内所产生的后代数。可以通过出生率（B）除以当前种群大小（N）来得到。单位为后代个体数/（个体·时间）。[1]

　　瞬时死亡率（instantaneous death rate，d）　种群的每员死亡率，即个体在一个较短时间内死亡的数目。可以通过死亡率（D）除以当前种群大小（N）来得到。单位为死亡个体数/（个体·时间）。[1]

　　瞬时增长率（instantaneous rate of increase，r）　瞬时增长率等于 $b-d$，即瞬时出生率（b）和瞬时死亡率（d）的差值。在一个简单的指数增长模型中，瞬时增长率也等于种群的每员增长率，即：

$$\left(\frac{1}{N}\frac{dN}{dt}\right)$$

r 的单位为个体数/（个体·时间）。[1]

　　死亡率（death rate，D，q）　在指数增长模型中，死亡率 D 是指在一个比较短的时间区间内种群个体死亡数的变化。单位为死亡数/时间。[1] 在洛特卡-沃尔泰勒捕食模型中，死亡率 q 是指在没有猎物种群的情况下捕食者种群的瞬时死亡率。在指数增长模型中，q 等同于 d。单位为捕食者数目/（捕食者·时间）。[6]

随机模型（**stochastic model**） 在此类模型中，某些参数随时间的变化是不可预测的。随机模型是对自然界中随机或机会事件的抽象。抑或当自然现象太过复杂难以直接模拟时也可采用随机模型。换言之，相同的初始条件可能会得到不太一样的结果。尽管每次模型的表现可能都不太一样，但是如果将该模型重复很多次，最终我们会得到一个期望平均值和方差。[1]

T 参考"周转率"。[7]

同生群（**cohort**） 种群中同时出生的一组个体，跟踪观察直至死亡。同生群分析使得我们可以直接测量处于不同年龄的个体的死亡率，从而构建种群的 $l(x)$ 表。[3]

同生群存活数（**cohort survival，$S(x)$**） 同生群中存活到年龄 x 的个体的数目。按照定义，$S(0)$ 是同生群最开始时的个体数。[3]

同生群生命表（**cohort life table**） 参考"水平生命表"。[3]

同质性（**homogeneity**） 某些马尔科夫模型的数学特性。如果转移矩阵中的所有元素均不随时间发生变化，那么该转移矩阵就是同质的。[8]

v(x) 参考"生殖价"。[3]

外推法（**extrapolation**） 在原始数据范围之外的数值估计。比如渐进物种丰富度估计法就是外推法的一个很好的例子。[9]

稳定极限循环（**stable limit cycle**） 种群循环是稳定的。换言之，如果种群受到干扰，其将以相同的振幅和周期回到平衡状态。[2]

稳定年龄分布（**stable age distribution，$c(x)$**） 在指数增长（或降低）的种群中，各年龄个体的相对比例。可通过下式计算：

$$c(x) = \frac{e^{-rx}l(x)}{\sum_{x=0}^{k} e^{-rx}l(x)}$$

一旦种群达到稳定年龄分布，这些比例将不随时间发生变化。稳定年龄分布意味着种群按照不变的存活率 $[l(x)]$ 和繁殖率 $[b(x)]$ 增长。[3]

稳定平衡状态（**stable equilibrium**） 稳定平衡状态是种群在经历小的干扰后总是能回到的状态。当种群大小高于平衡点时，种群下降；而当种群大小低于平衡点时，种群上升。[2]

稳健（**robust**） 如果我们改变模型的某些假定后，模型依然能够做出很好的预测，那么该模型就是稳健的。无论是否明确给出，所有模型都有一些前提假定。在一些情况下，模型的预测对这些前提假定非常敏感。比如，指数增长模型强烈依赖于保持不变的每员出生率和每员死亡率。其他的假定，比如没有迁移或时滞，对于指数增长模型的预测影响不大。很多新的生态学模型是通过改变已有模型的前提假定构建起来的。

无量纲量（dimensionless number）　表示两个量比例的常数。因为这两个量的单位是相同的，所以取比例之后分子和分母的单位就约掉了。比如有限增长率（λ）是一个在指数增长种群中临近时间点上的种群大小的比例，生殖价［$v(x)$］是年龄为 x 的所有个体在将来的期望繁殖后代数与年龄为 x 的所有个体数的比例。［1］

物种丰富度（species richness）　群落中物种的数目。绝大部分生态学家所指的物种丰富度实际上是物种密度－单位取样面积内物种的数目。［9］

物种均匀度（species evenness）　样本中物种的相对多度分布。如果分布是完全均匀的，那么所有物种的多度都相等。在最不均匀的情况下，绝大部分的个体都是属于一个物种的，而其他的各物种仅有一个个体。多样性指数，比如 PIE，一定程度上量化了分布的均匀程度。然而，所有的多样性指数同时受物种数目和物种均匀度的影响。［9］

物种密度（species density）　单位取样单元或面积内物种的数目。生态学家口中的物种丰富度大部分情况下指的是物种密度。［9］

物种－面积关系（species-area relationship）　随岛屿面积增加，物种丰富度非线性上升。该关系对很多不同类型的"岛屿"都适用。［7］

物种－面积斜率（species-area slope，z）　在对数（物种）－对数（面积）图中，z 值即为拟合直线的斜率。同时，z 也是幂函数 $S=cA^z$ 的指数，这里的 S 为物种数目，A 是岛屿的面积，z 和 c 为常数。［7］

$\bar{x}$　参考"平均值"。［1］

x_i　参考"面积分数"。［7］

稀疏化（rarefaction）　物种丰富度的取样模型，从生物多样性的数据中不放回式地随机抽取小样本。当个体数一定的时候，可以计算出期望的物种数（和方差），从而得到稀疏化曲线。曲线的 x 坐标轴是个体数目，y 坐标轴是物种数目。初始的 N 个个体和对应的 S 个物种为图上的一个点。稀疏化曲线经过曲线的原点，止于［1,1］点处，因为随机抽取的一个个体总是对应着一个物种。稀疏化曲线可以用来比较来自两组不同的生物多样性调查数据，因为两者具有共同的多度尺度（x 坐标轴）。［9］

先锋物种（pioneer species）　干扰后最先出现的物种。通常这些物种具有一系列 r-选择生活史性状，使得它们可以克服干扰所带来的恶劣的物理环境。［8］

限制（constraints） 阻止生活史性状进化的生理的、机械的或进化上的限制。[3]

续存概率（probability of persistence，P_n） 单个斑块在 n 个时间段内续存下来的可能性，其中每个时间段内的灭绝概率为 p_e。续存概率通过下式计算：$P_n = (1-p_e)^n$，这里的 $(1-p_e)$ 为灭绝不会发生的概率。[4]

延迟微分方程（delay differential equation） 包含了时滞的连续微分方程，因此当前种群的增长依赖于过去某个时间点上的种群大小。[2]

演替（succession） 群落结构沿时间的变化。[8]

一阶马尔科夫模型（first-order Markov model） 转移概率只依赖于马尔科夫链的当前状态。参考"均质性"。[8]

一年生植物（annual） 只能存活一个生长季的植物。[3]

抑制模型（inhibition model） 一类演替模型，其中现有物种或群落抑制其他物种进入。只有在干扰排除掉现有物种之后，新的物种才有可能进入，演替才有可能发生。[8]

有限增长率（finite rate of increase，λ） 在离散的指数增长模型中，测量紧邻的两个时间点上种群大小的变化比例（proportional change）。可以按下式计算 $\lambda = N_{t+1}/N_t$。因为 λ 是一个比例，所以是一个无量纲量。同时，因为 λ 是两个种群大小的比值，所以它总是大于 0 的。此外，λ 等于 $1.0+r_d$，此处 r_d 为离散增长因子。如果时间间隔无穷小，那么 λ 将等于 e^r，此处的 e 为自然对数（约等于 2.718），r 为瞬时增长率。[1]

预先占据竞争（pre-emptive competition） 针对附着体或根生长的空间所展开的竞争。预先占据竞争在植物、固着的水生无脊椎动物和藻类中非常常见。[5]

元胞自动机模型（cellular automata model） 一种数学模型，其中斑块以一定方式排列在空间上，斑块的转换规则依赖于该斑块周围的其他斑块。[8]

原生演替（primary succession） 在原生裸地或者原生荒原上进行的演替。这类演替通常都比较缓慢。[8]

源库（source pool，P） 大陆上可拓殖到岛屿上的物种数目。[7]

源种群（source populations） 该种群中局域出生率高于局域死亡率，且迁出率大于 0。源种群是个体的净输出方。[4]

z 参考"物种-面积斜率"。[7]

振幅（amplitude） 在种群的周期性循环中，振幅即为最大的种群大小和中间点处的种群大小的差值。振幅的单位为个体数目。[2]

拯救效应（rescue effect）　在集合种群模型中，拯救效应是指由于被占据斑块比例的提高所导致的局域灭绝概率的减小。当更多的斑块被占据，就会有更多的个体到达局域种群，增加的种群大小降低了局域灭绝的概率。[4]

中性平衡（neutral equilibrium）　一个平衡经干扰后会达到新的平衡。简单的洛特卡-沃尔泰勒捕食模型就是一个很好的中性平衡的例子。[4]

终生一胎（semelparous）　终生一胎或者"爆炸式"繁殖是一种生活史策略，即所有繁殖集中于某单个年龄。除了该年龄外，个体在所有其他年龄处的繁殖力均为 0.0。[3]

种间竞争（interspecific competition）　不同物种的个体为争夺有限资源所发生的竞争。[5]

种间相遇概率（probability of an interspecific encounter，PIE）　从一组生物多样性数据中随机选择的两个个体属于两个不同物种的可能性。PIE 能很好地代表物种的均匀度，同时也代表了稀疏化曲线在其基点处的斜率。[9]

种内竞争（intraspecific competition）　同一物种的个体为争夺有限资源所发生的竞争。逻辑斯谛增长模型（方程 2.1）包含了种内竞争。[5]

种群（population）　占据一定空间的同种生物的一组个体即为种群。尽管有时很难界定种群的物理边界，但是种群内的个体可以彼此交配从而繁殖后代。[1]

种群大小（size of the population，N）　种群中个体的数目。[1]

种群大小方差（variance in population size，σ_N^2）　种群平均大小的变异或不确定性。在随机增长模型中，N 的方差代表着多次模型输出的变化。在很多随机模型中，N 的方差随着时间序列的增长而增加。如果 N 的方差过大，可能会使得种群的灭绝风险提高。[1]

种群统计学随机性（demographic stochasticity）　种群中因个体出生和死亡的次序的变化所导致的不确定性。即便是在一个不变的环境中（r 无变异），离散的出生和死亡也会使得种群数目发生不可预测的变化。种群统计学随机性可以相比于遗传漂变，即种群中等位基因频率是随机变化的。在规模很大的种群中，种群统计学随机性并不重要，因为这种随机变化在大的种群中趋于相互抵消。但是在规模小的种群中，种群统计学随机性会大大提高灭绝风险，即便是在一个出生率大于死亡率的指数增长模型中。相反，在一个指数增长的确定性模型中，只要 r 大于 0，小种群就不会有任何的灭绝风险。[1]

种群增长率（population growth rate，dN/dt）　种群大小的变化率。很短的时间区间内（dt）种群大小（dN）的变化。种群增长率的单位为个体数/时间。[1]

种群指数增长（**exponential population growth**） 是有关种群增长的一个简单模型，种群增长率（dN/dt）是当前种群大小（N）与瞬时增长率（r）的乘积。在指数增长的种群中，每员出生率（b）和每员死亡率（d）均为常数。指数增长意味着种群可以无限大，并且呈加速增长的模式。虽然在自然界中没有哪个种群长时间地以指数方式增长，但是所有的种群都有指数增长的潜能，因为每个个体都能产生多个后代。指数增长模型是种群和群落生态学中绝大部分模型的基础。[1]

种子库（**seed bank**） 土壤中长命种子积累，很多年以后这些种子会萌发。土壤种子库的存在使得种群动态复杂化，因其在种群增长上引入了时滞的影响。[1]

周期（**period**） 种群周期即为种群经历一个完整的循环回到当前种群大小所需的时间。以时间为单位。[2]

周转率（**turnover rate**，T） 岛屿群落在平衡状态时单位时间内到达或消失的物种数。[7]

转化效率（**conversion efficiency**，β） 捕食者将所抓到的猎物转化为额外的每员增长率的能力：

$$\left(\frac{1}{P}\frac{dP}{dt}\right)\left(\frac{1}{V}\right)$$

转化效率 β 的单位为捕食者数/（捕食者·时间·猎物）。[6]

转移矩阵（**transition matrix**） 在一个 $n\times n$ 的方阵中，元素 p_{ij} 代表着从状态 j 转移到状态 i 的概率。在演替模型中，这些概率描述了群落不同状态之间的变化，而在具年龄结构的种群统计学模型中，这些概率描述了不同年龄或不同生活史阶段间的变化。在种群统计学模型中，如果矩阵元素所代表的转移是繁殖的话，那么元素的值可能会大于 1.0。[3，8]

状态-空间图（**state-space graph**） 两个相互作用的物种的多度分别为该图的 x 和 y 坐标轴。因此，图中的一个点代表着多度的一种组合。在捕食和竞争模型中，状态-空间图用于表示物种的等值线，从而来研究物种的平衡点和多度变化轨迹。[5]

资源利用性竞争（**exploitation competition**） 针对有限供应的资源所发生的竞争。

总密度（**total density**） 单位面积内所有个体（不分物种）的数目。总密度是物种密度的一个重要决定因素，这也是为什么需要采用稀释化的手段来分析物种丰富度的格局。[9]

阻尼振动（**damped oscillations**） 阻尼振动最终收敛于一个稳定的平衡点。[2]

最大进食率（maximum feeding rate, k）　在Ⅱ型和Ⅲ型的功能反应中，最大进食率 k 为捕食者渐进平均进食率。单位为捕获的猎物／（时间·捕食者）。[6]

最大灭绝率（maximum extinction rate, E）　当所有物种库中的物种都出现在岛屿上的时候，此时岛屿上物种的灭绝率即为最大灭绝率。[7]

最大迁入率（maximum immigration rate, I）　新物种到达岛屿的最大速率，出现在岛屿上没有任何物种的时候。[7]

最优产量（optimal yield）　为实现可再生资源的可持续利用和长期产量最大化的目标所设定的资源收获水平。不幸的是，针对长期收获所设定的最优产量通常低于短期的最优产量，使得渔业和很多可再生性资源被过度捕捞和收获。[2]

参 考 文 献

Abramsky, Z., M. L. Rosenzweig and B. Pinshow. 1991. The shape of a gerbil isocline measured using principles of optimal habitat selection. *Ecology* 72: 329–340. [5] *

Abramsky, Z., O. Ovadia and M. L. Rosenzweig. 1994. The shape of a *Gerbillus pyramidum* (Rodentia: Gerbillinae) isocline: an experimental field study. *Oikos* 69: 318–326. [5]

Açkakaya, H. R. 1992. Population cycles of mammals: evidence for a ratio-dependent predation hypothesis. *Ecological Monographs* 62: 119–142. [6]

Allee, W. C., A. E. Emerson, O. Park, T. Park and K. P. Schmidt. 1949. *Principles of Animal Ecology*. W. B. Saunders, Philadelphia. [2]

Agosti, D. and N. F. Johnson (eds.). 2005. *Antbase*. World Wide Web electronic publication. antbase. org, version (05/2005). [9]

Agosti. D., J. Majer, E. Alonso and T. R. Schultz (eds.). 2000. *Ants: Standard Methods for Measuring and Monitoring Biodiversity*. Biological Diversity Handbook Series. Smithsonian Institution Press, Washington, D. C. [9]

Anderson, R. M. and R. M. May. 1978. Regulation and stability of host–parasite population interactions. I. Regulatory processes. *Journal of Animal Ecology* 47: 219–249. [6]

Arcese, P. and J. N. M. Smith. 1988. Effects of population density and supplemental food on reproduction in the song sparrow. *Journal of Animal Ecology* 57: 119–136. [2]

Arditi, R. and L. R. Ginzburg. 1989. Coupling in predator – prey dynamics: ratiodependence. *Journal of Theoretical Biology* 139: 311–326. [6]

Arrhenius, O. 1921. Species and area. *Journal of Ecology* 9: 95–99. [7]

Berryman, A. 1992. The origins and evolution of predator–prey theory. *Ecology* 73: 1530–1535. [6]

Boerema, L. K. and J. A. Gulland. 1973. Stock assessment of the Peruvian anchovy (*Engraulis ringens*) and management of the fishery. *Journal of the Fisheries Research Board of Canada* 30: 2226–2235. [2]

Botkin, D. B. 1992. *Forest Dynamics: An Ecological Model*. Oxford University Press, Oxford. [8]

Brewer, A. and M. Williamson. 1994. A new relationship for rarefaction. *Biodiversity and Conservation* 3: 373–379. [9]

---

* 中括号中的数字表示该文献所出现的章节。

Brown, J. H. and A. Kodric-Brown. 1977. Turnover rates in insular biogeography: effect of immigration on extinction. *Ecology* 58: 445−449. [7]

Caswell, H. 2001. *Matrix Population Models*, 2nd edition. Sinauer Associates, Sunderland, Mass. [3, 8]

Caughley, G. 1977. *Analysis of Vertebrate Populations*. Wiley, New York. [3]

Chao, A. 1984. Non-parametric estimation of the number of classes in a population. *Scandinavian Journal of Statistics* 11: 265−270. [9]

Chao, A. and T. -J. Shen. 2003. Nonparametric estimation of Shannon's index of diversity when there are unseen species in sample. *Environmental and Ecological Statistics* 10: 429−433. [9]

Chao, A. and T. -J. Shen. 2006. SPADE (Species Prediction and Diversity Estimation). http://chao.stat.nthu.edu.tw/softwareCE.html [9]

Chao, A., R. L. Chazdon, R. K. Colwell and T. -J. Shen. 2005. A new statistical approach for assessing compositional similarity based on incidence and abundance data. *Ecology Letters* 8: 148−159. [9]

Clements, F. E. 1904. The development and structure of vegetation. *Bot. Surv. Nebraska* 7: 5−175. [8]

Clements, F. E. 1936. Nature and structure of the climax. *Journal of Ecology* 24: 252−284. [8]

Coleman, B. D., M. A. Mares, M. R. Willig and Y. -H. Hsieh. 1982. Randomness, area, and species richness. *Ecology* 63: 1121−1133. [7, 9]

Colwell, R. K. 2004. *Estimates, Version 7: Statistical Estimation of Species Richness and Shared Species from Samples* (Software and User's Guide). Freeware for Windows and Mac OS. http://viceroy.eeb.uconn.edu/Estimates [9]

Colwell, R. K. and J. A. Coddington. 1994. Estimating terrestrial biodiversity through extrapolation. *Philosophical Transactions of the Royal Society (Series B)* 345: 101−118. [9]

Colwell, R. K., C. X. Mao and J. Chang. 2004. Interpolating, extrapolating, and comparing incidence-based species accumulation curves. *Ecology* 85: 2717−2727. [9]

Connell, J. H. and R. O. Slatyer. 1977. Mechanisms of succession in natural communities and their role in community stability and organization. *The American Naturalist* 111: 1119−1144. [8]

Connell, J. H., I. R. Noble and R. O. Slatyer. 1987. On the mechanisms of producing successional change. *Oikos* 50: 136−137. [8]

Coovert, G. A. 2006. The ants of Ohio (Hymenoptera: Formicidae). *Bulletin of the Ohio Biological Survey* 15: 1−202. [9]

Darlington, P. J. 1957. *Zoogeography: The Geographical Distribution of Animals*. Wiley, New York. [7]

den Boer, P. J. 1981. On the survival of populations in a heterogeneous and variable environment. *Oecologia* 50: 39−53. [4]

Dennis, B., P. L. Munholland and J. M. Scott. 1991. Estimation of growth and extinction parameters for endangered species. *Ecological Monographs* 61: 115–144. [1]

Diamond, J. 1986. Overview: Laboratory experiments, field experiments, and natural experiments. *In* J. Diamond and T. J. Case (eds.), *Community Ecology*, pp. 3–22. Harper & Row, New York. [8]

Diamond, J. M. 1972. Geographic kinetics: estimation of relaxation times for avifaunas of southwest Pacific islands. *Proceedings of the National Academy of Sciences*, USA 69: 3199–3203. [7]

Doak, D. F. and W. Morris. 1999. Detecting population-level consequences of ongoing environmental change without long-term monitoring. *Ecology* 80: 1537–1551. [8]

Dobson, A. P. and P. J. Hudson. 1992. Regulation and stability of a free-living host–parasite system: *Trichostrongylus tenuis* in red grouse. II. Population models. *Journal of Animal Ecology* 61: 487–498. [6]

Donovan, T. M. and C. Welden. 2001. *Exercises in Ecology, Evolution, and Behavior: Programming Population Models and Simulations with Spreadsheets.* Sinauer Associates, Sunderland, Mass. [Preface, 8]

Durrett, R. and S. A. Levin. 1994. Stochastic spatial models: a user's guide to ecological applications. *Philosophical Transactions of the Royal Society of London B* 343: 329–350. [8]

Ellison, A. M., S. Record, A. Arguello and N. J. Gotelli. 2007. Rapid inventory of the ant assemblage in a temperate hardwood forest: species composition and assessment of sampling methods. *Environmental Entomology* 36: 766–775. [9]

Elton, C. and M. Nicholson. 1942. The ten-year cycle in numbers of the lynx in Canada. *Journal of Animal Ecology* 11: 215–244. [6]

Ehrlich, P. R., R. R. White, M. C. Singer, S. W. McKechnie and L. E. Gilbert. 1975. Checkerspot butterflies: a historical perspective. *Science* 188: 221–228. [4]

Facelli, J. M. and S. T. A. Pickett. 1990. Markovian chains and the role of history in succession. *Trends in Ecology and Evolution* 5: 27–29. [8]

Fenchel, T. 1974. Intrinsic rate of natural increase: the relationship with body size. *Oecologia* 14: 317–326. [1]

Fisher, B. L. and S. P. Cover. 2007. *Ants of North America: A Guide to the Genera.* University of California Press, Berkeley [9]

Fisher, R. A. 1930. *The Genetical Theory of Natural Selection.* Clarendon Press, Oxford. [3]

Gadgil, M. and W. H. Bossert. 1970. Life historical consequences of natural selection. *The American Naturalist* 104: 1–24. [3]

Gallagher, E. D., G. B. Gardner and P. A. Jumars. 1990. Competition among the pioneers in a seasonal soft-bottom benthic succession: field experiments and analysis of the Gilpin–Ayala competition model. *Oecologia* 83: 427–442. [5]

Gause, G. F. 1934. *The Struggle for Existence.* Williams and Wilkins, Baltimore. [5]

Goodman, D. 1982. Optimal life histories, optimal notation, and the value of reproductive value.

The American Naturalist 119: 803–823. [3]

Gotelli, N. J. 1991. Metapopulation models: the rescue effect, the propagule rain, and the core-satellite hypothesis. *The American Naturalist* 138: 768–776. [4]

Gotelli, N. J. 2004. A taxonomic wish-list for community ecology. *Transactions of the Royal Society of London B* 359: 585–597. [9]

Gotelli, N. J. and L. G. Abele. 1982. Statistical distributions of West Indian land-bird families. *Journal of Biogeography* 9: 421–435. [7]

Gotelli, N. J. and R. K. Colwell. 2001. Quantifying biodiversity: procedures and pitfalls in the measurement and comparison of species richness. *Ecology Letters* 4: 379–391. [9]

Gotelli, N. J. and G. L. Entsminger. 2007. *EcoSim: Null Models Software for Ecology*. Version 7. Acquired Intelligence Inc. & Kesey-Bear. Jericho, VT 05465. http://www. garyentsminger. com/ecosim/ecosim.htm [9]

Gotelli, N. J. and G. R. Graves. 1996. *Null Models in Ecology*. Smithsonian Institution Press, Washington, D. C. [9]

Gotelli, N. J. and W. G. Kelley. 1993. A general model of metapopulation dynamics. *Oikos* 68: 36–44. [4]

Gotelli, N. J., A. Chao and R. K. Colwell. Sufficient sampling for asymptotic minimum species richness estimators. In press, *Ecology*. [9]

Hanski, I. 1982. Dynamics of regional distribution: the core and satellite species hypothesis. *Oikos* 38: 210–221. [4]

Hanski, I. and M. Gilpin. 1991. Metapopulation dynamics: brief history and conceptual domain. *Biological Journal of the Linnean Society* 42: 3–16. [4]

Hardin, G. 1960. The competitive exclusion principle. *Science* 131: 1292–1297. [5]

Hardin, G. 1968. The tragedy of the commons. *Science* 162: 1243–1248. [2]

Harrison, S., D. D. Murphy and P. R. Ehrlich. 1988. Distribution of the bay checkerspot butterfly, *Euphydryas editha bayensis*: evidence for a metapopulation model. *The American Naturalist* 132: 360–382. [4]

Heck, K. L. Jr., G. van Belle and D. Simberloff. 1975. Explicit calculation of the rarefaction diversity measurement and the determination of sufficient sample size. *Ecology* 56: 1459–1461. [9]

Hilborn, R. and M. Mangel. 1997. *The Ecological Detective: Confronting Models with Data*. Princeton University Press, Princeton, N. J. [Preface]

Hillebrand, H. 2004. On the generality of the latitudinal diversity gradient. *The American Naturalist* 163: 192–211. [9]

Holling, C. S. 1959. The components of predation as revealed by a study of small mammal predation of the European pine sawfly. *Canadian Entomologist* 91: 293–320. [6]

Horn, H. S. 1975. Markovian processes of forest succession. *In* M. L. Cody and J. M. Diamond (eds.), *Ecology and Evolution of Communities*, pp. 196–213. Harvard University Press, Cambridge, Mass. [8]

Hudson, P. J., A. P. Dobson and D. Newborn. 1985. Cyclic and noncyclic populations of red grouse: a role for parasitism? *In* D. Rollinson and R. M. Anderson (eds.), *Ecology and Genetics of Host-Parasite Interactions*, pp. 77–89. Academic Press, London. [6]

Hudson, P. J., D. Newborn and A. P. Dobson. 1992. Regulation and stability of a freeliving host-parasite system: *Trichostrongylus tenuis* in red grouse. I. Monitoring and parasite reduction experiments. *Journal of Animal Ecology* 61: 477–486. [6]

Hurlbert, S. H. 1971. The non-concept of species diversity: a critique and alternative parameters. *Ecology* 52: 577–586. [9]

Huston, M. 1980. Soil nutrients and tree species richness in Costa Rican forests. *Journal of Biogeography* 7: 147–157. [9]

Huston, M. A. 1994. *Biological Diversity: The Coexistence of Species on Changing Landscapes*. Cambridge University Press, Cambridge. [8]

Hutchinson, G. E. 1967. *A Treatise on Limnology, Vol. II . Introduction to Lake Biology and Limnoplankton*. Wiley, New York. [5]

Iosifescu, M. and P. Tăutu. 1973. *Stochastic Processes and Applications in Biology and Medicine. Volume II . Models*. Springer-Verlag, Berlin. [1]

James, F. C. and N. O. Wamer. 1982. Relationships between temperate forest bird communities and vegetation structure. *Ecology* 63: 159–171. [9]

Jost. L. 2007. Partitioning diversity into independent alpha and beta components. *Ecology* 88: 2427–2439. [9]

Keith, L. B. 1983. Role of food in hare population cycles. *Oikos* 40: 385–395. [6]

Kingsland, S. E. 1985. *Modeling Nature: Episodes in the History of Population Ecology*. University of Chicago Press, Chicago. [6]

Krebs, C. J. 1985. *Ecology: The Experimental Analysis of Distribution and Abundance*, 3rd Ed. Harper & Row, New York. [2, 5]

Lack, D. 1967. *The Natural Regulation of Animal Numbers*. Clarendon Press, Oxford. [1]

Law, R. and R. D. Morton. 1993. Alternate permanent states of ecological communities. *Ecology* 74: 1347–1361. [8]

Lefkovitch, L. P. 1965. The study of population growth in organisms grouped by stages. *Biometrics* 21: 1–18. [3]

Leslie, P. H. 1945. On the use of matrices in certain population mathematics. *Biometrika* 35: 183–212. [3]

Levins, R. 1969. The effect of random variations of different types on population growth. *Proceedings of the National Academy of Sciences*, USA 62: 1061–1065. [2]

Levins, R. 1970. Extinction. *In* M. Gerstenhaber (ed.), *Some Mathematical Questions in Biology. Lecture Notes on Mathematics in the Life Sciences*, pp. 75–107. The American Mathematical Society, Providence, R. I. [4]

Lomolino, M. V. 1990. The target area hypothesis: the influence of island area on immigration rates of non-volant mammals. *Oikos* 57: 297–300. [7]

Longino, J., J. Coddington and R. K. Colwell. 2002. The ant fauna of a tropical rain forest: estimating species richness three different ways. *Ecology* 83: 689–702. [9]

Luckinbill, L. S. 1979. Selection of the r/K continuum in experimental populations of protozoa. *The American Naturalist* 113: 427–437. [3]

MacArthur, R. H. 1972. *Geographical Ecology*. Harper & Row, New York. [5]

MacArthur, R. H. and E. O. Wilson. 1963. An equilibrium theory of insular zoogeography. *Evolution* 17: 373–387. [7]

MacArthur, R. H. and E. O. Wilson. 1967. *The Theory of Island Biogeography*. Princeton University Press, Princeton, N. J. [3, 7]

Magurran, A. E. 2004. *Measuring Biological Diversity*. Blackwell, Malden, Mass. [9]

Magurran, A. E. 2007. Species abundance distributions over time. *Ecology Letters* 10: 347–354. [9]

Mao, C. X., and R. K. Colwell. 2005. Estimation of species richness: mixture models, the role of rare species, and inferential challenges. *Ecology* 86: 1143–1153. [9]

May, R. M. 1973. *Stability and Complexity in Model Ecosystems*. Princeton University Press, Princeton, N. J. [2]

May, R. M. 1974a. Ecosystem patterns in randomly fluctuating environments. *Progress in Theoretical Biology* 3: 1–50. [1, 2]

May, R. M. 1974b. Biological populations with non-overlapping generations: stable points, stable cycles, and chaos. *Science* 186: 645–647. [2]

May, R. M. 1976. Models for single populations. *In* R. M. May (ed.), *Theoretical Ecology: Principles and Applications*, pp. 4–25. W. B. Saunders, Philadelphia. [2]

McAuliffe, J. R. 1988. Markovian dynamics of simple and complex desert plant communities. *The American Naturalist* 131: 459–490. [8]

McGill, B. J., R. S. Etienne, J. S. Gray, D. Alonso, M. J. Anderson, H. K. Benecha, M. Dornelas, B. J. Enquist, J. L. Green, F. He, A. H. Hurlbert, A. E. Magurran, P. A. Marquet, B. A. Maurer, A. Ostling, C. U. Soykan, K. I. Ugland and E. P. White. 2007. Species abundance distributions: moving beyond single prediction theories to integration within an ecological framework. *Ecology Letters* 10: 995–1015. [9]

Mertz, D. B. 1970. Notes on methods used in life-history studies. *In* J. H. Connell, D. B. Mertz and W. W. Murdoch (eds.), *Readings in Ecology and Ecological Genetics*, pp. 4–17. Harper & Row, New York. [3]

Mitchell, W. A. and J. S. Brown 1990. Density-dependent harvest rates by optimal foragers. *Oikos* 57: 180–190. [6]

Molofsky, J. 1994. Population dynamics and pattern formation in theoretical populations. *Ecology* 75: 30–39. [8]

Moran, P. A. P. 1949. The statistical analysis of the sunspot and lynx cycles. *Journal of Animal Ecology* 18: 115–116. [6]

Murphy, D. D. and P. R. Ehrlich. 1980. Two California bay checkerspot subspecies: one new, one on the verge of extinction. *Journal of the Lepidopteran Society* 34: 316–320. [4]

Murphy, G. I. 1968. Pattern in life history and the environment. *The American Naturalist* 102: 391–403. [3]

Niemaelä, J., Y. Haila, E. Halme, T. Lahte, T. Pajunen and P. Punttila. 1988. The distribution of carabid beetles in fragments of old coniferous taiga and adjacent managed forest. *Annales Zoologisi Fennici* 25: 107–119. [9]

Noble, I. R. 1981. Predicting successional change. *In* H. A. Mooney (ed.), *Fire Regimes and Ecosystem Properties*. U. S. Department of Agriculture Forest Service General Technical Report WO–26. [8]

Olszewski. T. D. 2004. A unified mathematical framework for the measurement of richness and evenness within and among multiple communities. *Oikos* 104: 377–387. [9]

Pacala, S. W., C. D. Canham, J. Saponara, J. J. A. Silander, R. K. Kobe and E. Ribbens. 1996. Forest models defined by field measurements: estimation, error analysis, and dynamics. *Ecological Monographs* 66: 1–43. [8]

Pianka, E. R. 1970. On *r*- and *K*-selection. *The American Naturalist* 104: 592–597. [3]

Pielou, E. C. 1969. *An Introduction to Mathematical Ecology*. Wiley, New York. [1]

Pitt, D. E. 1993. Talks at U. N. combat threat to oceans' species from overfishing. *The New York Times*, 6/23/93. [2]

Polis, G. A., C. A. Myers and R. D. Holt. 1989. The ecology and evolution of intraguild predation: potential competitors that eat each other. *Annual Review of Ecology and Systematics* 20: 297–330. [5]

Ranta, E., J. Lindström, V. Kaitala, H. Kokko, H. Lindén and E. Helle. 1997. Solar activity and hare dynamics: a cross-continental comparison. *The American Naturalist* 149: 765–775. [6]

Ray, C., M. Gilpin and A. T. Smith. 1991. The effect of conspecific attraction on metapopulation dynamics. *Biological Journal of the Linnean Society* 42: 123–134. [4]

Real, L. 1977. The kinetics of functional response. *The American Naturalist* 111: 289–300. [6]

Reznick, D. N., M. J. Butler IV, F. H. Rodd and P. Ross. 1996. Life-history evolution in guppies (*Poecilia reticulata*). VI. Differential mortality as a mechanism for natural selection. *Evolution* 50: 1651–1660. [3]

Reznick, D. N., F. H. Shaw, F. H. Rodd and R. G. Shaw. 1997. Evaluation of the rate of evolution in natural populations of guppies (*Poecilia reticulata*). *Science* 275: 1934–1937. [3]

Roff, D. A. 1992. *The Evolution of Life Histories*. Chapman & Hall, New York. [3]

Rohde, K. 1992. Latitudinal gradients in species diversity: the search for the primary cause. *Oikos* 65: 514–527. [9]

Rose, M. R. 1984. The evolution of animal senescence. *Canadian Journal of Zoology* 62: 1661–

1667. [3]

Rosenzweig, M. L. 1971. Paradox of enrichment: destabilization of exploitation ecosystems in eco-
logical time. *Science* 171: 385–387. [6]

Rosenzweig, M. L. 1995. *Species Diversity in Time and Space*. Cambridge University Press, Cam-
bridge. [9]

Rosenzweig, M. L. and R. H. MacArthur. 1963. Graphical representation and stability conditions
of predator–prey interactions. *The American Naturalist* 47: 209–223. [6]

Roughgarden, J. 1979. *Theory of Population Genetics and Evolutionary Ecology: An Introduction*.
Macmillan, New York. [1, 2, 3]

Roughgarden, J. 1998. *Primer of Ecological Theory*. Prentice-Hall, Inc., Englewood Cliffs, N. J.
[A]

Royama, T. 1971. A comparative study of models of predation and parasitism. *Researches in Popu-
lation Ecology* (Supplement) 1: 1–91. [6]

Schoener, T. W. 1976. The species–area relation within archipelagoes: models and evidence from
island birds. pp. 1–17 in *Proceedings of the 16th International Ornithological Congress*, Canber-
ra, Australia. [7]

Schluter, D. 1994. Experimental evidence that competition promotes divergence in adaptive radia-
tion. *Science* 256: 798–801. [3]

Sergio, F., I. Newton and L. Marchesi. 2005. Top predators and biodiversity. *Nature* 436: 192.
[9]

Simberloff, D. 1976. Species turnover and equilibrium island biogeography. *Science* 194: 472–
478. [7]

Simberloff, D. S. and E. O. Wilson. 1969. Experimental zoogeography of islands: the colonization
of empty islands. *Ecology* 50: 278–289. [7]

Simpson, G. G. 1964. Species density of North American recent mammals. *Systematic Zoology* 13:
57–73. [9]

Sinclair, A. R. E. and J. M. Gosline. 1997. Solar activity and mammal cycles in the northern hemi-
sphere. *The American Naturalist* 149: 776–784. [6]

Sinclair, A. R. E., J. M. Gosline, G. Holdsworth, C. J. Krebs, S. Boutin, J. N. M. Smith,
R. Boonstra and M. Dale. 1993. Can the solar cycle and climate synchronize the snowshoe hare
cycle in Canada? Evidence from tree rings and ice cores. *The American Naturalist* 141: 173–198.
[6]

Slade, N. A. and D. F. Balph. 1974. Population ecology of Uinta ground squirrels. *Ecology* 55:
989–1003. [3]

Smith, C. H. 1983. Spatial trends in Canadian snowshoe hare, *Lepus americanus*: population cy-
cles. *Canadian Field-Naturalist* 97: 151–160. [6]

Smith, J. N. M., C. J. Krebs, A. R. E. Sinclair and R. Boonstra. 1988. Population biology of
snowshoe hares. Ⅱ. Interaction with winter food plants. *Journal of Animal Ecology* 57: 269–

286. [6]

Smith, J. N., P. Arcese and W. M. Hochachka. 1991. Social behaviour and population regulation in insular bird populations: implications for conservation. *In* C. M. Perrins, J. -D. Lebreton and G. J. M. Hirons (eds.), *Bird Population Studies: Relevance to Conservation and Management*, pp. 148–167. Oxford University Press, Oxford. [2]

Solomon, M. E. 1949. The natural control of animal populations. *Journal of Animal Ecology* 18: 1–35. [6]

Spear, R. W., M. B. Davis and L. C. K. Shane. 1994. Late quaternary history of low-and mid-elevation vegetation in the White Mountains of New Hampshire. *Ecological Monographs* 64: 85–109. [8]

Stearns, S. C. 1992. *The Evolution of Life Histories*. Oxford University Press, Oxford. [3]

Sutherland, J. P. 1974. Multiple stable points in natural communities. *The American Naturalist* 108: 859–873. [8]

Svane, I. 1984. Observations on the long-term population dynamics of the perennial ascidian, *Ascidia mentula* O. F. Muller, on the Swedish west coast. *Biological Bulletin* 167: 630–646. [2]

Tanner, J. E., T. P. Hughes, and J. H. Connell. 1996. The role of history in community dynamics: a modeling approach. *Ecology* 77: 108–117. [8]

Taylor, C. E. and C. Condra. 1980. *r* selection and *K* selection in *Drosophila pseudoobscura*. *Evolution* 34: 1183–1193. [3]

Usher, M. B. 1979. Markovian approaches to ecological succession. *Journal of Animal Ecology* 48: 413–426. [8]

Werner, P. A. 1977. Colonization success of a "biennial" plant, teasel (*Dipsacus sylvestris* Huds.): experimental field studies in species cohabitation and replacement. *Ecology* 58: 840–849. [3]

Werner, P. A. and H. Caswell. 1977. Population growth rates and age vs. stage distribution models for teasel (*Dipsacus sylvestris* Huds.). *Ecology* 58: 1103–1111. [3]

Wiens, J. A. 1989. *The Ecology of Bird Communities*, *Vol. 1. Foundations and Patterns*. *In* R. S. K. Barnes, H. J. B. Birks, E. F. Connor, and R. T. Paine (eds.), Cambridge Studies in Ecology. Cambridge University Press, Cambridge. [8]

Williamson, M. 1981. *Island Populations*. Oxford University Press, Oxford. [7]

Wilson, E. O. and W. H. Bossert. 1971. *A Primer of Population Biology*. Sinauer Associates, Sunderland, Mass. [3]

Wilson, E. O. and D. S. Simberloff. 1969. Experimental zoogeography of islands: defaunation and monitoring techniques. *Ecology* 50: 267–295. [7]

Wolfram, S. 1984. Universality and complexity in cellular automata. *Physica* 10D: 1–35. [8]

索　引

译 后 记

事情都有缘由。我在犹他州立大学做博士后期间，尼古拉斯·戈泰利（Nicholas Gotelli）教授应邀到该校生态中心做学术交流。在 30 分钟的私下会面时间里，我们相互了解了各自的研究兴趣，谈到了他之前的中国西双版纳之行以及一些我们共同认识的圈内科学家。大概一个月之后，尼古拉斯给我发来了一封邮件，询问我是否有合适人选将他的著作翻译成中文。基于两个方面的考虑，我毛遂自荐应承了这件事。第一，如果要想有一本"自己的书"，翻译相对于从头开始自己写的话可能会轻松些。第二，数学模型是生态学的基础和灵魂，尽管国内已有不错的相关著作，比如《生物竞争理论》（王刚和张大勇，1996 年，陕西科学技术出版社）和《理论生态学研究》（张大勇等，2000年，高等教育出版社/施普林格出版社），但是缺乏介绍生态学模型来龙去脉的书籍。很多学生如同我自己当年一样，对生态学模型不能说是敬而远之，但确确实实是心存畏惧。中国的学生和科研工作者是这样的，美国的学生和科研工作者同样如此。尼古拉斯的这本著作正是基于大家对生态模型的这种"惶恐"的心理，从最基础的部分开始，一步一步揭开罩在生态学模型上面的神秘面纱。通读全书或某个章节，相信读者会有一种相见恨晚和豁然开朗的感觉。若如此，当时我应承下翻译这本书的第二点考虑就当是值得的。当然，这还有待于读者的验证和反馈。

然而，对于第一个方面的考虑，在我身体力行之后，可能并非如此。毫无疑问，翻译是一个技术活，需要很好的语言功底、较好的中西方文化背景知识以及很好的逻辑思维。如果仅限于此，那么翻译可能确实是一条捷径。然而，翻译更是一个体力活。本书的部分翻译工作是在美国完成的，我集中了大概一个月的时间，放下所有的事情专注于此。这要感谢我的合作导师彼特·阿德勒（Peter Adler）博士，放手让我做这些与他的科研工作几乎毫无关系的事情。部分章节的翻译和全书的校正与语言润色是由兰州大学王酉石博士完成的。整个过程每时每刻都在考验着我们的耐性、毅力和忍受力。如果让我重新选择，我可能会对戈泰利教授说不。但事情终究还是有了一个圆满的结局，期望本书对读者的价值能弥补我当初"错误"的决定。

与通常的程序可能不太一样，我们是在完成了翻译工作之后才开始寻找出版社。戈泰利教授对此提出了一个要求：希望该译著由中国国内声誉良好的出版社出版。我于 2014 年在沈阳召开的"第十一届全国生物多样性科学与保护研讨会"上偶遇高等教育出版社的李冰祥博士。我们很快就将出版事项敲定。我还要特别感谢高等教育出版社的柳丽丽编辑，她不厌其烦地、详尽地、迅速地回答我提出的各种或大或小的问题。

　　尽管经过多次校正，但是书中的错误在所难免。权当将纰漏作为给自己的激励，提醒在将来的工作中需要更加努力和认真。

储诚进

2015 年 8 月 12 日

于中山大学

图字：01-2016-3520 号

图书在版编目（C I P）数据

生态学导论：揭秘生态学模型：第四版／（美）尼古拉斯·戈泰利（Nicholas J. Gotelli）著；储诚进，王西石译. -- 北京：高等教育出版社，2016.7（2022.8重印）

书名原文：A Primer of Ecology（Fourth Edition）

ISBN 978-7-04-045626-4

I. ①生… II. ①尼… ②储… ③王… III. ①生态学-研究 IV. ①Q14

中国版本图书馆 CIP 数据核字（2016）第 125057 号

策划编辑	柳丽丽	责任编辑	柳丽丽	封面设计	张　楠	版式设计	马敬茹
插图绘制	尹文军	责任校对	高　歌	责任印制	耿　轩		

出版发行	高等教育出版社	网　　址	http://www.hep.edu.cn
社　　址	北京市西城区德外大街 4 号		http://www.hep.com.cn
邮政编码	100120	网上订购	http://www.hepmall.com.cn
印　　刷	河北信瑞彩印刷有限公司		http://www.hepmall.com
开　　本	787 mm× 1092 mm　1/16		http://www.hepmall.cn
印　　张	17		
字　　数	310 千字	版　　次	2016 年 7 月第 1 版
购书热线	010-58581118	印　　次	2022 年 8 月第 2 次印刷
咨询电话	400-810-0598	定　　价	49.00 元

本书如有缺页、倒页、脱页等质量问题，请到所购图书销售部门联系调换

版权所有　侵权必究

物 料 号　45626-00